CIM YINGYONG YU FAZHAN

CIM
应用与发展

中国测绘学会智慧城市工作委员会　组编

下册

图书在版编目（CIP）数据

CIM 应用与发展. 下册 / 中国测绘学会智慧城市工作委员会组编. —北京：中国电力出版社，2021.10（2023.3 重印）

ISBN 978-7-5198-6090-5

Ⅰ. ①C… Ⅱ. ①中… Ⅲ. ①数字技术–应用–地理信息系统–研究 Ⅳ. ①P208.2-39

中国版本图书馆 CIP 数据核字（2021）第 214674 号

出版发行：中国电力出版社
地　　址：北京市东城区北京站西街 19 号（邮政编码 100005）
网　　址：http://www.cepp.sgcc.com.cn
责任编辑：王晓蕾（010-63412610）
责任校对：黄　蓓　常燕昆　朱丽芳
装帧设计：张俊霞
责任印制：杨晓东

印　　刷：北京雁林吉兆印刷有限公司
版　　次：2021 年 10 月第一版
印　　次：2023 年 3 月北京第二次印刷
开　　本：787 毫米×1092 毫米　16 开本
印　　张：47
字　　数：926 千字
定　　价：198.00 元（全两册）

《CIM应用与发展》编委会

《CIM应用与发展》编写组

主　　编　周成虎

执行主编　陈向东

副 主 编　党安荣　蒋捷　杨滔　王飞飞　孙鹏辉　李洁　刘刚

编写组成员（按姓氏拼音首字母排序）

白彬　白钰　包世泰　鲍巧玲　蔡祥龙　曹海坤　曹诗颂　曹洋

常松　陈栋梁　陈尔斯　陈非　陈浩　陈奇志　陈顺清　陈昕

陈应　程朴　程秀超　迟华　崔明　崔岩　邓贵梁　邓耀隆

丁超　丁鹏辉　董平　杜勇强　冯俊国　冯丽丽　高雷　高山

高学鸿　龚建华　龚来恩　龚磊　管江霞　郭弘　郭惠军　郭贤

郭阳阳　郭支成　韩东旭　韩雯雯　何旭海　洪良　胡晓曦　黄国忠

黄奇晴　霍亮　姜乐　姜欣飞　金岩　靖常峰　康来成　康伟德

兰度　李锋　李果　李海鹏　李洪飞　李佳乐　李攀　李品

李萍　李倩楠　李荣　李荣梅　李瑞华　李婷婷　李昔真　李晓晖

李雪峰　李一博　李永韬　李志刚　李竹青　林剑远　刘登峰　刘广

刘浩　刘继泽　刘佳　刘建华　刘竞竞　刘泰　刘晓超　刘艳梅

梁向春　陆丹平　陆一昕　罗娜娜　罗伟玲　罗晓宇　骆川　吕昌昌

马静丽　马莉　马琦伟　马先海　马卓　孟成　莫树斌　齐焕然

乔泽源　秦凌　裘炜毅　宋彬　宋宇震　宋媛媛　孙晓亭　孙玉龙

汤磊　唐春燕　陶留锋　田莉　田颖　王辰康　王大鹏　王丹

王海银　王佳　王佳伟　王明省　王妮坤　王鹏　王普乐　王玮

王文跃　王雪锋　王彦杰　王旸　王勇　吴宝佑　吴江寿　吴伟龙

武文斌　肖黎霞　肖云龙　谢三清　徐国富　徐磊　徐世硕　徐勇

薛梅　严心军　晏明星　杨康　杨倚天　杨辕　姚凯旋　尹太军

尹长林　于　洁　于小兵　余　方　詹慧娟　曾立民　曾　杉　曾　帅
张宝海　张　弛　张国永　张鸿辉　张　华　张景景　张　蕾　张刘引
张鹏程　张　涛　张文菲　张小宁　张　艳　张晔珵　张义平　张英杰
张　勇　张　羽　张正军　张志华　赵景峰　赵　蕾　赵永芳　郑　宽
周　彬　周大兴　周圣川　周　文　周小平　周有衡　朱洪玉　左小英

《CIM 应用与发展》编写单位

主编单位（按各章顺序排序）：

中国测绘学会智慧城市工作委员会

北京建筑大学

中国城市规划设计研究院

北京清华同衡规划设计研究院有限公司

河北雄安市民服务中心有限公司

清华大学

中国测绘科学研究院

中国地理信息产业协会软件工作委员会

广联达科技股份有限公司

参编单位（按拼音首字母排序）：

安徽博物院

奥格科技股份有限公司

北京博超时代软件有限公司

北京博能科技股份有限公司

北京超图软件股份有限公司

北京飞渡科技有限公司

北京金风慧能技术有限公司

北京科技大学

北京理正人信息技术有限公司

北京数字政通科技股份有限公司

北京伟景行信息科技有限公司

北京五一视界数字孪生科技股份有限公司

北京信息科技大学

北京中能北方科技股份有限公司
长沙市规划信息服务中心
重庆市勘测院
广东共德信息科技有限公司
广东国地规划科技股份有限公司
广东南方数码科技股份有限公司
广州城市信息研究所有限公司
广州市城市规划勘测设计研究院
广州粤建三和软件股份有限公司
河北鼎联科技有限公司
河北雄安盛视兰洋信息科技有限公司
立得空间信息技术股份有限公司
洛阳鸿业迪普信息技术有限公司
南宁市勘测设计院集团有限公司
内蒙古朗坤科技有限公司
平安国际智慧城市科技股份有限公司
普天信息工程设计服务有限公司
青岛海纳云科技控股有限公司
青岛市勘察测绘研究院
上海融英置业有限公司
上海元卓信息科技有限公司
深圳市创互科技有限公司
深圳市图元科技有限公司
深圳市兴海物联科技有限公司
四川川大智胜系统集成有限公司
腾讯云计算（北京）有限责任公司
武汉市自然资源和规划信息中心
武汉中地数码科技有限公司

西安锐思数智科技股份有限公司
新华网股份有限公司
雄安达实智慧科技有限公司
易智瑞信息技术有限公司
盈嘉互联（北京）科技有限公司
元知智慧建设科技有限公司
正元地理信息集团股份有限公司
中国建筑第三工程局有限公司
中国建筑科学研究院有限公司
中国科学院空天信息创新研究院
中国信息通信研究院
中国雄安集团数字城市科技有限公司
中建三局智能技术有限公司
中科吉芯（秦皇岛）信息技术有限公司
中设数字技术股份有限公司
中铁建工集团有限公司
中铁建设集团有限公司
中移系统集成有限公司
珠海市四维时代网络科技有限公司

序　一

城市化是社会经济发展到一定阶段的必然产物，我国改革开放 40 多年来城市化取得重要进展，但快速的城市化进程在促进经济快速增长的同时，也不同程度上改变了社会、经济和资源结构，产生了诸多亟待解决的问题。因而迫切需要借助“智慧城市”等现代科技手段实现对城市的整体认知、精细管理、智能协同治理。

城市信息模型（City Information Modeling，CIM）是智慧城市建设核心，为推进智慧城市建设高质量发展，中国测绘学会智慧城市工作委员会联合清华大学、雄安新区智能城市创新联合会、中国测绘科学研究院、广联达科技股份有限公司等60余家单位，组织编写《CIM 应用与发展》。本书围绕 CIM 发展历程、CIM 支撑技术、CIM 基础平台、CIM 行业应用、CIM 发展趋势、CIM 应用案例等内容编撰成稿，旨在为 CIM 建设与应用提供参考。

CIM 平台在以城市为对象的管理中，具有提升测绘地理信息技术的深度和广度的能力。测绘地理信息技术也借助自身优势，为 CIM 平台提供重要支撑。GIS 与 BIM 的集成，实现了 GIS 应用领域的拓展与延伸；采用 GIS 与 BIM 集成技术，实现了城市全面地“数字化”，为智慧城市建设奠定了坚实的信息基础。

中国测绘事业历经 60 余载，迎来 5G 网络、大数据、人工智能、物联网、CIM 等新技术为代表的“新基建”时代，也迎来了在新型智慧城市建设背景下的新机遇。基于 5G 和人工智能的自动驾驶，将深刻变革人们的出行方式，而测绘地理信息正是这场变革的关键驱动力之一。移动测量技术为自动驾驶实现局部测量和局部感知，高精地图与空间分析算法为自动驾驶提供决策支持。由此，自动化基础上的智能测绘、泛在化基础上的精准测绘、网络化基础上的共享测绘都将成为地理信息产业的新方向。同时，时空大数据为实现城市的全域感知奠定基础，地理信息平台为智能城市的决策、管理和服务提供统一标准。地理信息全面提升城市信息化水平的作用日渐凸显。相信在 CIM 等新技术的带动下，地理信息产业将释放更大潜力和空间，不断催生出新服务、新业态、新产品，为经济社会发展提供新动能。

中国测绘学会理事长

序　二

当今人类发展已进入“人机物”混合、动态互联的社交时代，万物互联正在重塑全球社会发展形态。“空间信息+”的时代已经到来，人们所看到的一切人、事、物都和空间信息联在一起，空间信息采集具有空天地海立体化的特点，空间分析具有空间智能的特点，空间信息应用已无所不在。同时，物联网、云计算、人工智能、室内 GIS 等新兴技术的发展也为“空间信息+”的发展提供了更多可能性，CIM 作为整合城市地上地下、室内室外、历史现状未来多维多尺度空间数据和物联感知数据而构建的三维数字空间城市信息有机综合体，是“空间信息+”时代的重要载体。

2021 年 3 月，《中华人民共和国国民经济和社会发展第十四个五年规划和 2035 年远景目标纲要》明确提出要加快数字化发展，完善城市信息模型平台和运行管理服务平台。自然资源部、住房和城乡建设部、国家发展和改革委员会等多部委也陆续发布政策文件，将 CIM 作为新一代信息基础设施，提出推动 CIM 基础平台建设，支持城市规划建设管理多场景应用，推动城市开发建设从粗放型外延式发展转向集约型内涵式发展等。可以发现，当前国家及其部委，以及浙江、广州等各省市，纷纷将 CIM 作为未来五年建设的关键内容，CIM 将迎来一个重要的发展机遇期。

在此背景下，《CIM 应用与发展》报告应运而生。报告分析了我国 CIM 发展现状和趋势，梳理了 CIM 基础平台架构和关键技术，全面总结了“CIM+”在城市的智慧化应用，提炼了 CIM 典型平台及代表性应用案例。从宏观到微观、从需求到方案、从场景到技术、从起源到趋势，为 CIM 智慧化发展提供了系统性的理论和实践参考。

CIM 建设既是全空间时代发展的重要基石，也是推动城市高质量发展的重要抓手，未来 CIM 将持续赋能城市的智慧升级，进一步提升决策水平、城市运行效率以及民生质量，而这需要一代又一代人为之共同努力。希望《CIM 应用与发展》的出版助力城市治理的数字化水平提升，助力智慧城市的发展，让城市更美好。

中国科学院院士 周成虎

序　　三

当前，我国城市发展进入高质量发展的新阶段，建设开发方式由大规模增量建设转为存量提质改造和增量结构调整并重的新模式。城镇化转型正从“速度”城镇化走向“深度”城镇化，从“体力”导向走向“智力”导向，利用新一代信息技术赋能城市规划、建设和管理，基于数据驱动城市治理方式革新已成为当前城市发展和管理的新趋势。

从 2019 年《国务院办公厅关于全面开展工程建设项目审批制度改革的实施意见》（国办发〔2019〕11 号）中首次间接提及与 CIM 平台建设相关的政策至今，CIM 平台作为现代城市新型基础设施的作用日益凸显。CIM 是建设新型智慧城市的重要技术途径，新型智慧城市发展呈现出以 CIM 平台为支撑的数字孪生城市趋势。在国家政策和新技术双重加持下，各地新型智慧城市建设如火如荼，建设 CIM 基础平台已是智慧城市建设的必修课。

当前，CIM 的发展在国内外均属于探索阶段，这是我国在数字化赋能新型智慧城市建设领域“弯道超车”的良好机遇。但必须清醒地认识到，未来我国发展 CIM 领域，仍面临平台自主能力弱、关键技术不成熟、标准体系不健全等突出问题，需要业内各方参与，从顶层设计、数据治理、平台建设和应用体系等方面全盘考虑，形成一套完整的赋能新型智慧城市建设的 CIM 解决方案。

《CIM 应用与发展》报告的编写恰逢其时，报告由中国测绘学会智慧城市工作委员会会同清华大学、雄安新区智能城市创新联合会、中国测绘科学研究院、广联达科技股份有限公司等 60 余家单位共同编写，为当前 CIM 应用与发展提供了重要参考和依据，以 CIM 平台构筑数字城市新基建，用科技创造美好的生活和工作环境。

韧性、绿色、智慧是未来城市发展方向，CIM 是新型智慧城市建设的数字底座和重要技术支撑。基于 CIM 平台实现城市规划、建设、管理、服务全过程业务的有机融合，构建基于 CIM+规划、建设、管理、服务、生态的应用，形成城市规划一张图、建设监管一张网、运营管理一盘棋、公众服务一站式的高效管理体系，积累完整的城市大数据资产，驱动城市建设与治理能力提升，助力城市及生态数字化转型，实现管理决策更高效、公众服务更便捷、人与自然更和谐。

广联达科技股份有限公司董事长

编 前 语

本报告由中国测绘学会智慧城市工作委员会会同清华大学、雄安新区智能城市创新联合会、中国测绘科学研究院、广联达科技股份有限公司，联合业内 60 余家单位共同编写。其中，第 1 章由蒋捷主编；第 2 章由杨滔主编；第 3 章由王飞飞主编；第 4 章由孙鹏辉主编；第 5 章由党安荣主编；案例部分由陈向东主编。

《CIM 应用与发展》分析了 CIM 的起源和现状、总结了 CIM 基础平台的关键技术、列举了具有代表性的 CIM 基础平台及典型 CIM 应用，同时收录了我国智慧城市领域的 CIM 相关案例、展望了 CIM 未来发展趋势，为 CIM 在我国的发展提供理论和实践参考。

本报告适合 CIM 相关领域科研单位、应用单位、建设单位的管理、科研、建设人员及高等院校相关师生阅读。

感谢中国测绘学会宋超智理事长、中国科学院周成虎院士、广联达科技股份有限公司刁志中董事长的精彩序言。

本报告得到了广联达科技股份有限公司的大力支持，在此表示衷心感谢！

由于时间仓促，疏漏之处在所难免，诚邀广大读者批评指正。

编委会

前 言

目　录

下 册

雄安新区规划建设 BIM 管理平台

中国城市规划设计研究院

1 项目背景

1.1 项目历程

2018 年 4 月 14 日，《河北雄安新区规划纲要》获批，中共中央、国务院关于对《河北雄安新区规划纲要》的批复着眼建设北京非首都功能疏解集中承载地，创造“雄安质量”和成为推动高质量发展的全国样板，建设现代化经济体系的新引擎，坚持世界眼光、国际标准、中国特色、高点定位。

2018 年 11 月中旬，住建部将雄安列入“运用建筑信息模型（BIM）进行工程项目审查审批和城市信息模型（CIM）平台建设”五个试点城市之一。平台作为汇聚城市数据和统筹管理运营的信息管理中枢系统，通过构建全覆盖的数字化标识体系，可以为城市智能治理体系的建立、为智能城市运营体制机制的完善等提供基础和支撑，实现雄安新区营建绿色智慧新城这一目标。

2020 年 11 月 11 日，雄安新区规划建设 BIM 管理平台（一期）项目顺利通过终验专家评审会。来自住建部、交通运输部、国家信息中心、中国电子技术标准化研究院、清华大学的专家对项目进行了质询与评审，雄安新区规划建设局、改革发展局、中国雄安集团数字城市科技有限公司等相关领导及人员参会。专家组对项目成果交付文件及平台建设给予了高度评价。雄安新区规划建设 BIM 管理平台针对城市全生命周期的“规、建、管、养、用、维”六个阶段，在国内率先提出了贯穿数字城市与现实世界映射生长的建设理念与方式；自主构建了以 XDB 为代表的一整套数据标准体系；实现了从核心引擎到上层应用的完全国产化，技术自主可控。在国内 BIM/CIM 领域实现了全链条应用突破，具有领先性与示范性。平台各系统运行稳定可靠，将助力雄安数字孪生城市进一步完善提升。

1.2 项目理念

雄安新区规划建设 BIM 管理平台项目（以下简称“平台”）建设坚持落实创新、协调、绿色、开放和共享的五大理念。一是创新，全面创新雄安数字空间规建管的科学体系，运用大数据、人工智能、云计算等新兴技术，重建数字空间规划、建设以及管理的体系，建立科学理性的决策机制。二是协调，全面协调雄安数字城市和现实城市的共生，在制度和技术上实现实时互通，打造虚实一体化的未来城市典范。三是绿色，全面挖掘雄安数字资源和技术价值，利用平台网络推动多方位、多行业、多层次的绿色发展，营建社会、经济、环境的多维综合绿色体系。四是开放，全面开放平台智慧汇聚的应用，汇聚全球智慧和人才，开拓新兴产业，推动公众参与，共同营造数字雄安新时代。五是共享，全面共享雄安数字知识创意生活，借助平台推动全方位的共享经济，让人民具有获得感和幸福感。

2 项目内容

雄安新区规划建设 BIM 管理平台的建设内容主要包括“一个平台、一套标准、一套制度”。

2.1 一个平台

一个平台即雄安新区规划建设 BIM 管理平台（一期）。构建高效、精简、并联的审批流程，实现基于 BIM 的工程建设项目智能审批。根据“放管服”改革精神，借助建设优化规建审批流程，改革全流程的工程建设项目审批制度，构建科学、便捷、高效的工程建设项目审批和管理标准，制定贯通现状空间—总体规划—控制性详细规划—建筑设计—建筑施工—建筑竣工六个阶段的全链条；针对全流程的管控目标，为实现规划管控的层层传递，形成跨行业、跨阶段的业务规则和计算模型，建立涵盖多专业的审查指标体系，构建涵盖建筑工程、市政工程、园林景观、水利工程等全专业、多领域的指标审查体系的数字化标识体系，从而为城市智能治理体系的建立、智能城市运营体制机制的完善打造一个“全周期记录、全时空融合、全要素贯通、全过程开放”的数字规建管智能审批平台。

2.2 一套标准

一套标准指数据管理标准体系。平台数据交付标准并非从模型生产维度制定指标全覆盖、全管控的行业标准，而是根据规建管指标体系解译相应的模型数据和属性信息形成相应的数据交付要求，在不降低管控力度的同时，综合考虑城乡规划和工程设计的实现程度。

数据标准体系汇聚和管理规划、建设、管理全流程数据资源，打通各环节数据标准。在整合跨规划、建筑、市政、地质等多专业领域，以及跨人工智能、大数据、云平台等多技术领域的情况下，通过统一数据格式及城市级三维数据模型的展示与分析技术，建立各专业数据标准体系，实现城市全局信息的三维可视化展示、计算、分析、体检以及辅助决策；支撑多线程并发的部门协同、专家评审等以人为本的规划建设管理活动，实现新区规划建设管理六个 BIM 阶段数据的全流程打通，为数字空间现实化以及现实空间数字化制定准绳。

数据交付标准明确电子成果入库文件的成果内容、成果文件要求和数据质量要求等内容，为实现成果数据统一管理奠定基础。数据标准制定的原则是保证专业数据内容应与交付标准对接，以满足业务需求，保障数据的准确性，保证交付的信息模型、电子文档和图纸的一致性。数据在内容、格式上保持开放性，可满足 BIM 应用软件的多样性同时统一模型的单位、坐标体系与高程等。

标准编制的目标旨在简化政府审批流程的基础上，深入挖掘地理信息系统和建筑信息模型的应用深度，在不降低管控力度的同时，把握核心指标，提升城乡规划和工程设计的实现程度，保障雄安新区工程建设工作顺利、高效的开展。为承接管控指标体系落地，结合建筑、市政、燃气、热力、电力、通信、水利、环卫、园林、湿地、林业、生态工程等不同类型项目的覆盖类型，基于六个 BIM 阶段的管控指标，分阶段进行制定，采取体系化的标准编制和推进落地，得以有效支持设计项目的入库和审批工作。

2.3 一套制度

相关管理制度是为完成数据标准的实时落实，统一数据入口管理，制定数据流转管理，规范数据利用管理，形成贯通数字空间和实体空间的数据流，实现雄安数字城市建设的制度保障。

制定成果入库管理办法。为了建设全过程管控、智能协同的数字雄安，创新“规、建、验、执、管、养、运、维”的框架体系、流程体系和标准体系，加强数字雄安建设各阶段成果入库的规范性与法定性，有效保障新区工程建设项目的审批和落地，确保数据传递过程的合法合规，协同规建局根据具体业务需要，规定成果文件的入库流程和细则。管理办法针对法定成果、阶段性成果、指标和计算规则的入库及更新等情况做了相关规定。

制定空间数据管理规程。为进一步增强数字雄安建设中数据服务能力，统筹、推进各个部门数据互通共享，确保总体规划和智能城市专项规划确定的总体原则和目标得以实现，建立了空间数据管理规程，以规范不同建设阶段空间数据入库及出库流程。空间数据管理规程的制定从空间数据采集汇聚、数据共享、数据安全、监督考核、开放生态建设、法律责任等方面综合考虑，确保数据汇聚、处理、开放、共享、利用等过程的安全和合法合规。

3 关键技术

3.1 技术方法

（1）云计算平台

平台是部署在云计算上的应用，云计算平台是基础设施，为数字规划提供了弹性计算、关系数据库、负载均衡、对象存储的能力，平台聚焦于解决应用问题，存储、计算、并发、数据备份等由云计算平台提供的服务来保障。分布式云计算和存储为平台提供了弹性计算、关系数据库和数据存储、并发、备份等能力，承载海量城市空间和运营数据的接入、查询、展示和计算。同时，大数据模块为数字雄安规划建设管理平台提供了离线计算、图计算、流计算、实时计算等计算服务，提供数据采集、数据开发、数据保障、数据安全等数据治理能力，满足数据处理、实时分析等多种应用需求。

（2）GIS（Geographic Information System）

GIS 即地理信息系统，为平台提供了空间数据存储、分析，以及大场景的渲染能力。平台涵盖了城市规划、建设、管理的流程，涉及大量的空间、地理数据，比如地块、道路、建筑物、地下空间、POI 等各类数据，是强 GIS 应用。

（3）BIM（Building Information Modeling）

BIM 即建筑信息模型，目前已经在全球范围内得到业界的广泛认可，它可以帮助实现建筑信息的集成，从建筑的设计、施工、运行直至建筑全寿命周期的终结，各种信息始终整合于一个三维模型信息数据库中，设计团队、施工单位、设施运营部门和业主等各方人员可以基于 BIM 进行协同工作，有效提高工作效率、节省资源、降低成本、以实现可持续发展。

BIM 作为建筑、市政等领域的数据载体，在平台中可以通过对 BIM 模型属性提取、指标计算来实现各个环节的自动化校验与审批，同时在该平台上可以实现在 GIS 平台上对 BIM 模型的渲染。平台支持市面上常见的 BIM 模型，将 BIM 与 GIS 深度融合。

（4）IoT（Internet of Things）

IoT 即物联网，是数字城市不可或缺的部分，通过物联网设备可以实现大量实时数据的采集和管理，可以应用于众多城市规划建设管理场景中，实现动态管理、监控。比如可以用于温湿度、降雨量的监控预警，建设进度管理等。

3.2 总体架构

平台构建数字城市基础技术体系。利用专业化 GIS 平台引擎和三维地图，实现建筑、市政等城市 BIM 模型可视化；支持海量空间数据存储、运算及可视化，实现信息互联互通；构建规建管全流程业务支撑，实现雄安规建管智能化。

总体架构采用“四横两纵”：“四横”为数据层、数据服务层、应用支撑层、应用层四个层次，自下向上提供综合服务；“两纵”分别为标准规范体系、安全保障体系，用以实现从标准规范、安全管理、运维管理等阶段全过程的质量保障。平台总体架构如图1所示。

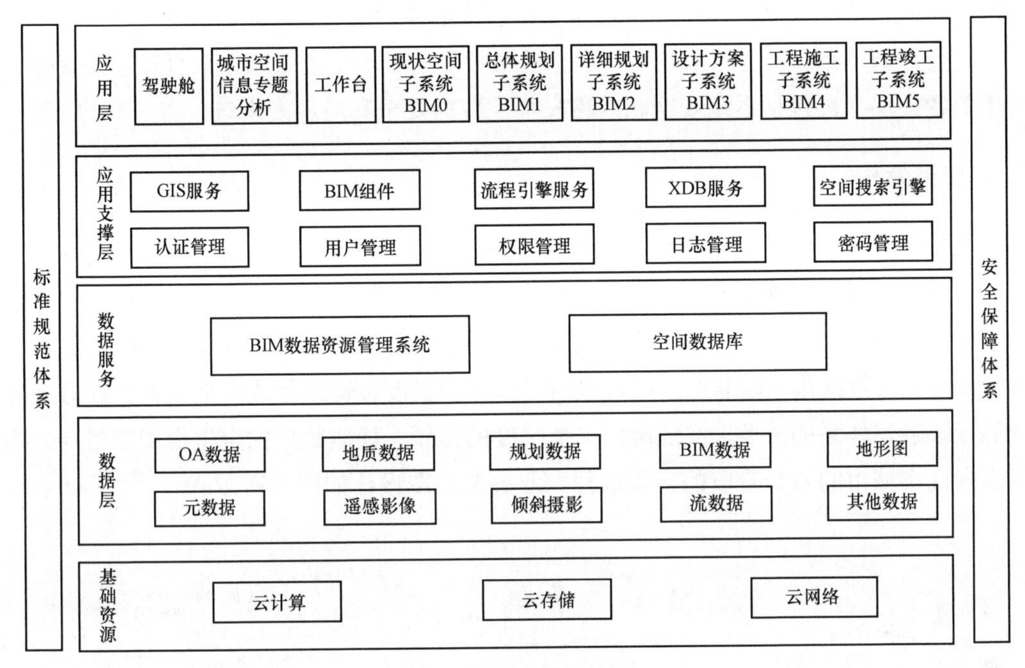

图1　平台总体架构图

数据层：包括城市现状数据以及和规划建设管理相关的地质数据、规划数据、BIM数据、OA数据、地形图、元数据等多维数据在数据层进行统一的数据存储、分析和管理，为平台提供基础数据支撑。

数据服务层：空间数据库和BIM数据资源管理系统。其中空间数据库主要完成各类空间数据的基础存储管理功能。BIM数据资源管理系统提供对流程要件数据的存储、管理、使用以及下载等功能。

应用支撑层：为上层应用提供统一、公用的基础服务。包括GIS服务、BIM组件、流程引擎服务、XDB服务、空间搜索引擎服务、认证管理、用户管理、权限管理、日志管理、密码管理等。GIS服务对特定地质数据、规划数据、BIM数据、地形图等数据进行统一的存储、分析和管理。BIM组件对模型提供相应的分层抽稀等能力。流程引擎是OA流转基础核心组件，实现整个流程的调度。空间搜索引擎，提供统一的、跨引擎的空间数据要素属性查询服务，支持亚秒级海量空间数据搜索。XDB服务为平台提供多源设计软件数据至平台统一交互格式服务支撑。认证管理、用户管理、权限管理、密码管理、日志管理等模块提供了系统必需的访问认证安全保障。

应用层：围绕规建管审批流程，开展空间规划管理、控规审批、项目方案审批等应用服务。

标准规范体系：建立适用于雄安新区规划建设 BIM 管理平台（一期）的平台数据成果交付标准体系。包括规划、市政、建筑、地质成果入库技术标准，XDB 数据格式标准等。完善的标准规范体系建设将为工程的落地提供保障。

安全保障体系：实现对系统日常运行的维护和监控。安全保障体系贯穿系统整体结构中的各个层次，包括系统安全、网络安全、数据安全和应用安全等。

3.3 业务架构

雄安新区规划建设 BIM 管理平台（一期）从编、审、施、评四个方面构建规建管全流程业务支撑，实现雄安规建管智能化。

制定统一的成果提交标准、数据交换格式以及指标管理体系，发挥信息化计算力优势，自动化、数据化、标准化呈现规建项目指标健康度，辅助行政审批决策。针对规建管等行政管理体系的改革，实现流程审批制度的创新、规建数据的全生命周期贯通，实现面向现实城市的六个阶段的决策过程。业务架构图设计如图 2 所示。

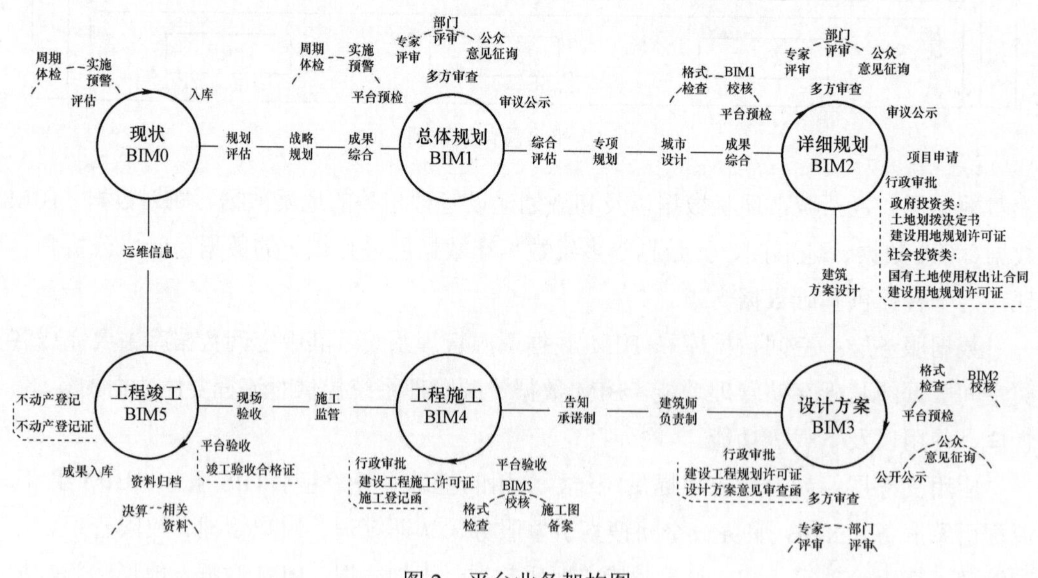

图 2　平台业务架构图

3.4 信息流程

雄安新区规划建设 BIM 管理平台（一期）的数据主要经过 XDB 导出、XDB 入库、指标计算和指标呈现及导出等四个流程（见图3）。

XDB 导出阶段是借助平台提供的数据转换插件将外部多源的规划设计成果数据以及基础现状数据导入，经过 XDB 格式数据的统一交换，然后导出、入库，从而进入 XDB 入库后的处理环节。在该环节，对交换后的数据进行格式校验，如校验通过，则提取分区规划数据、转化、构建三维模型后将 XDB 数据分级入库，然后根据其数据类型，总规、控规信息入规划库，市政、建筑信息等入 BIM 库；如校验不通过，回退至 XDB 导出阶段继续进行数据格式交换。规划库中的信息需做指标规则提取处理、计算因子读取、进入指标计算流程，建筑设施类指标结果进入 BIM 库，规划类指标结果进入规划库。之后，计算结果进入指标呈现及导出阶段，对其做指标可视化分析、指标面板呈现、体检表生成操作，体检表的检验结果将驱动平台进入业务流程流转环节，业务平台库中配置的相关流程规则信息同步支撑业务流转。

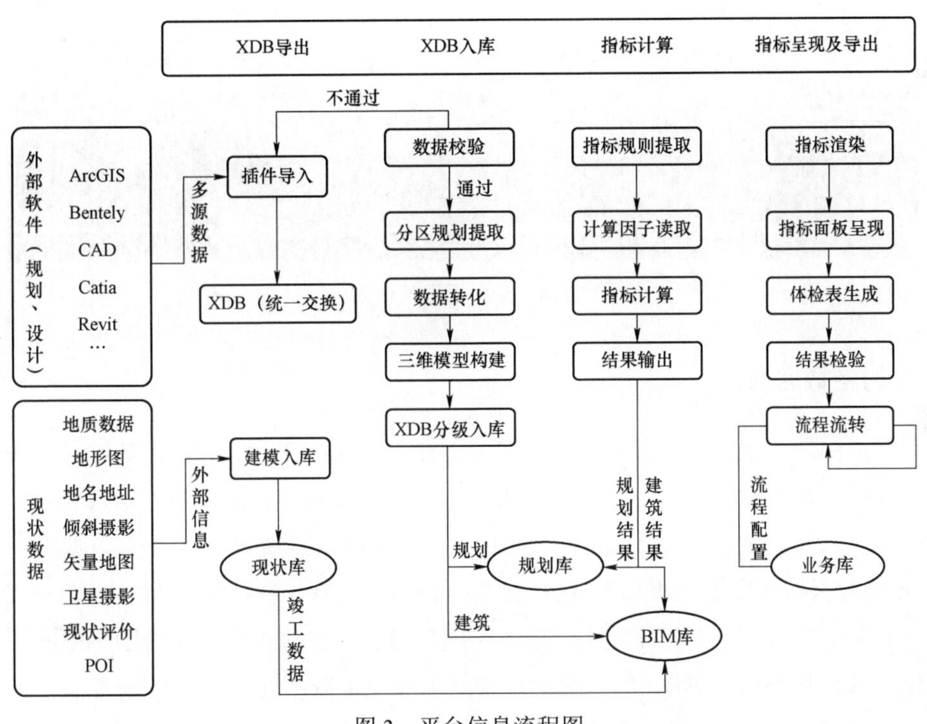

图3　平台信息流程图

4　创新点

平台立足建立全周期生长记录、全时空数据融合、全要素规则贯通、全过程治理开放的数字信息系统，其核心是优化时空资源配给，特别是从时间的维度去重新审视空间资源的配置，建立起实时协同反馈的规划与治理模式。

4.1　全周期生长记录

平台遵循国土空间生长周期的客观规律，以数字技术对空间管理赋能增效，监测与展示雄安新区空间成长建设的全过程。根据现实城市成长的“现状评估–总体规划–控详规划–方案设计–施工监管–竣工验收”六个阶段，实现城市全生命周期信息化和城市审批管理全流程数字化，推动数字城市数据汇聚和逐步成长，以现状运营（BIM0）–总体规划（BIM1）–控制性详细规划（BIM2）–建筑设计（BIM3）–建筑施工（BIM4）–竣工验收（BIM5）共同构建数据积累、迭代的闭合流程，记录雄安的过去、现在与未来（见图4）。

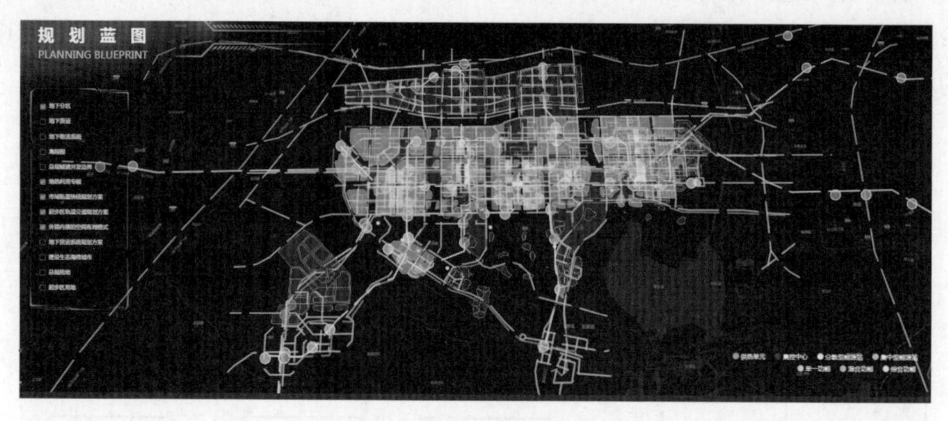

图4　全周期生长记录

4.2　全时空数据融合

平台汇集地上地下空间数据和动态信息，建立空间编码体系，促进数字城市全时空要素管理。以雄安实体空间为载体，纳入地质、自然地理、地理信息、市政管线、建筑模型等城市建设信息，完成雄安地上地下全息数字模型，统筹立体时空数据资产。以XDB开放数据格式实现“大场景3DGIS数据+小场景BIM数据+微观物联网IoT数据”等多源数据的有机融合，强化地上、地下空间资源的可视化管理，促进国土空间资源的立体化、综合化利用（见图5）。推动雄安地上和地下双空间价值的倍增发展，探索无限延伸、无限活力、无限幸福的时空数字交易模式。

统一各行业数据格式，涵盖规划、地质、建筑、市政、城市园林等多领域，创造性地实现了以政府管控目标为界限、以政府管控指标为范围覆盖城市建设全领域、贯穿城市运营全流程、横跨多个软件的公开格式（交换格式），解决了城市建设流程中多维度多领域建设数据与信息集合后的数据交互难题。在目前各行业应用端软件核心引擎基本为外国占有的情况下，基于这套完全自主的数据标准（数据格式）可以从根本上确保平台数据集合的数据安全问题。

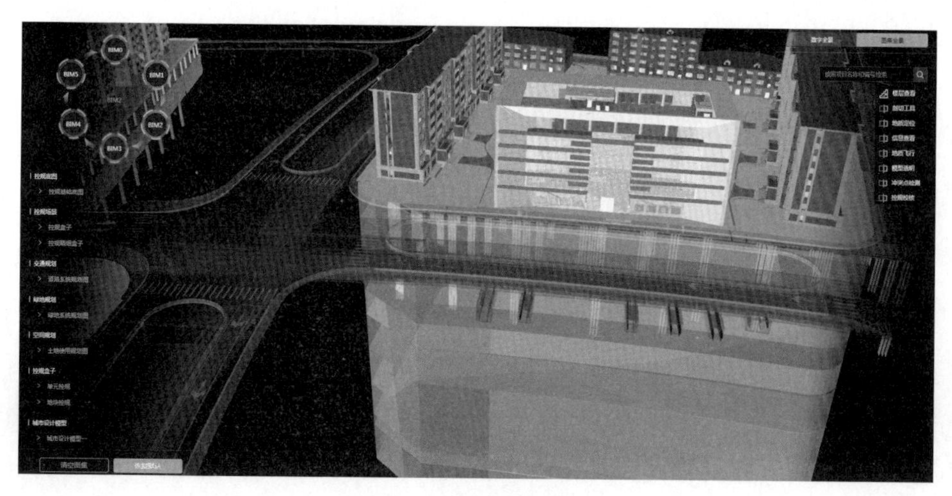

图 5　全时空数据融合

4.3　全要素规则贯通

平台以多规合一、多管合一的理念，构建覆盖审查－监测－评估－预警等多种需求的指标体系，制定规划设计、技术指南、标准规范、相关政策等内容共同确定的“全量无损”管控规则，制定各专业平台成果交付标准，整合打通六大阶段中规划－建筑－市政等跨专业的指标计算关系，结合城市－组团－用地－建筑－房间－构件等多尺度空间单元，实现从总体规划逐步落实到地块层面，最后落实到建设层面的纵向传导过程，形成层层传递、全局联动、敏捷迭代的城市智能化决策规则，拉通指标－标准－构件属性挂接的传递，实现描述性管控要素在信息载体上的落位。

平台以数字化的方式，打破规建管六个阶段中不同行业、不同规则和不同数据的边界，实现协同式的全贯通治理模式（见图 6）。平台协同规划、市政、建筑、勘测等多

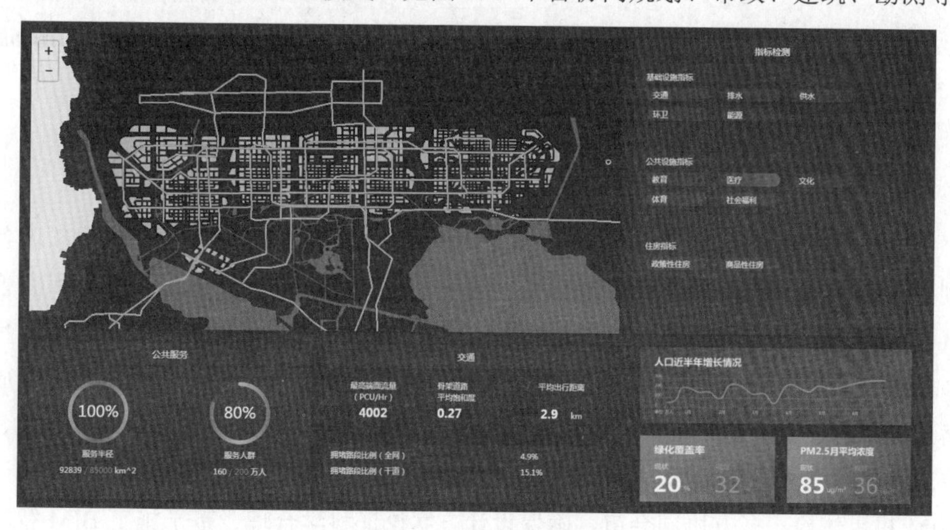

图 6　全要素规则贯通

领域，全面梳理了行业知识图谱、技术应用、发展趋势等内容，以数字化技术为桥梁整合地质勘测、自然地理、市政交通、城市规划、建筑设计等多个类型的数据和信息，理顺从现状走向未来城市的全产业链条，建构全局敏捷联动和反馈的新机制，创新一体化迭代的管理和产业体系。

4.4 全过程治理开放

平台积极探索以数字技术推动政府、市场和公众角色创新，开创中国城市治理新模式，实现更加开放的管理，以可查询、可追溯、全透明为目标建立城市数据档案；推动更加开放的设计：通过在线开放众规的数据库和工具软件，聚集全世界设计力量随时随地为建设献计献策，推动市民和政府之间有效的沟通，促进城市治理方面的改善；促进更加开放的决策：通过刚性指标的审查实现政府管理，通过多种方案的对比交易实现市场自由选择，以城市决策的多维化促进城市空间的多样化。全过程治理开放如图 7 所示。

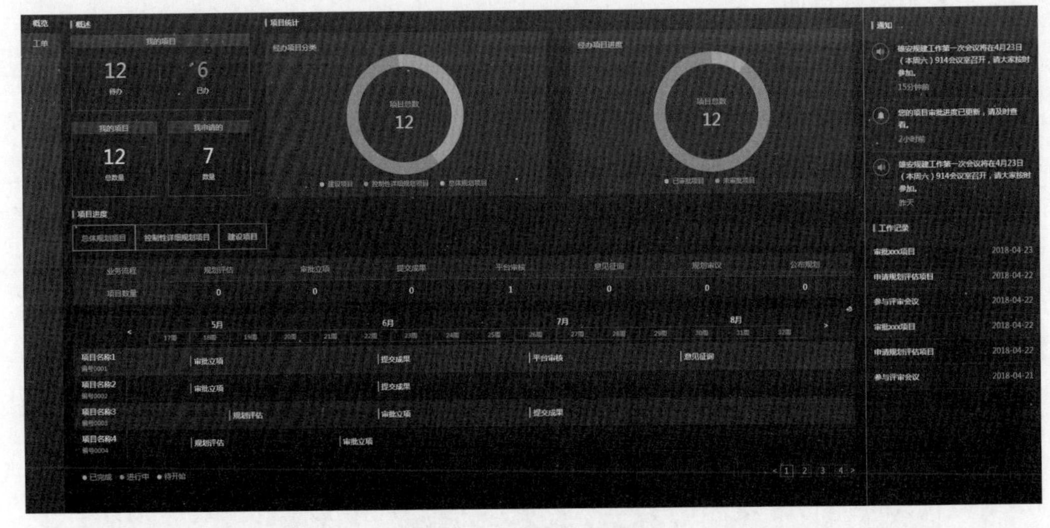

图 7　全过程治理开放

4.5 技术创新结合制度创新

平台整体建设上，形成了一套“制度体系、成果体系和赋能体系”，推进新区各项规划建设工作从一张蓝图绘到底到一张蓝图干到底。在制度体系方面，建立和完善了 BIM 数据管理制度、有效落实工程项目审批改革制度、规划师单位负责制和建筑师负责制；在成果体系方面，创新提出了一套审查管控体系、数据交付标准体系、统一开放数据格式和信息挂载手册；在赋能体系方面，实现多规融合，支持项目前期策划生成、自动生成“一函一表一底板”，实现规划条件智能核图、承接上位管控要求，实现设计方案 BIM 机审体检、多方协同会审，确保设计方案论证科学合理、基于施工 BIM 智能核图，落实建筑设计师负责制、实施 BIM 联合验收多测合一，服务城市运营治理、建立协助征询机制，加强规划建设业务整体协同。

平台审批流程上，提出“三审四备五归档”“两头紧中间松”的审查逻辑；审查方式上采取建筑师负责制、建设单位主体责任制、告知承诺制与总规划师单位负责制，由建设单位自行决定自查、第三方综合审查单位审查或互查等方式。通过线上平台建设深化政府“放管服”改革，把政府精力从庞杂事项中解放，放到事中事后监管和优化对城市的运维和公共服务配置与供给上，使政府角色由全能型政府向服务型政府转变。

5 示范效应

5.1 探索数字孪生城市建设方法

雄安新区坚持数字城市与现实城市的同步规划、同步建设，雄安新区发展过程中，需要探索出未来数字城市的高质量增长模式，雄安新区规划建设 BIM 管理平台积极探索以数字技术提升规划、建设、运营的智能化水平，推动政府、市场和公众角色创新，实现更加精细的管理，建立可查询、可追溯、全透明城市数据档案，以数据畅通驱动业务畅通和项目报建审批流程优化简化，驱动精准决策。促进更加开放的决策，通过刚性指标的审查实现政府管理，融合现状建设和规划设计数据，以动态交互的方式进行全面审视，分析、模拟、评价城市规划与项目方案的合理性，缩短规划、设计和决策的时间周期，以城市决策的多维化促进城市空间的多样化。

雄安新区规划建设 BIM 管理平台在国内 BIM/CIM 领域实现了全链条应用突破，从数字城市规划技术理念、计算模型和计算规则等方面做出的实践探索，为实现城市规建管工作的数据化、信息化、流程化提供了经验，具有领先性与示范性，将助力雄安数字孪生城市进一步完善提升。

5.2 建立配套的管理审批制度

建立和完善 BIM 数据管理制度。为加强 BIM 平台数据成果管理的规范性与法定性，制定《雄安新区规划建设 BIM 管理平台规划成果入库管理办法》，明确规划成果技术审查、质量审核的程序和要求，确保平台数据的准确性、现势性和权威性。为保障项目审核的公平、公正、公开、透明，按照统一、高效的原则制定了 BIM 管理平台相关管理规定，明晰建筑高度、建筑面积、容积率、场地标高、退界等计算规则，达到有效管控、降低风险的目的。为加强 BIM 管理平台数据提供的规范性和数据服务的高效性，提高规划建设数据利用效率，制定了《雄安新区规划建设 BIM 管理平台数据提供管理办法》，根据数据需求，依法依规提供查询浏览、接口调用、数据下载等方式，实现 BIM0 – BIM5

各阶段数据成果的获取和使用服务。

落实工程项目审批改革制度。坚持以数字化驱动工程建设项目审批智能化，深化雄安新区“放管服”改革，优化营商环境。根据《关于河北雄安新区建设项目投资审批改革试点实施方案》《雄安新区建设项目审批程序》，全面落实河北省全面深化工程建设项目审批制度改革要求，发挥大部制优势，坚持多规合一，多审合一。在审批的关键节点，强化 BIM 审查基础性作用。推行审批标准化、规范化和承诺制，能机审就不人审，加强过程监管，提高工程品质，确保安全底线。实行“一份办事指南，一张申请表单，一套申报材料，完成多项审批”，实现“一口受理，一网通办，一次发证”，构建科学、便捷、高效的工程建设项目审批和管理体系。

落实规划师单位负责制。新区出台《规划师单位负责制试行办法》，雄安新区管委会遴选聘任规划师单位，负责相应区域规划实施的统筹协调、项目可行性研究报告审查、建设工程规划设计方案技术审查等专业技术咨询服务。BIM 管理平台为规划师单位提供项目的现状、规划、风貌、相邻关系等详细信息，辅助项目会商选址，规划条件核提，提供设计方案 BIM 审查体检单，推动新区规划纲要、总体规划、控制性详细规划、城市设计以及相应研究成果在责任片区内的落地实施。

5.3 打造研磨一套赋能体系

通过平台在 BIM0 阶段，构建协调一致的“一张蓝图”，强化建设项目前期研究和策划生成；在 BIM1－2 阶段，实现项目选址、指标核定和规划设计条件给出；在 BIM3 阶段，实现设计方案预检和核验；在 BIM4 阶段，实现施工图合规性检验以及与设计方案一致性核检；在 BIM5 阶段，实现基于 BIM 的联合测绘和联合验收，确保规划管控和验收规范得到遵循，实模一致，数字孪生。

构建协调一致、多规合一的“一张蓝图”，以空间为载体，纳入地质、地信、设计、施工等全息数字模型，叠加各级各类国土空间规划成果，形成覆盖全域、动态更新、权威统一的数据底板，通过对数据的组织和应用，实现地上、地下空间资源的可视化管理，满足多源数据的查询浏览与业务应用，促进国土空间资源的集约化、立体化、综合化利用。

建设单位遵照规划条件要求，组织项目方案设计，提交 BIM 平台过审。平台根据设计方案各类管控指标定义、指标计算规则对提交的设计方案模型进行机器的自动审查，减少人为审查的主观性和弹性空间，出具设计方案 BIM 审查体检单。

以“协助征询”方式全面推进工程建设项目空间准入条件征询和设计方案审查意见征询，以“一口受理、并行推送”方式向相关管理部门和单位统一提出行政协助请求。做到征询材料不漏收、相关部门不漏询、回复意见不漏传；被征询部门和单位限时回复、限期办结，提高行政协助效能。

基于 CIM 的南中轴规建管一体化平台

中规院（北京）规划设计有限公司

1 项目背景

为贯彻《中共中央 国务院关于建立国土空间规划体系并监督实施的若干意见》精神，落实《自然资源部关于全面开展国土空间规划工作的通知》要求，切实推动《北京城市总体规划（2016—2035 年）》实施，按照《中共北京市委 北京市人民政府关于建立国土空间规划体系并监督实施的实施意见》有关具体要求，科学有序做好丰台区分区规划实施管理及国土空间规划“一张图”建设工作。

同时，为加快推动大红门地区和南苑森林湿地公园地区（以下简称“南中轴地区”）城市更新建设工作，与街区控规编制工作同步，开展了南中轴地区智慧城市专项规划研究和基于 CIM 的南中轴规建管一体化平台（一期）（以下简称“一体化平台”）建设工作。一体化平台承接智慧城市专项规划提出的以 CIM 基础平台为信息基础设施中枢的理念，以南中轴地区为重点应用，整合各类现状、规划、管理数据以及与国土空间相关的数据资源，建立全域覆盖、内容丰富、标准统一、准确权威的自然资源数据体系，为信息融合、信息交汇、共享应用提供数据支撑和平台支撑，提高资源管控精度、空间利用效率和业务协同效率，为区级国土空间规划编制、实施、监督、评估等全过程管理、决策、服务提供有力的信息支撑和技术支撑。

2 项目内容

2.1 建设目标

一体化平台的总体目标是实现数字城市与现实城市的同步规划、同步建设，适应城市治理新阶段和数字规划新方向的需求，以二三维一体化的辅助决策，实现更精细化的治理、更定量化的决策、更及时性的响应。

一期建设目标是构建一套支撑区级国土空间规划科学编制、精细实施、动态监督、精准评估的信息化体系，整体提升空间大数据集成能力、规划编制的科学分析能力、规划实施的精细管控能力、规划监测的动态预警能力、规划评估的精准评价能力，全面提升空间治理体系和治理能力现代化水平。

2.2 建设内容

（1）构建数据资源体系

1）构建丰台区数据资源体系。针对丰台区国土空间规划所涉及的数据资源，覆盖国土空间规划编制、实施、监督、评估等全过程，依据国土空间规划管理需求，制定统一的数据资源编码与分类体系，建立国土空间信息数据资源目录，形成覆盖全域、内容丰富、标准统一、准确权威的国土空间基础信息数据资源体系。

2）对规划成果进行质检入库。依据《北京市控制性详细规划街区控规数据库成果要求》，对南中轴等重点功能区的控制性详细规划成果数据进行整合入库，具体包括对成果完整性检查、数据基础检查、属性数据标准性检查、空间图形数据拓扑检查等方面，质检通过后进行整合入库，并管理维护。

（2）搭建体检评估指标库

依据丰台区分区规划指标体系、城市体检检测指标体系以及片区控制性详细规划的综合指标体系，结合南中轴地区的实际需求，建立符合丰台区及南中轴地区特色的国土空间规划体检评估指标体系。在此基础上明确指标定义、描述信息、指标值域、计算方法和数据来源结构，形成符合丰台区及南中轴地区需求的国土空间规划体检评估指标库，支撑国土空间开发保护现状评估工作。

（3）建设功能应用模块

1）一张图应用模块，提供包括资源浏览、查询统计、对比分析、专题图制作等功能，服务于国土空间规划管理工作。

2）成果审查与管理模块，提供规划成果辅助审查和规划成果管理等功能，对审查各阶段成果和最终成果进行管理和利用。

3）体检评估模块，包括基于大数据的城市体检和规划实施评估，辅助生成体检报告和评估报告，为国土空间规划编制、动态维护和优化提供依据。

4）三维辅助决策模块，主要应用于详细规划和城市设计阶段，依托分析评估算法模型，城市设计方案自生成算法引擎，参数化方案调整机制，为会商会审提供方案决策依据和方案快速调整能力。

5）运维管理模块，包括指标管理和系统统一运维管理功能，实现对指标库的快速操作、更新维护以及指标的动态调整，以及系统资源的分层分级权限管控等功能。

（4）制定标准规范

1）依据《北京市控制性详细规划街区控规数据库成果要求》，编制丰台区控制性详细规划街区控规数据库质量检查细则，明确控制性详细规划街区控规信息汇集的内容、格式、数据结构与组织、命名规则及质量要求等的质检流程和细则。

2）编制一体化平台接口规范，对系统服务技术路线、基本要求、安全要求、调用方式、功能服务内容、数据服务内容进行定义和描述。

（5）建立管理制度

建立一体化平台配套管理办法，明确平台建设和运行维护过程中的各项管理制度，保障系统安全稳定运行。建立数据统一管理机制和更新机制，编制数据更新管理办法；建立部门间数据共享机制；建立外部数据汇集和获取机制；建立系统建设及运行维护安全保密机制等。

2.3 总体框架

基于对丰台分局现状业务需求和功能需求分析，一体化平台提出搭建一套高内聚、松耦合的框架模式，总体架构主要包括业务应用层、微服务层、技术支撑层、存储层、系统硬件层、基础网络和保障体系（见图 1）。

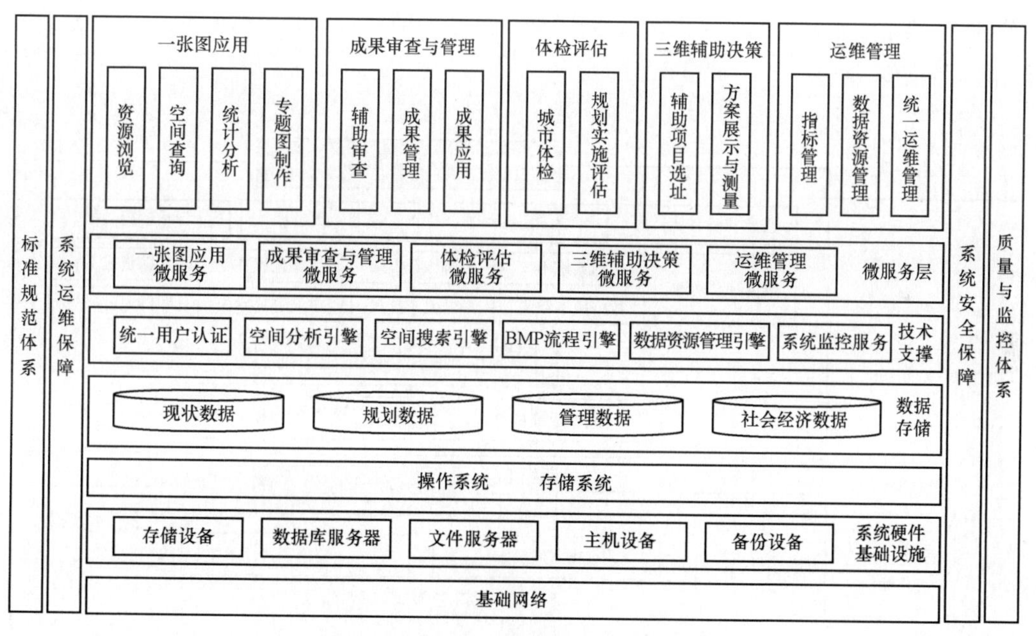

图 1　一体化平台（一期）总体框架

业务应用层，以服务业务人员、匹配业务职能为出发点，搭建五大应用模块，具体包括一张图应用、成果审查与管理、体检评估、三维辅助决策和运维管理。

微服务层，对应业务应用提供一张图应用微服务、成果审查与管理微服务、体检评估微服务、三维辅助决策微服务以及运维管理微服务。

技术支撑层，为应用系统建设搭建公用组件和框架，提供统一用户认证、空间分析引擎、空间搜索引擎、BMP 流程引擎、数据资源管理引擎、系统监控服务等支撑技术。

存储层，包括系统软件和数据资源，系统软件由操作系统和存储系统等组成，数据资源由现状数据库、规划数据库、管理数据库、社会经济数据库构成。

系统硬件层，包括存储设备、数据库服务器、文件服务器、主机设备、备份设备等。

保障体系，包括标准与规范体系、维护与保障体系、系统安全体系、质量与监控体系。

3 关键技术

3.1 空间数据底座搭建

培育优质数据土壤是业务应用得以茁壮生长的前提。本项目从数据汇聚、数据组织、数据联动三方面进行数据治理工作，建设一体化平台的数字空间底座（见图 2）。数据汇聚，实现一数一源，盘点已建业务系统数据、业务处室数据、委里下发数据、评估调研数据；数据组织，搭建一标一库，制定数据标准，统一图层目录、统一属性结构、统一数据字典，实现数据规整入库；数据联动，打造一数多维，释放数据价值，充分挖掘数据应用维度。

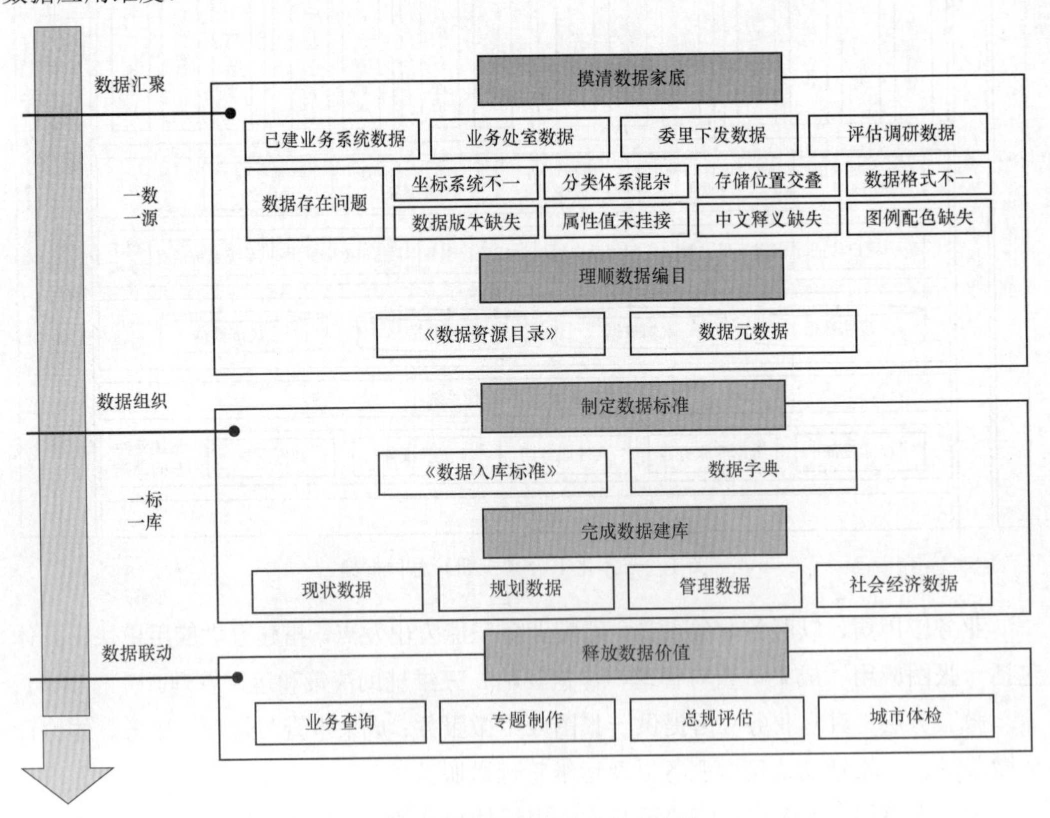

图 2　空间数据底座搭建技术路线

3.2 指标库与模型库研发

通过指标库与模型库的搭建，形成一体化平台的数字化规划管控体系。本项目基于统一空间数据底板，建立管控规则化、规则模型化、模型服务化的数字化转译方法和机制，搭建从数据－指标－模型逐层进阶的关系，确保规划指标的精准落地和规划模型的智能应用，实现对规划实施和城市运行体征的描述性、诊断性和预测性（见图 3）。

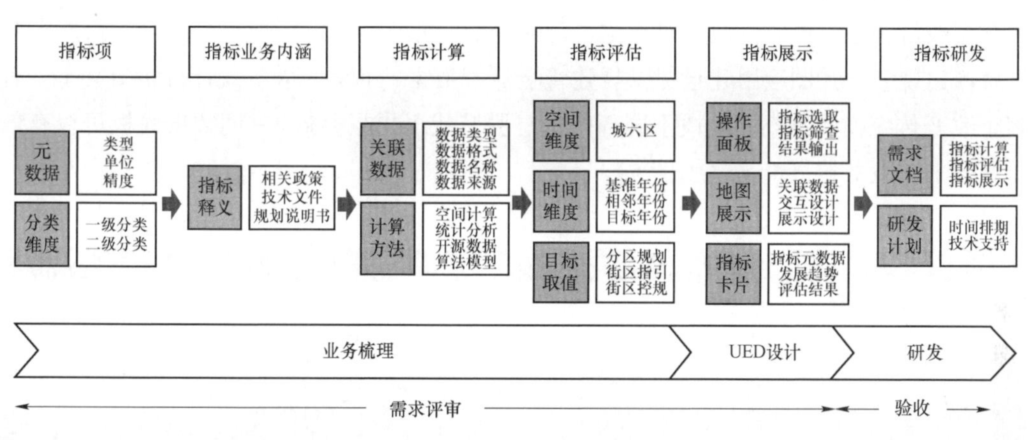

图 3　指标库研发技术路线

3.3 二三维一体化展示

基于二、三维地理要素，本项目搭建二三维一体化展示场景，充分发挥多尺度空间数据价值，辅助城市规划阶段的智能评估分析、建设阶段的智能辅助决策应用，驱动规划、建设、管理全过程场景升级升维（见图 4）。

图 4　二三维一体化展示

4 创新点

4.1 贯通规建管全生命周期的一张图

打通规划、建设、管理数据壁垒，基于覆盖全域、内容丰富、标准统一、准确权威的数据资源体系，形成贯通规建管全生命周期的一张图，积累形成丰台区全生命周期数据资产。规划一张图应用建设提供规建管全流程数据的查询浏览、统计分析等功能，有利于改变传统模式下不同阶段不同部门信息脱节状况，通过统一空间数据底板可以有效提升各部门业务协同能力（见图 5）。

图 5　规划一张图应用

4.2 构建规划成果审查管理的一条链

规划成果审查管理是一体化平台应用的重点，串联成果上传、成果质检、辅助审查功能，满足对各阶段各层级规划编制成果统一管理的需求，达到分屏比对多版本规划数据、同屏展示矢量和图文数据、一屏纵览多成果核心指标的效果（见图 6）。支持全套规划成果包括矢量数据、成果图纸、规划文档、规划表格、元数据、汇报文件、审查文件等的批量上传，支持依据分区规划、街区指引、街区控规等规划成果数据标准制定质检细则，对提交成果进行在线统一质量检查，支持对规划成果从图数一致、指标符合、空间一致等方面进行辅助审查，落实规划传导机制。

图 6　规划成果审查管理

4.3　打造精准把脉城市发展的一本账

通过构建体检评估体系，打造精准把脉城市发展的一本账。一体化平台以图文并茂、图数互联的方式将实施评估、城市体检等指标结果以最直观方式展现，支持对各指标体系计算结果进行综述展示，基于所有指标达标情况、同圈层对比情况、各分类指标达标情况、各分区指标达标情况等形成全局指标概览。通过地图视窗，展示指标关联数据在空间上的分布情况；通过卡片列表，展示指标变化态势及达标情况（见图 7）。推动体检评估工作动态化、常态化、可视化，助力丰台区国土空间规划体检评估实现过程检测、及时预警、动态反馈、通盘决策的新面貌。

图 7　体检评估指标面板

4.4 编织三维智能辅助决策的一张网

三维智能辅助决策是一体化平台应用的亮点，面向南中轴地区街区控规深化、城市设计以及规划实施等工作，提供公共服务设施覆盖范围分析、地块可达性分析、辅助项目选址、多方案对比分析等功能，助力南中轴地区规划分析与决策智能化水平的提升（见图 8）。

图 8　辅助项目选址

公共服务设施覆盖范围分析，计算教育、医疗卫生、文化、体育、社会福利等公共服务设施覆盖范围及区域覆盖度；地块可达性分析，基于空间句法计算地块可达性，综合评判片区内地块发展潜力，优化用地功能合理布局；基于项目管控条件选址，从项目类型、区位要求、选址范围、建筑限高等用户选址需求池中提取条件进行地块筛选，通过合规性检验规则库、合理性评估模型库提升选址智能化水平。多方案分析对比，实现现状数据、规划数据与三维方案设计模型的叠加展示，支持二三维方案的任意切换以及关键方案指标的对比查询，实现全方位动态多维可视化展示。

4.5 建立界面式数字化管理的一盘棋

以界面式数字化方式进行运维管理是一体化平台运转的支撑，方便业务运维人员对指标、数据、用户、权限等进行灵活配置、动态调整、更新维护。指标管理，基于“父体系－子体系－指标项”三级，支持指标及体系间自定义关联，支持指标计算方法的定制化，支持对指标“基准值－监测值－规划值”进行计算评估和趋势分析。数据管理，对数据资源进行可视化配置，基于“目录节点－数据项”两级，支持对数据资源目录的增删改查，连通前后端，支持数据条目与后端数据库相关联，支持控制空间数据在前端地图中的显示/隐藏以及调整数据最新显示版本（见图 9）。

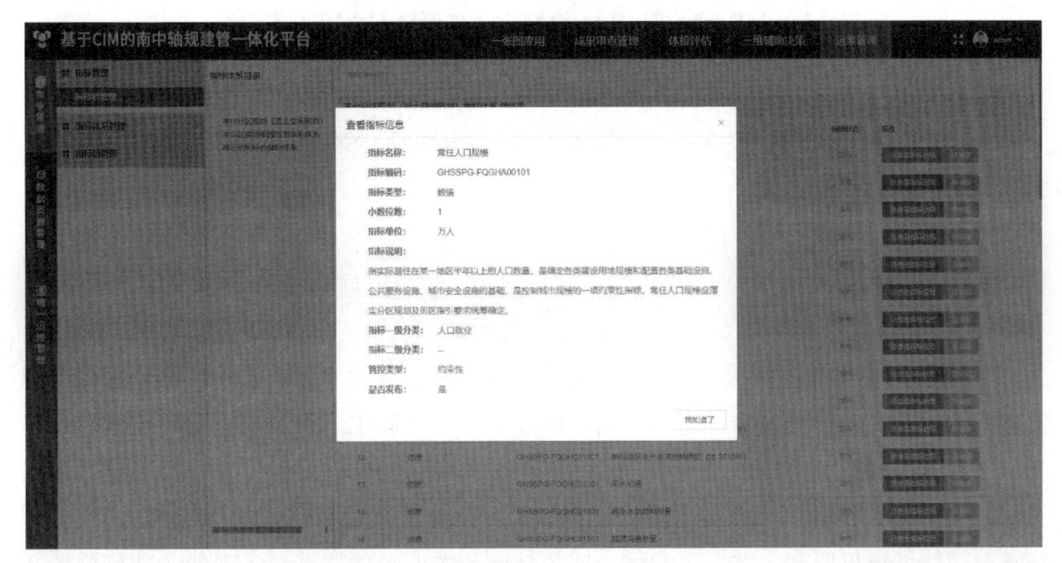

图 9　界面式指标管理

5　示范效应

基于 CIM 的南中轴规建管一体化平台项目对建设区级 CIM 基础平台进行了积极探索，通过建立数据治理的一数一源、一标一库、一图多维，构建成果管理的编制任务“一条链”、成果查询“一棵树”、关键指标“一本账”，打造体检评估的指标体系“一张网”、空间发展“一张图”，实现辅助决策的智能提速和场景升维，形成规建管理闭环，擘画数字孪生轴线。一方面，着眼当前，落实区级国土空间规划要求，构建起规划－实施－评估的数字化智能管理闭环，实现规划的定期评估、及时预警、有效监督、动态反馈，优化营商环境，提升城市治理水平和治理能力。另一方面，展望未来，南中轴将成为北京古今历史文化的交汇线。一体化平台的建设加快落实了建设智慧南中轴的战略目标，通过构建新型数字界面，实现实体空间与数字空间镜像孪生、永续生长的中轴线文化遗产传承。

海淀城市大脑智能运营指挥中心

北京五一视界数字孪生科技股份有限公司（51WORLD）

1 建设背景

党的十九届四中全会就“坚持和完善中国特色社会主义制度、推进国家治理体系和治理能力现代化”进行了全面部署，推进国家治理体系和治理能力现代化，关键在于提升城市治理的现代化水平。习近平总书记指出：“运用大数据、云计算、区块链、人工智能等前沿技术推动城市管理手段、管理模式、管理理念创新，从数字化到智能化再到智慧化，让城市更聪明一些、更智慧一些，是推动城市治理体系和治理能力现代化的必由之路，前景开阔。”

《北京城市总体规划(2016—2035年)》进一步落实建设国际一流和谐宜居之都和“四个中心”的战略定位，针对超大城市特征制定出相匹配的现代化治理体系，对城市治理提出“精治、共治、法治”的新要求。北京市委书记蔡奇强调：“大力发展数字经济，是构建新发展格局的具体行动，是疏解减量背景下推进经济高质量发展的关键之举，也是构筑未来竞争新优势的战略先手棋。”“数字社会是治理能力现代化的重要体现，要积极推动智慧城市建设。打造数字孪生城市，探索以数字技术为支撑的城市治理新路子。”

海淀区依托中关村创新发展机遇，贯彻“两新两高”战略部署，激发社会活力，积极实践智能化治理新模式，高质量建设全国科技创新中心核心区。《关于加快推进中关村科学城建设的若干措施》提出“海淀创新发展16条”，海淀区坚持问题导向，强化科技支撑，健全长效机制，促进共治共享，在科学化、精细化、智能化治理上下功夫，让城市更宜居、更美丽、更便捷、更安全。

建设城市大脑通过数字化手段打通信息壁垒，唤醒沉睡的数据，为优化公共资源配置、宏观决策指挥、事件预测预警、治理“城市病”等提供支持，推动数据红利释放，对于建设韧性城市具有重要的先行先试意义。

北京市海淀区(中关村科学城)城市大脑智能运营指挥中心(以下简称“海淀IOCC”)是北京以海淀区为试点，联合51WORLD、百度、中科大脑、中国联通、华为等多家企业、整合各部门业务系统，打造的首个城市大脑智能运营指挥中心。海淀IOCC已经接入全区13个委办局的36个业务系统、6000多万条数据。海淀IOCC是国内首次将数字孪生引擎实际应用于城市级管理运营，国内率先实现城市级多维异构数据的融合应用，国内首创基于业务场景的人机智能交互工作模式。三个“国内首次”，推动着海淀城市治理进入 3.0 阶段。

2 建设内容

2.1 平台架构

海淀 IOCC 的建设以“1+1+2+N”的海淀城市大脑架构模式（见图 1），即一张感知网、一个智能云平台、两个中心（大数据中心、AI 计算中心）、N 个创新应用场景，具体建设内容为：“一张感知网”：由全区 12000 余路在网摄像机，以及 10000 多路传感器做支撑；“时空一张图”：汇聚全区 249 个专题地图数据，包括基础地理、行政区划、二三维地图、约 17 万个建筑，以及由 127 个图层、约 130 万个数据要素组成的城市部件数据等；“两个中心”：大数据中心、AI 计算中心，其中，大数据中心汇聚政务数据、物联网数据、互联网数据、社会资源数据。以遍布海淀全域的城市感知网络为硬件基础，以城市大数据为核心资源，以物联网、云计算、大数据、人工智能为关键技术，以政府主导、多元参与、共建共享为机制保障，对海淀全域进行全感知、全互联、全分析、全响应、全应用。

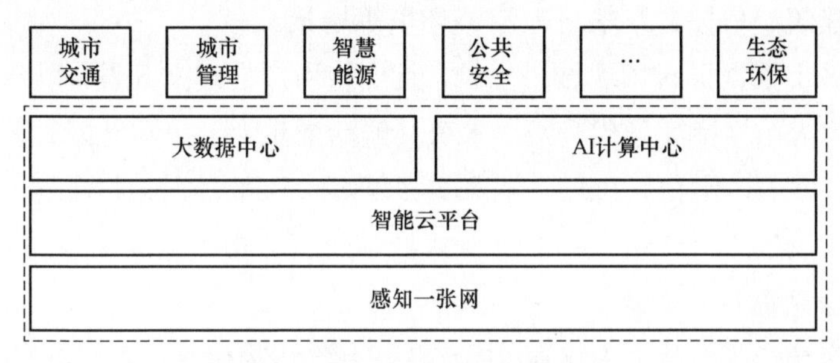

图 1　海淀 IOCC 整体框架图

2.2 系统功能

2.2.1 时空一张图

海淀“时空一张图”是海淀 IOCC 的核心支撑平台，整合海淀全区基础地理数据、互联网数据、物联网数据、政务数据、专题数据等，有效支撑城市大脑和全区各委办局应用服务，基于 51WORLD 自主研发的 AES 数字孪生平台，借助城市级二三维引擎，利用 GIS、IoT、人工智能、BIM、计算机科学、系统动力学等技术，实现数字空间和物理空间的智能关联，初步实现现实城市模拟运行，为公众和政府提供海量的时空资源支撑。“一张图”通过不断进化，更好地满足各部门多样化的业务需求，支撑城市智能运行过程中态势研判、事件分析、综合决策、仿真推演等大数据、AI 驱动能力的超级应用，服务全区城市治理业务。海淀区城市大脑智能运营指挥中心如图 2 所示。

图 2　海淀 IOCC 城市场景

（1）数字孪生底座

海淀 IOCC 在国内首次将数字孪生引擎实际应用于城市级管理运营。作为城市级大脑数字孪生底座，51WORLD 基于自研的 AES 数字孪生平台，对海淀全区进行中精度还原，对中关村西区 3 平方公里进行高精度还原，包括全区的基础地理信息、行政区划、二三维地图、17 万个建筑、城市部件等，能以近乎真实的效果还原海淀区现实城市的地形、道路、建筑、植被、车辆、人流、环境等场景。

平台通过城市数据更新体现城市生长，且支持用户自定义开发，以迭代式开发的思路对海淀“城市大脑”持续迭代升级，永葆其鲜活的生命力。与此同时，该平台可应用在园区、交通、水务、港口、机场、地产等多领域。该平台在参与海淀 IOCC 的建设过程中，以城市大脑需求为牵引，不断地升级城市运营、指挥调度场景的支撑能力。

（2）时空信息资源云平台

时空信息资源云平台接入海淀区 17 万幢既有建筑物信息、1.9 亿平方米建筑面积、1 万多个摄像头点位、249 个专题数据图层，实现百万级图层调用，形成时空一张图，有效支撑城市大脑和全区各委办局应用服务（见图 3）。

2.2.2　城市智慧化运营

从“人拉肩扛人海战”，一个电话、两眼摸黑奔赴现场的 1.0 阶段，到“系统辅助人干事”，系统扩展了人的眼睛、耳朵，辅助支撑双手双脚的 2.0 阶段，如今，海淀进入“系统学会干人事”，以人工智能、大数据、云计算、区块链等新兴技术为依托，实现业务全流程的“算力”替代“人力”3.0 阶段。未来海淀将向 4.0 阶段演进。4.0 阶段的特点是“系统干事人想事”，系统取代人成为工作主力，实现城市运行、发展的整体智慧化。城市智慧化运营平台如图 4 所示。

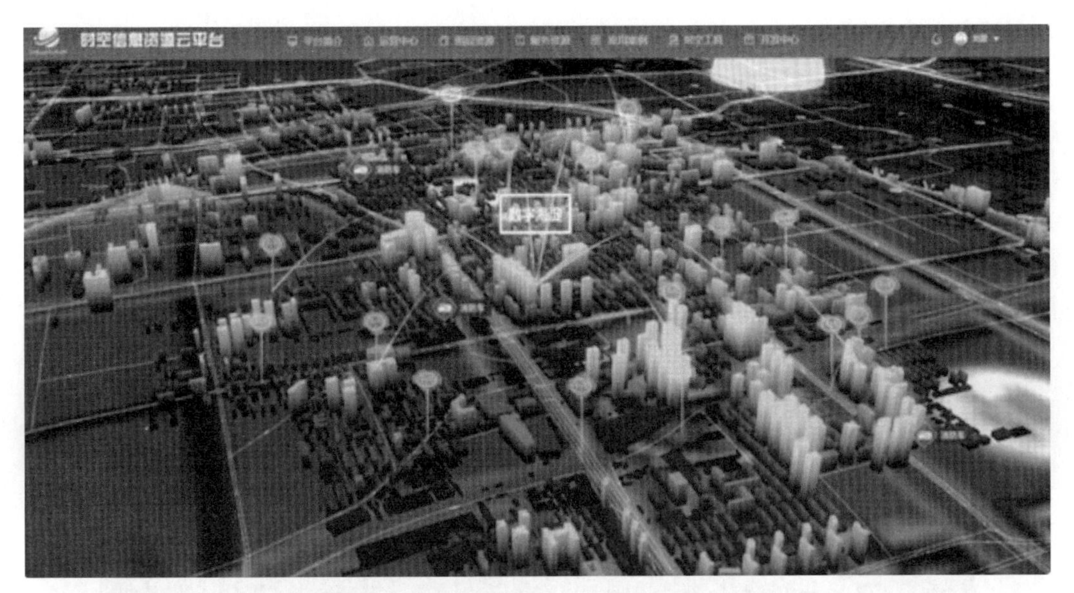

图 3　海淀 IOCC 时空信息资源云平台

图 4　海淀 IOCC 智慧运营

2.2.3　城市应用多样化

海淀 IOCC 目前已建成 50 多个创新应用场景、40 多个信息系统接入数据运行。“一网通管接诉即办工程”“垃圾分类处理科技支撑工程”等项目应用建设正在积极推进中，海淀 IOCC 通过典型场景宏观、中观、微观三个层面的不断更新迭代，对城市进行多维度画像，助力城市管理的支撑应用和价值提升。

（1）在渣土车综合治理领域

海淀区政府与百度合作，整合工地信息、卫星图斑、周边视频、消纳地点等监测数据，交通、环保、城管等多部门政府数据，构建一车一档信息。充分利用“城市大脑”

的地理定位和 AI 识别能力，实现了对渣土车源头管控、车辆轨迹研判、违法特征研判、执法取证、自动处理环节在内的精准识别与高效处理（见图 5）。每月采集、比对区域内城市地标地貌数据，精准发现违法建设、裸露土地、违规施工等顽疾，给相关部门和属地街道提供执法线索和依据，为交通、城管非现场执法提供科技支撑。

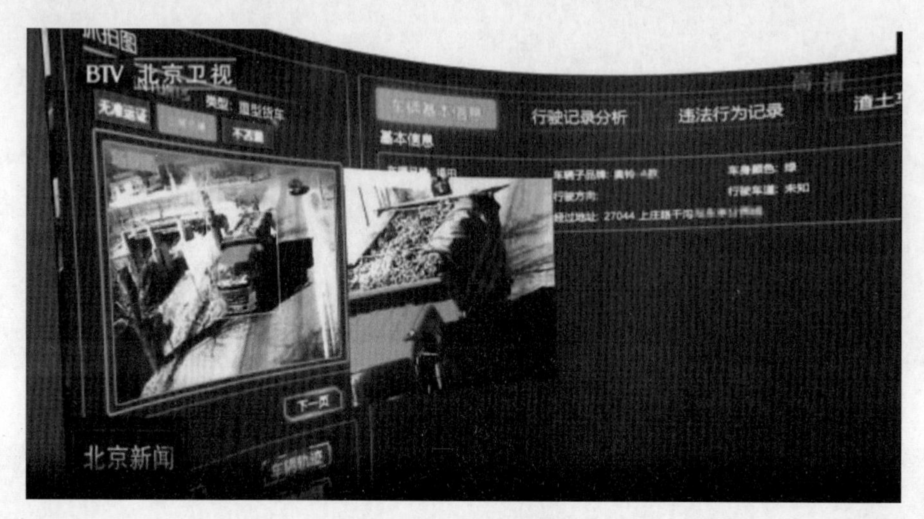

图 5　渣土车综合治理

（2）在城市交通领域

海淀智慧交通系统可实时掌握交通态势，精准感知各类交通事件并分析原因，从而指挥调控交通运行状态。针对工地施工问题，管理人员足不出户，便可通过智慧监管平台精准查看海淀所有建筑工地的实时状况，对现场施工人员、机械、运输车辆的作业状态进行全面监控管理（见图 6）。

图 6　智慧交通

（3）在疫情防控领域

海淀通过借助“城市大脑”，构筑起了疫情防控人员信息管理系统、疫情大数据分析系统、疫情预警系统、社区防控预警系统在内四位一体的疫情防控平台，集合了个性化数据分析、返京人群分析、人口排查分析、重点人群动态监测、跟踪、预警服务等重要功能，可切实有效助力相关单位做好疫情防控（见图 7）。实现疫情期间电话调研、电话通知、居民防疫指导，在线覆盖 617 个社区（村）人群。“城市大脑”在海淀乃至全北京的疫情防控工作中，发挥了重要作用，为及时掌握疫情和政府做出科学管控决策提供了稳定支持。

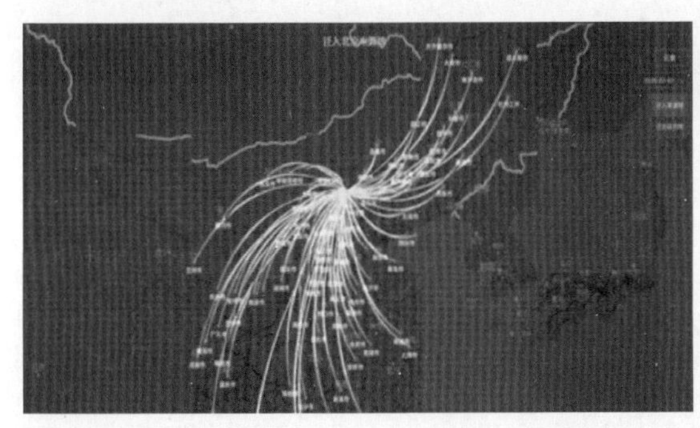
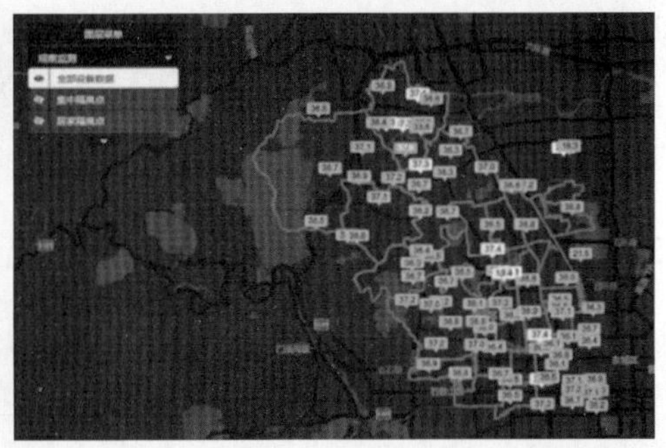

图 7　疫情防控

（4）在生态环保领域

实现全区空气质量精细化监测预警。建设 300 余台监测基站，形成全区空气质量监测网络。建立污染防治快速响应机制，实现了精细化管理。运用全球领先的光谱传感芯片技术，从空间和时间上追溯排污点位，判断排污程度和排污时段，实现远程在线监控，将污染事件对水体造成的危害降到最低。

（5）在电力能源领域

通过电力大数据建模计算，能及时输出政府部门关注热点，辅助政府在社会民生、环境保护等方面开展城市治理，为风险预估、决策提供电力视角，形成以电力数据为核心的多维度城市画像（见图 8）。

图 8　电力能源

3 关键技术

3.1 物联感知技术

物联感知技术是指通过各种智能传感器、射频识别技术、全球定位系统、红外感应器、激光扫描器等各种装置与技术，实时采集声、光、热、力学、位置等各种信息，实现物与物、物与人的泛在连接，通过感知物理城市，完成物理城市与数字城市之间的精准映射，实现智能干预，进而为城市大脑提供海量运行数据，使城市具备自我学习、自我更新的能力。物联感知包含全息感知技术、设备管理技术、远程操控技术及态势感知技术等。

3.2 多源数据融合技术

多源数据融合技术是针对城市大脑不同业务需求，整合数据资源，以 GIS 数据、IoT 数据、BIM 数据、专题数据等海量异构多维时空数据为数据源，利用机器学习、深度学习算法，对时空大数据进行自动识别、数据挖掘及三维重建，能够为数据赋予空间特性及用途，构建涵盖地上地下、室内室外、二三维一体化的全息、高清的数字空间。同时，构建时空数据库，为数据设计统一定义、存储、索引及服务机制，形成 TB 级数据集、分布式集群管理，进而实现数据统一接入、交换和高效共享。

3.3 高精度建模技术

基于海淀城市大脑 50 多个创新应用场景，融合倾斜摄影、激光点云数据、GIS 基础数据、IoT 数据及其他业务数据，匹配不同尺度与不同颗粒度数据，完成人、事、地全要素的建模，实现物理空间与数字空间的分层次映射。

3.4 仿真推演技术

仿真推演技术是突破传统信息化管理中单一领域静态信息的识别与定位，针对多领域、多时态的复杂应用场景，集成多学科、多尺度、一体化的动态仿真推演与预测技术，也是城市大脑建设需要具备的关键能力。利用深度学习、强化学习、增量学习协同技术，通过在数字空间中进行数据建模、事态拟合，进而对物理空间的特定事件进行仿真、模拟、评估、计算、推演，分析动态演化、进行知识发现、预测未来发展，实现城市资源要素的优化配置，为管理方案提供反馈和思考。

3.5 三维可视化技术

基于游戏引擎、3D GIS、混合现实等多种技术，多层次实时渲染复杂三维场景，从宏观的城市场景到微观细节，实现对空间地理数据的可视化表达，对物理场景进行 1:1 还原，实现地上地下一体化、室内室外一体化、静态动态一体化。

3.6 人机交互技术

人机交互技术是通过计算机输入、输出设备，通过视线、语音、手势等交互通道、设备、技术的方式实现人与计算机对话的技术。城市数字孪生的建立使虚拟和现实世界在同一空间进行融合，是城市管理者与城市大脑交互最直观的人机界面，本质就是基于城市信息模型，利用物联感知与融合、信息网络通信等新型信息技术，通过多终端、多模态的人机交互方式，实现城市三维空间的全息感知与实景可视化。

4 创新点

4.1 构建城市数据资产库，打破数据壁垒

汇聚城市多源异构数据，包含以地理矢量数据、模型数据、BIM 数据等为主的基础数据，以及城市各业务涉及的专题数据，形成可复用的、庞大的数据资产库，解决数据碎片化、数据不完整、格式不一致、数据孤岛等问题，通过精准的“数据反哺”，为数据驱动城市运行提供基础。

4.2 建设城市全生命周期管理体系

通过构建城市规划、建设、管理、运营全生命周期管理体系，实现一张蓝图绘到底、干到底、管到底：一张蓝图绘到底，支撑多规合一的规建业务，实现多要素的静态场景和图层的管理；一张蓝图干到底，支持动态引入制定模型，实现城市 – 系统同步更新，多精度场景贴近现实；一张蓝图管到底，支撑城市综合治理业务，实现数据驱动静态场景、动态场景，映射现实世界。在这一蓝图的基础上，围绕人民群众最关心的问题，开展大城市治理，像“绣花”般精细，像钉钉子般务实卖力，形成有效的超大城市的治理体系靠的是精细化管理水平。

4.3 多方合作建设的创新模式

海淀 IOCC 是政府集结十余家各领域优秀企业，包含中科大脑、中国联通、北京建工等国有企业，以及百度、华为、51WORLD 等明星企业合作建设的成果，展现了北京

国际科技创新中心核心区的高水平。城市本身就是一个知识集成、技术集成、数据集成、算法集成、工具集成、应用集成的复杂巨系统，因此必须有强有力的产业生态紧密协作，对零散的应用平台进行集成和升级，通过政府、企业、社会合作构建产业生态，打造集约化平台，用科技产业发展带动技术进步，推动整个社会参与城市治理服务、数字经济发展，实现公共资源高效调配，城市事件精准处置。

5 社会效益

北京市海淀区中关村作为具有全球影响力的全国科技创新中心核心区，建设城市大脑智能运营指挥中心，对全区进行全感知、全互联、全分析、全响应、全应用，实现对城市建设、运行、管理和服务的流程再造、模式创新、效率提高，实现“四总”（全量数据资源总汇聚、全域数字化系统总集成、全局业务服务总协同、打造城市智能化总枢纽）、取得“四突破”（城市治理模式突破、城市产业模式突破、城市服务模式突破、城市发展理念突破）、具备“四力”（城市具备更强感知力、城市具备更好协同力、城市具备更优洞察力、城市具备更大创新力），具有标杆示范的作用。

一带一路高新技术产业园智慧化运营管理系统

北京五一视界数字孪生科技股份有限公司（51WORLD）

1　项目背景

1.1　项目简介

一带一路高新技术产业园规划面积近百平方公里，它是丝绸之路经济带的标志性工程。园区主要产业定位是以机械制造、电子信息、精细化工、生物医药、新材料、仓储物流为主的高新技术产业园区。园区内规划有生产和居住区、办公和商贸娱乐综合体、金融和科研中心。

1.2　建设目标

新一代产业园区综合管理运营系统作为智慧园区的“神经中枢”，发挥着参谋决策、指挥调度、数据分析等多重作用。以创新园区管理、服务产业发展为目标，应用 3D GIS、BIM、IoT 等技术构建园区 CIM 空间信息模型，打造园区数字孪生基础平台（CIM），使园区具备“透彻感知、全面互联、深入智慧”的能力，从而实现全方位、全动态地掌握园区从规划到建设，再到运行的一体化管理，进而提高园区产业集聚能力、企业经济竞争和可持续发展能力。具体建设目标涵盖：

（1）总体态势、全面感知

依托于 CIM，实现大数据整合和业务协同能力，通过信息资源的全面汇聚、整合、分析、共享和各项业务的联动，实现对园区运行的全方位、动态监管。

（2）运行监测、实时预警

构建园区数字孪生体，接入物联网、互联网、AI 智能识别数据等实时数据，实现对园区运行体征的全面、实时监控与预警分析，为园区发展“把脉”。

（3）辅助决策、高效管理

依托园区大数据，通过各行业专业算法模型，实现基于业务场景专题的辅助决策，提高园区管理运营者精准施政的能力。

（4）产业运行、精准呈现

基于 CIM 平台，展示园区内集聚的产业链及对应产业链企业的主营领域及发展现状，检测园区营收额度、年复合增长率、毛利率等经济指标，基于三维场景模型多维度分析园区产业与经济运行情况，全方位呈现园区地理区位和产业发展优势，为园区运行管理决策者和入园企业提供决策依据。

2 建设内容

一带一路高新技术产业园智慧化建设系统总体架构如图 1 所示。其中，位于业务应用层的产业园区综合运营管理系统汇聚了视频云平台、大数据平台、集成通信平台、IoT 平台和其他支撑平台（GIS/BIM、应用引擎等）的多源异构数据，并与园区三维空间数字模型（CIM）相融合，实现园区的全域可视化运营管控。

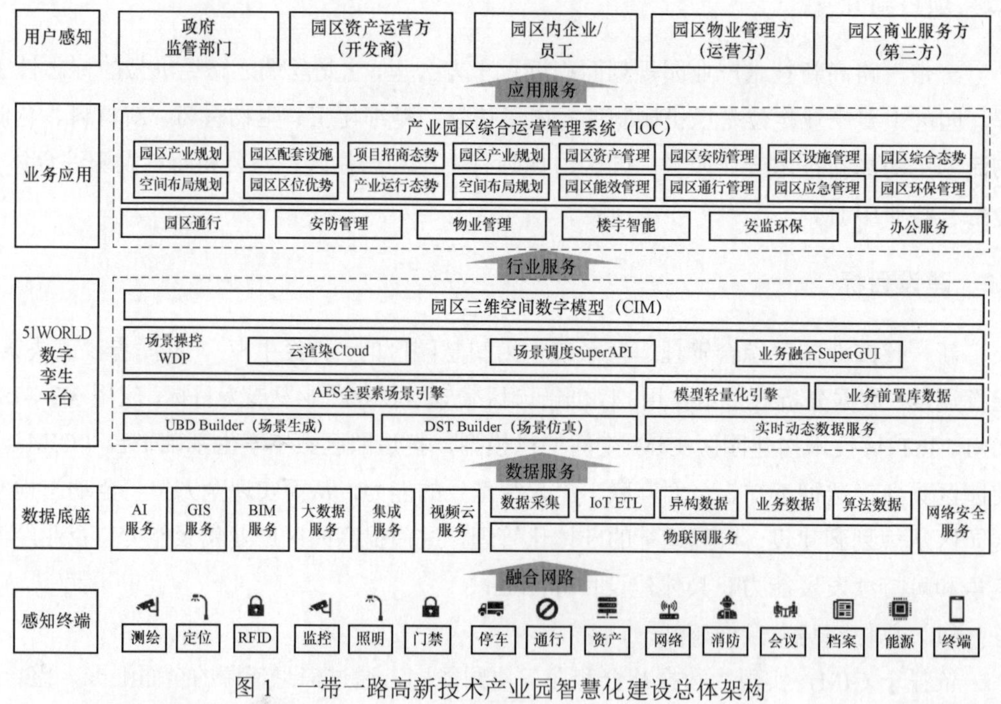

图 1　一带一路高新技术产业园智慧化建设总体架构

一带一路高新技术产业园综合运营管理系统是园区管理、指挥、决策的服务大脑，综合园区各业务单元能力，对园区产业、招商、安防、能效、通行、环境、资产、设备设施等功能领域通过数据可视呈现的方式全局管理，宏观管控。

2.1 园区规划

在园区建设运营前，园区管理者会对园区进行定位研究、对园区的产业、空间布局进行规划，因此，51WORLD 数字孪生平台需要在平台上展示园区规划好的内容，给园区招商办赋能，同时，在园区建设完成后，51WORLD 数字孪生平台需要在园区管理者再次进行规划时，支持园区管理者自主导入楼宇模型，以制作不同的招商方案。

（1）园区产业规划

汇聚园区管委会在园区产业上规划布局的信息，利用三维园区空间展示园区布局规划，帮助招商局去落地招商方案，帮助规划部判断产业链收益情况；

展示园区规划产业的统计数据，主要包括预计引入企业数量、产业链企业布局情况。

（2）空间布局规划

汇聚园区在生活设施布局上的规划，支持将 BIM 模型导入至场景中，对工程建筑规划在场景中进行时空数字化的呈现，对园区空间建筑进行数字直观性的描述去展示园区建筑情况。

园区建筑概括：展示园区在建筑楼栋过程中的统计数据，主要包括：园区总面积、园区建筑面积、园区可销用地面积、园区建筑面积出售情况。

工程规划：通过在三维场景中展示不同的色块，展示楼栋在不同时间节点的建筑完成度。

用地规划：在三维地图中展示园区各个用地的规划详情。

道路规划：在三维场景中展示园区道路的具体位置。

区域规划：在三维场景中展示园区不同区域下的不同配套设施的建筑规划内容。

2.2 园区招商

在园区招商办进行招商工作的过程中，工作人员会针对多个招商项目展开工作，在多个项目同时进行的过程中，51WORLD 数字孪生平台通过数字面板+三维招商项目切换的形式向园区招商办直观、清晰地展示招商总览、各个招商项目的进展情况。

（1）租售情况（见图 2）

地块租售：在三维场景中展示园区地块目前的租售情况。

办公租售：针对场景中某栋楼进行拆楼，展示每层楼层中不同区域的租售情况。

（2）配套设施

在三维场景中展示为招商对象所服务的配套设施的设施位置，主要包括：标准厂房、展示中心等。

（3）招商情况

项目概览：展示园区招商项目的进展情况，主要包括已完成项目数、项目不同类型个数、入驻企业行业分布。

入驻企业三维场景展示：通过在项目详情列表页中选中某个项目，从而在三维场景图中展示项目的具体位置。

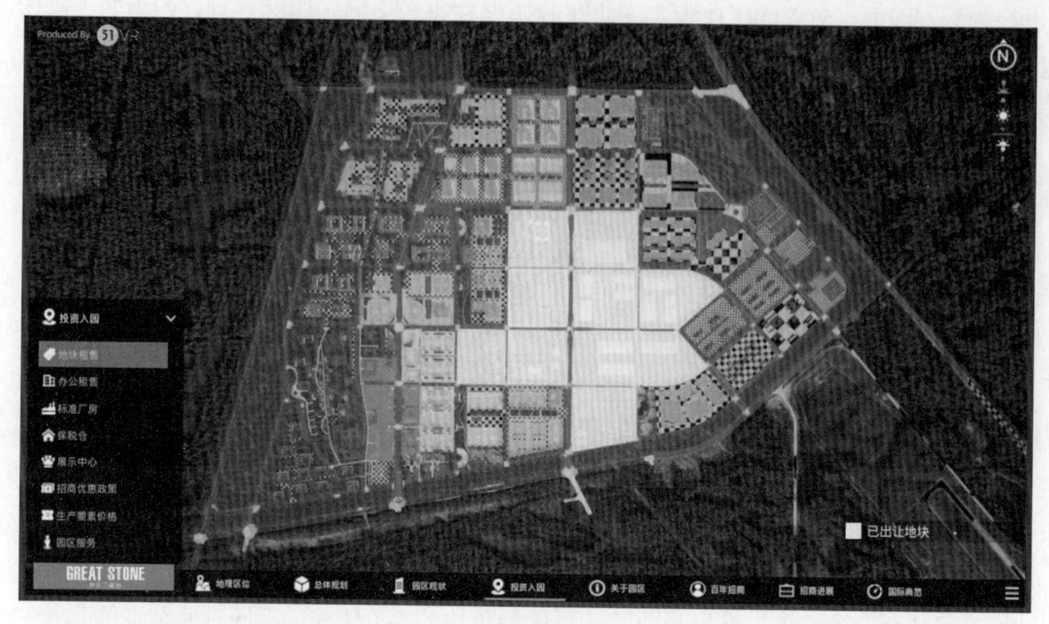

图 2　园区租售情况

（4）园区概况

园区在建设过程中，普遍存在园区的实际建设与园区最初规划存在差异的现象，因此需要将园区建设现状的数据以及对应的三维场景展示给园区管理者。

道路：展示园区当前建筑现状下的道路情况。

配套设施：展示园区当前建设现状下的配套设施所处位置情况。

数字展示信息：通过数据图表的形式展示园区当前的建设现状，主要包含园区建设总面积、园区可销用地类型分类统计、园区不可销售用地类型分类统计、园区土地面积可销售与建筑面积比例、园区基础设施数量、园区建筑面积在已建设、已出租、在建设、规划中的数量。

（5）园区优势

在园区招商办进行招商工作的过程中，园区可能还未建设完成，招商工作人员需要拿着图纸去给招商对象交接园区优势，在此种场景下，招商对象可能存在着对园区优势感知不直观、不强烈的问题，从而影响招商项目的整体落地，而 51WORLD 数字孪生平台的园区招商功能可以利用数字面板+三维场景互动的形式，向招商对象展示园区优势，从而促进招商项目的落地。

园区介绍：通过简短的文字快速表达出园区的基础信息以及优势信息。

区域优势：展示园区所处位置的交通优势以及区域资源，主要包含园区位置距离标志性地域的距离、距离机场的距离、园区附近的道路规划内容。

招商优惠政策：展示园区关于招商优惠的政策内容。

生产要素价格：展示园区入驻企业在制造产业时的水、电、气的使用价格。

基建优势：展示园区的基金建设情况，主要包括基建总数、年同比增加数、基金数量趋势图、基金类型占比统计。

2.3 园区管理

51WORLD 数字孪生平台提供园区运营态势的整体感知和园区运行情况的整体可视化呈现，为园区管理者和业务运营人员提供全局视角，为重大和突发事件处置提供全面的业务和数据支撑。

（1）资产管理

资产管理模块包含资产使用率、资产监控率、资产围栏统计、告警处理状态统计、安装标签资产统计、沉睡资产、资产分类统计 7 个子功能模块，同时兼具资产围栏、维修人员、盘点 3 个 3D 图层联动，可基于园区数字孪生可视化，对园区资产的位置、分布、状态、属性进行监测，可实现设备数字化还原。对设备进行联防联动监控，快速定位设备的故障点，对工单、维修人员等业务单元联动实现可视可管可控，保障生产高效，运维科学。

（2）能效管理

能效管理模块包含能效监管、节能统计、能源分析、需量偏差统计、费用统计、能耗告警 6 个子功能模块，同时兼具值班人员、维修人员、供电设备、监控摄像 4 个 3D 图层联动，针对园区生产生活进行能效监控与管理，如对水、电、气等进行能效单元盘点，能源分配管控，能流分析统计，需量预测显示等细分管理，实时显示能源消耗健康度，及提供能耗异常报警。对园区资源实现合理使用、合理调配、合理管理，提升能源效能，助力园区节能减排。

（3）设施管理

设备管理模块包含设备管理、监控系统、路灯管理系统、设备维修记录、告警统计、工单统计、一键盘点 7 个子功能模块，同时兼具资产围栏、维修人员、冷水机组、末端空调、监控摄像 5 个 3D 图层联动，可基于园区数字孪生可视化，对园区新风、照明、空调、生产机组、生产线等设备的位置、分布、状态、属性进行监测，可实现设备数字化还原。通过对设备进行联防联动监控，可快速定位设备的故障点，对工单、维修人员等业务单元联动实现可视可管可控，保障生产高效，运维科学。

（4）综合安防

综合安防模块包含安保人员、安保岗亭、人脸闸机、人员热力、视频周界、视频巡更、监控摄像 7 个 3D 图层联动，可用于展示园区现有综合安防应用的典型场景、典型应用，如视频周界、视频巡更、黑名单布控等，相关运营类数据指标数据，以反映前园区真实运营情况和真实解决方案的能力。

（5）便捷通行

便捷通行模块包含车辆流量统计、车辆通行视频、停车位统计、违规停车统计、告警统计 5 个子功能模块，同时兼具安保人员、安保岗亭、车辆闸机、停车场管理、监控摄像 5 个 3D 图层联动，可实现对园区通行实时监控。利用基于物联网技术（Internet of Things，IoT）的传感器网、地理信息分析能力对园区中人员、车辆流动的管控能力科学赋能，提高通行率，保障园区通行科学高效，构建无感通行的管控中台，便于管理者从整体上了解园区通行状态。

3 关键技术

3.1 全要素场景服务

51WORLD 全要素场景服务是一个基于时空数据引擎，将输入系统的所有静态数据、动态数据通过时空结构（特别是空间结构）结构化成为一个有机体，对其他模块提供时空场景的服务。

通过全要素场景服务，应用层模块可以方便地查询、检索在场景内的一切要素，包括但不限于静态场景数据（例如任何道路长度、建筑高度、点实体属性等等）、动态场景数据（例如移动的车辆轨迹、安保人员位置、某时间某坐标的气温等等）；数据层模块则可以将最新的时空数据更新到全要素场景服务中去。

城市骨架获取时空数据引擎中的信息通过栅格化引擎，将全要素信息分割成边长 2km 的正方形区域。在一个区域将全要素信息结构化成为更适应自动建模、场景渲染、动态数据显示的数据。

城市静态模型生成服务，可以针对一个城市分块数据，生成对应于整个分块的静态模型。

其中包含（可选）：道路（公路、步道、高架、桥梁、隧道）与道路附件（上街沿、行道树等）；楼房建筑（商业建筑、住宅等）；水域（江、河、湖、海）。

3.2 BIM 数据全面融合服务

在 AES 全场景下，使用 BIM 云服务，51WORLD 数字孪生平台用户可自主上传 BIM 模型，包括 rvt、skp、fbx、obj 等格式，同时在本地对 BIM 模型文件进行加载、保存和删除等管理功能，在场景中对 BIM 模型进行浏览、编辑、漫游和审阅等操作功能。

通过对 BIM 模型数据的解耦处理，实现多种数据源生成数字孪生园区底板。打破单一的数据结构，对 BIM 数据的结构，融合进入 51WORLD 开发的城市空间数据编辑中，同时根据数据源的类型用以不同业务的应用场景中，实现智慧园区全生命周期的数字孪生应用能力。

3.3 开放的 3D 场景构建能力

51WORLD 拥有三维模型自动构建工具链，BIM 模型云端导入和模型编辑能力，全面开放场景应用层。通过 DCP 平台自主创建数字孪生场景，利用 WDP 开发者工具实现各项业务功能的开发与应用。

常见模型格式自动转化为渲染引擎端能够识别的标准 FBX 格式，并自动监测材质和贴图丢失错误等常见问题。

3.4 基于 CIM 的数据融合呈现技术

CIM 平台是在城市基础地理信息的基础上，建立建筑物、基础设施等三维数字模型，表达和管理城市三维空间的基础平台，是城市与园区的规划、建设、管理、运行工作的基础性操作平台，是智慧城市与智慧园区的基础性、关键性和实体性信息基础设施。园区 CIM 数据融合如图 3 所示。

以 CIM 平台和 CIM 模型为核心，将园区空间规划信息、产业规划信息、园区建设信息、园区运营管理数据、园区智能感知设备数据等数据融合呈现到园区三维空间数字模型中，实现全局统一的数据资源视图，形成规建管一体化业务数据融通及动态循环更新闭环的一体化园区管理新模式。

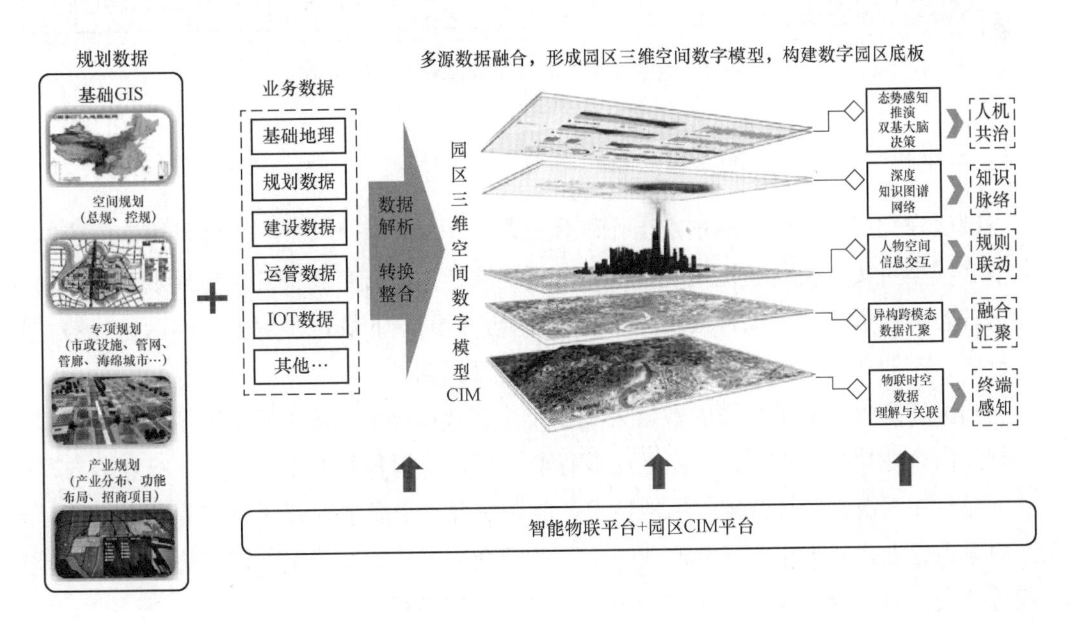

图 3 园区 CIM 数据融合

4 创新点

4.1 虚实协同的园区全周期管理

基于 CIM 平台融合多源空间数据模型（涵盖 GIS、OSGB、BIM、FBX、MAX、OBJ 等），打造全要素的园区 CIM 空间信息模型，并利用虚实同步、以虚控实、数字仿真等方式，全面提升上层业务应用场景数字化能力，以及园区智慧运营中心的虚实融合智能操控能力，逐步形成园区的一体化感知监测体系和自我优化的智能运行模式，实现虚实协同的园区全生命周期管理（见图 4）。

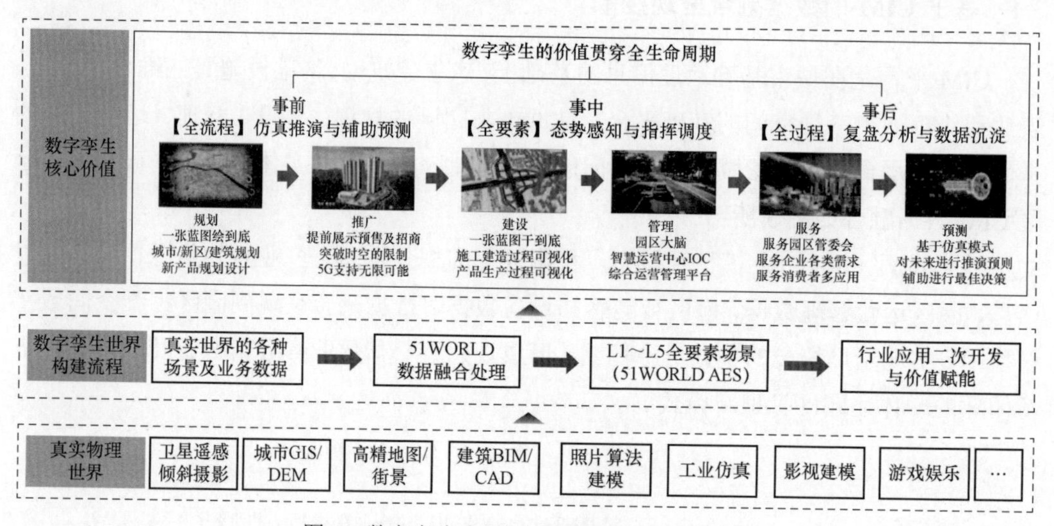

图 4　数字孪生在园区全周期管理中的价值

4.2 三维可视化产业招商管理

园区在完成初期建设后重点工作聚焦在产业招商，基于 CIM 平台所构建的三维园区数字模型可实现招商过程呈现、招商空间资源管控、招商成果及优势展现、已入驻企业运营态势分析等业务综合展现，同时，也能够帮助企业快速了解园区的区位优势、配套设施、产业布局、生态环境等信息，大幅提升招商效率。

园区管理者可基于全面的数据采集以及快速数据分析，通过可视化界面快速了解各类园区内企业相关数据。分析园区企业行业现状，了解各行业企业数量、行业分布，重点行业分布情况、经济数据、用地情况、能耗情况，全面掌握园区内产业动态。针对园区内重点行业，分析相关行业产业链上下游配套情况、分布情况、优劣势情况，分析产业链缺失内容，为后续园区制定相关政策提供数据参考。

园区招商人员可通过平台便捷的跟踪各类招商项目进展，并按照不同维度对招商项目进行统计，生成项目报表，以各类图表形式（柱状、饼状、趋势图等）直观展示各类项目比重、时间维度对比等相关报表功能。实现查看最新的招商项目信息，对园区招商项目进行汇总和分析。

5 示范效应

一带一路高新技术产业园率先使用数字孪生技术。数字孪生技术提供了园区管理服务的一张图模式，以物联网、大数据、云计算、人工智能、移动互联、GIS/BIM 等新型数字化技术为基础，以产业园区开发与运维全生命周期的“规建管服”一体化业务为主线，实现了园区“规划–建造–招商–管理”四个阶段十几类业务场景的数字化升级，提升园区管理能力、服务能力、集聚能力、可持续发展能力，形成虚实协同、深度学习、自我优化、内生发展的高度智能化的园区发展新形态。

在一带一路高新技术产业园，园区内企业相互交流共同发展，齐心协力解决企业过程中的问题。一方面，工业园基于数字可视化的管理和运营服务，能够帮助新入园的企业迅速克服困难。另一方面，作为一带一路建设的典范工程，一带一路高新技术产业园的建设与一带一路建设相互促进、相辅相成。以“产业化、数字化和生态化”为方向，以科技研发和高端产业制造为重点，系统谋划园区产业布局，制定高水平、高质量、高标准的园区发展规划。对园区企业而言，一带一路高新技术产业园有极强的示范效应。

城市信息模型（CIM）基础平台助力廉江新型智慧城市建设

广东国地规划科技股份有限公司

1 项目背景

廉江市积极响应国家新型城镇化战略，落实广东省“数字政府”规划，结合自身发展战略和实际需求，前瞻谋划新型智慧城市建设，因地制宜地推进县城智慧化改造。廉江新型智慧城市建设以顶层设计为指引，涵盖了方案设计、采购施工、运营维护全过程，建有智慧城市支撑平台、城市信息模型（CIM）基础平台（以下简称“CIM基础平台”）、视频融合共享平台三大基础平台，以及智慧安防、智慧规划、智慧政务、智慧水务、智慧环保、智慧旅游、智慧城管、智慧教育、智慧交通等示范应用工程。在廉江市新型智慧城市三大基础平台中，CIM 基础平台集成了现状数据、规划数据、管理数据、社会经济数据以及 BIM、倾斜摄影、三维模型、IoT、互联网、移动位置等多源异构时空大数据，奠定数据共享基础；运用 BIM+GIS 技术实现微观与宏观统一，为管理者提供直观、清晰的决策依据；依托平台，促进跨部门数据成果纵横互联互通，面向新型智慧城市应用领域，实现城市从规划、建设到管理的全过程、全要素、全方位的数字化、在线化和智能化。

2 项目内容

2.1 平台定位

CIM 基础平台是一个汇聚了基础测绘、卫星遥感、现状三维、地下空间、城市设计、市政管线、BIM、物联感知等海量数据、涉及全域全空间的信息化平台，是智慧城市的数字底座。在 CIM 基础平台的基础上，通过进一步推进“CIM+”在城市规划、建设、管理领域中的应用，全面提升 CIM 基础平台服务城市管理的智慧化水平。CIM 基础平台在智慧城市中的定位和作用主要体现在业务应用、空间基础两个方面。从业务应用的角度，CIM 基础平台属于智慧城市综合管理领域应用建设的重要支撑平台，为 CIM+规划、CIM+建设、CIM+交通等示范应用提供底图统一、底数一致的三维空间数字底板，同时，各类应用的结果数据将汇交至 CIM 基础平台，从而实现以 CIM 基础平台为载体的智慧城市“规建管运”全流程业务协同与信息互通；从空间基础的角度，CIM 基础平台为“智慧城市”构筑了空间底板，通过多源时空信息的融合，实现了城市的一体展现、多维管控，为智慧城市奠定了物理空间的数字化基础。

2.2 总体框架

以满足城市空间信息汇聚、业务协同、信息联动为基本需求，构建城市空间信息“一盘棋”，以城市信息模型应用一体化联动为目标，完善系统运行更新共享机制，采用分层架构设计 CIM 基础平台“1+1+N”总体框架，具体包括设施层、数据层、服务层、应用层、用户层以及标准规范体系、信息安全体系。平台总体框架见图 1。

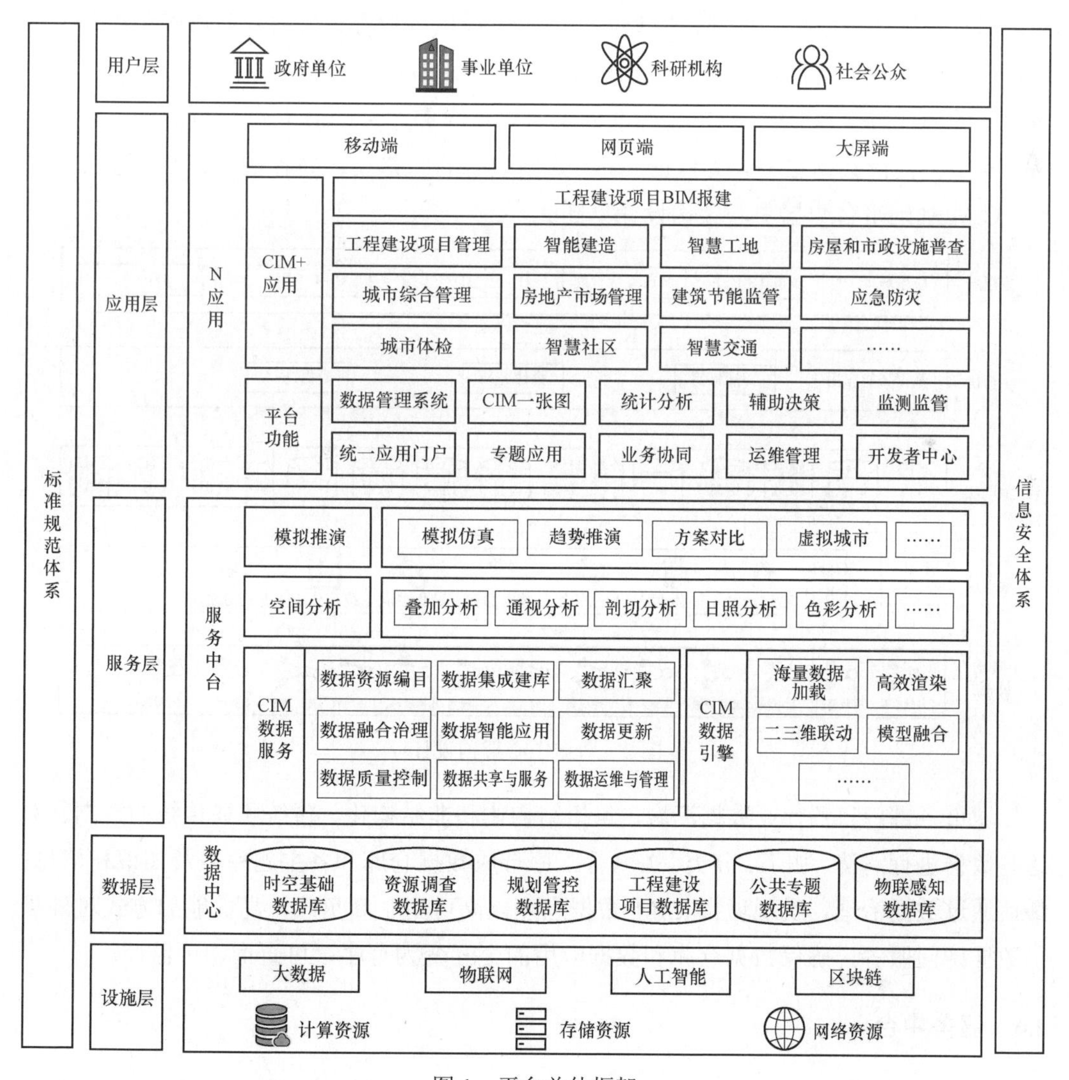

图 1　平台总体框架

一个中心：汇聚海量数据，构建涵盖时空基础数据、资源调查、规划管控、工程建设项目、公共专题、物联感知六大类数据中心。

一个中台：构建包括 CIM 数据服务、CIM 数据引擎、空间分析、模拟推演等基础支撑能力的服务中台。

N 项应用：建设平台基础功能与 CIM+智慧应用体系，支撑工程建设项目 BIM 报建与管理、智慧建造、智慧工地、房屋与市政设施普查、城市综合管理、房地产市场管理、城市体检、应急防灾等 N 项应用。

2.3 数据中心

按照“共建、共用、互联、共享”的原则，以 CIM 基础平台为支撑，建立时空基础数据、资源调查数据、规划管控数据、工程建设项目数据、公共专题数据和物联感知数据六大门类数据资源目录。通过对现状三维模型、BIM 模型等数据的生产和二三维空间数据的集成融合，形成以 OGC 标准为主的数据服务，为 CIM 基础平台的示范应用和各业务部门提供数据服务。为保证 CIM 数据中心的高并发、高容量、数据一致和可扩展，CIM 基础平台数据中心架构设计见图 2。

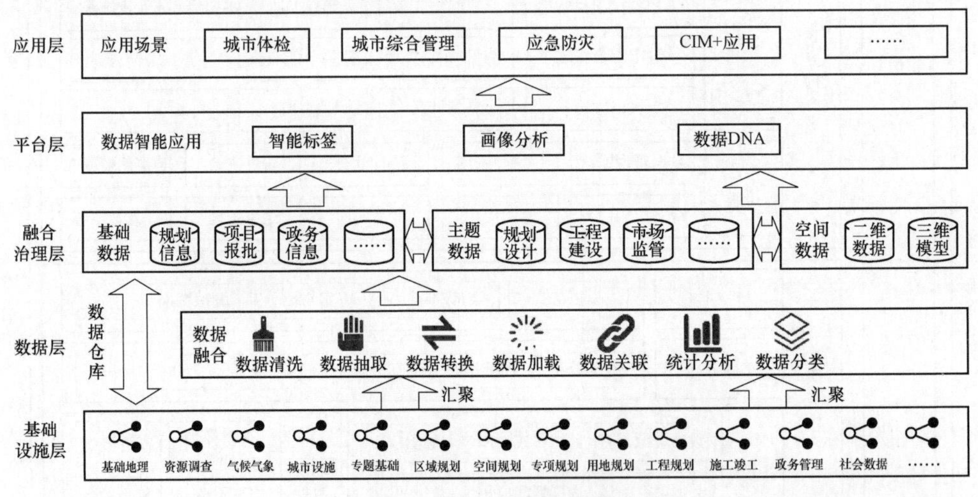

图 2 数据中心架构设计

城市各部门、各行业数据汇聚，包括结构化和非结构化、传统和非传统的数据；对这些数据进行清洗、加工、分类、关联等工序形成数据仓库和各主题库以及知识和信息；最后通过数据治理，实现城市 CIM 数据仓库以高可用、高负载、高性能的方式对外提供数据访问服务，确保数据仓库和数据应用的交互变为有序、可查询、可监控。

2.4 服务中台

采用微服务的方式，构建包括 CIM 数据服务、CIM 数据引擎、空间分析、模拟推演等基础支撑能力的服务中台，对外提供数据服务和功能服务。

CIM 数据服务：主要功能包括数据目录服务、站点管理、服务发布、服务注册、服务验证、服务管理、服务日志、服务监控、服务统计等。支持对二维、2.5 维、三维及 BIM 等数据服务的发布、注册、授权、运行和注销。具备发布通用三维数据服务能力，支持 3D－Tiles 或 I3S 等主流三维数据网络交换协议或规范，支撑异构 BIM 数据和三维数据的共享交换和对接集成。

CIM 数据引擎：主要功能包括海量数据加载、图形渲染、模型融合、二三维联动，实现对 CIM 数据高效加载、动态渲染、数据融合、一体联动和高质量展示。

空间分析：支持对叠加分析、通视分析、视廊分析、天际线分析、碰撞分析、剖切分析等基础功能服务进行发布、注册、授权、运行和注销。支持示范应用根据业务应用场景的需要，调用 CIM 基础平台的基础功能服务，提高资源利用率，实现资源复用。

模拟推演：包括模拟仿真、趋势推演、方案对比和虚拟城市等功能，通过对自然环境、城市环境的模拟，实现对现实环境的模拟推演，为城市治理决策提供直观的数据支撑。

2.5　N 项应用

CIM 基础平台功能包括数据管理系统、CIM 一张图、统计分析、专题应用、业务协同、辅助决策、开发者中心、CIM+智慧应用等。

数据管理系统：主要实现对 CIM 数据的管理，包括数据汇聚、CIM/BIM 模型管理、空间数据管理、数据资源管理、数据共享、数据监控、数据授权等。

CIM 一张图：汇聚基础测绘、卫星遥感、现状三维、BIM、地下空间、城市设计、规划成果、业务管理、社会经济、互联网、物联网、视频监控等海量异构数据，融合形成二三维一张底图，支持对数字城市空间及运行状态进行可视化展示。

统计分析：提供城乡发展建设、管理、改造、维护等信息的数据统计、趋势分析等功能，从时间、空间、指标等维度，以报表、图表等形式可视化展示与导出统计分析结果，为充分掌握城乡建设现状、揭示现存短板、科学预判未来发展趋势提供基础数据支撑。

专题应用：专题应用建设包括城市体检、城市监管、应急防灾等方面，为城市建设管理提供智能化、可视化的科学支撑。

业务协同：以统一的 CIM 基础平台为基础，将 CIM 基础平台与城市相关业务应用系统充分对接，形成业务协同、共享共用的应用服务模式，提供多种协同手段。

辅助决策：通过大屏三维显示系统，为城市管理者提供城市景观风貌、经济、人口、交通、设施、能源、综合防灾等情况的浏览展示功能，辅助决策者判断城市发展运行形势。

开发者中心：开发者中心整合丰富的开发接口、开发工具包及开发指南等文档，提供资源申请、Web 开发、App 开发、各类 API 服务、应用案例、工具下载等功能，支撑特色功能模块的二次开发。

CIM+智慧应用：基于数据中心、服务中台以及基础应用功能，通过开发者中心可为规划、建设、安防、城管、交通、水务、环保、社区、应急等涉及城市“规建管运”各类专项智慧应用提供二三维一体化图形支撑和功能服务。

3 关键技术

依托“ABC”（人工智能 AI、大数据 Big Data、城市信息模型 City Information Modeling）、3S、BIM、IoT 等信息技术，探索形成了 CIM 基础平台的数据采集、数据处理、数据分析、数据展示、集成等成体系的 CIM 基础平台建设关键技术，为推广 CIM 基础平台应用提供坚实的技术支撑。

3.1 模型轻量化技术

BIM 模型数据作为 CIM 基础平台的重要数据基础之一，可提供丰富的模型几何信息、物理信息、属性信息等，也可作为信息载体，关联物理实体的时空信息、管理信息等。但通常 BIM 模型数据体量都较大，会导致系统平台建设成本较大、平台浏览应用效果不理想等问题。为了实现在 CIM 基础平台上 BIM 模型快速展示及交互应用，需对 BIM 模型数据体量进行轻量化处理。国地科技采用对 BIM 模型的几何体进行简化、将 BIM 模型文件格式转换成图形引擎可识别和可解构的文件格式两种轻量化技术实现对 BIM 模型进行极致压缩，为 CIM 基础平台高效加载计算及分析奠定基础。

3.2 模型融合与编码技术

由于三维模型结构的复杂性，单一的模型特征编码难以实现所有模型的特征识别及标记。通过采用三维模型多特征的互补思想，结合 AGD、HKS、SDF 特征在形状表述上的差异，建立多通道的三维模型，通过随机样本统计分析各通道的识别精度，构建异类多特征权值矩阵，提高模型特征向量表示能力，并通过多类编码进行标识，有效提高模型的识别及分类精度。

3.3 WebGL 场景渲染技术

WebGL（全称 Web Graphics Library）是一种 3D 绘图协议，把 JavaScript 和 OpenGL ES 2.0 结合在一起，通过增加 OpenGL ES 2.0 的 JavaScript 绑定，WebGL 可以为 HTML5 Canvas 提供硬件 3D 加速渲染，实现 3D 场景和模型的流畅展示，并创建复杂的导航和数据视觉化。引用 WebGL 技术，可用于创建具有复杂 3D 结构的网站页面。

3.4 数据切片融合技术

随着工程建设项目审批业务的三维化普及，BIM 模型数据、单体化精模数据等模型数据的生产与处理将呈现指数级增长态势，大规模大体量的数据展示面临突出问题。因此，需引入数据切片技术，实现大规模的三维数据展示和渲染。目前主流的数据切片技术包括底图切片、矢量切片、模型切片三种形式。本项目的数据类型多样，需要充分集成融合上述三类切片技术，增强系统平台的运行表现。

3.5 多源数据多坐标系融合技术

实现海量、不同来源、不同分辨率空间数据的高效融合，对降低 GIS 应用系统的建设成本、提高空间数据的使用效率具有重要的现实意义。本项目实现影像、地形、控规、模型等点、线、面、体类型数据和不同平台的三维模型对接整合，以及三维数据的坐标转换。面向智慧城市多元化应用需求，将政务、民生等社会活动数据与设施监控、设备监控等物联传感数据进一步融合集成，打破各级政府部门的数据孤岛，统一数据规范，建立数据分类体系，开展数据资源建设和建库，融合文本、数字、音频、图像、视频等结构化数据和非结构化数据，逐步实现现状、规划、管理、社会经济、物联传感、互联网舆情等多源异构数据的集成融合和统一管理。

3.6 保密信息保护与处理技术

CIM 基础平台可以助力城市规划、建设、管理、运行工作的全生命周期管理，有效解决“信息孤岛”的问题。同时，数据的高度共享特性也决定平台高度集中的信息安全隐患。通过运用全同态密码技术，可将 CIM 基础平台海量数据按照安全需求进行细粒度分类，对于公开信息可直接传输存储至平台，对于保密信息通过签名、认证密钥、权限设置等方式进行存储与访问，从而降低了对计算和通信的庞大需求，实现了信息保护。

4 创新点

4.1 混合架构驱动多维场景应用

创新性采用 GIS 引擎+游戏引擎“双引擎”支撑模式，兼顾 GIS 引擎的定量化分析能力和游戏引擎的高效动态渲染展示能力，实现 GIS 数据的高仿真可视化与查询分析有机融合。

4.2 大体量 BIM 模型极限压缩技术

面向几何信息和非几何信息拆分、几何信息轻量化处理、最大限度保留原生模型信息等技术瓶颈，采用先进的三维模型格式对转换后的 BIM 模型进行极限压缩，实现 BIM 原生模型轻量化后的无差别展示应用。

4.3 三维模型与全景视频融合技术

运用自动投影、校准、畸变矫正等摄像测量学算法，将相邻摄像头传输的视频画面进行无缝拼接并与三维模型进行融合，从而实现对重点区域整体现场的全景、实时、多角度监控。

4.4 全要素、全过程、全空间高精度数据汇聚与共享

集成基础地理、卫星遥感、规划成果、地下管线、工程建设项目、施工建造、社会经济、人口等海量数据，并基于模型要素编码，建立“城市－社区－地块－建筑－户型”关联机制，形成多维联动、全空间要素汇聚的城市立体空间数据底板，可实现从城市全貌大场景到局部细节的直观展现，以“所见即所得”的方式对城市自然环境、街区样貌、建筑设施、交通路网等进行数字化、可视化呈现。

4.5 多场景、多维度、可定制实时动态分析与模拟

基于 CIM 基础平台一张底图，提供二三维缓冲分析、叠加分析、天际线分析、通视分析、色彩分析、剖面分析、裁剪分析、开挖分析、碰撞分析等空间分析工具，支持基于分析工具箱进行个性化定制。同时，还可通过数据建模、空间分析、事态拟合等方式对城市规划、设计、管理方案进行模拟仿真和推演，为城市规划设计、应急处置、交通路网建设、无人驾驶车辆训练等方案评估和优化提供可量化、可视化的分析、实验手段。

4.6 融合兼容、开放共享、灵活多样的软件开发服务

基于网络应用程序接口（Web API）或软件开发工具包（SDK），国地科技 CIM 基础平台提供各类平台开发接口，包括开发指南、示例 DEMO、接口列表、二次开发等功能模块，可实现以 CIM 基础平台为底板的各类信息系统/平台的融合共享和高效对接，以支撑新型智慧城市各类行业应用。

5 示范效应

廉江市 CIM 基础平台作为新型智慧城市的基础性、关键性支撑平台，面向城市规划、城市综合管理、智慧安防、智慧水务、应急管理等领域搭建丰富多元的“CIM+应用”系统，加强对各智慧应用系统的统筹融合与衔接，推动城市各行业、各部门的数据共享和业务协同，形成互联互通的智慧应用体系，实现对城市“规建管运”全过程精细化管理和可视化辅助决策，为各类专项应用提供基础图形支撑。

5.1 CIM+智慧规划

从城市设计出发，以地上、地下、历史、现状、规划的全景一张图为地图，以三维技术为平台表现载体，提供基于城市规划可视化的各类三维专题，通过三维实景建模，实现智慧廉江的可视化与直观呈现。为城市设计融合其他规划落地，到城市建设审批提供丰富直观的辅助决策工具，如天际线分析、视域分析、通视分析、日照分析、指标分析、方案对比分析等（见图 3 和图 4），建立长远的城市可视形象，提高城市的可识别性，增强城市环境的整体美。将规划项目的建设方案放到三维虚拟城市进行方案模拟、辅助审查，以指导城市建设项目，综合提升城市空间综合分析能力，相比传统规划建设管理模式，更直观、更精细、更具互动性。

图 3　视域分析

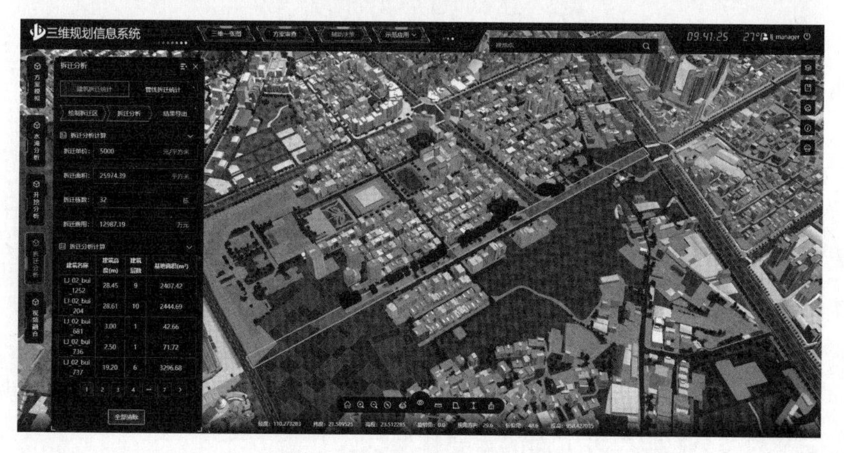

图 4　建筑拆迁统计及分析

5.2 CIM+智慧城管

从廉江城市管理的实际现状出发，借助新一代信息技术，集成 CIM 基础平台、视频监控与安防系统、智慧路灯平台、应用支撑平台等系统，开发包括智慧管理中心、大屏指挥中心、移动端系统、后台管理系统在内的廉江市智慧城市管理平台（见图 5），实现城市综合管理的新模式。实际应用中，利用人工智能（AI）与视频融合技术实现智能巡查预警，及时主动发现占道经营、违章建筑、张贴广告等违规行为；采用物联网智能感知设备对城市管理关键信息进行连续识别和获取，动态掌握城市运行状况。同时，基于 CIM 基础平台在高精度实景三维场景中对城市部件、市政管网等设施，以及发现的违规行为进行统一管理、展示、调度和落实，全面提升城市综合管理能力和水平，使城市管理工作更加精细精准。

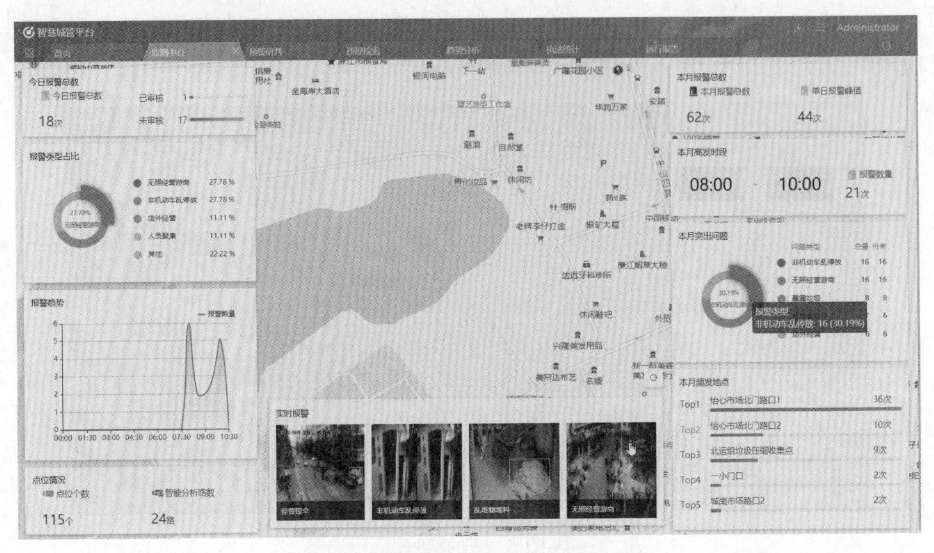

图 5　廉江市智慧城市管理平台

5.3　CIM+智慧安防

整合廉江市各类视频监控资源，通过市级平台、县级节点逐级汇聚，发挥整体效能，形成统一的视频监控与安防系统。在建设过程中，通过物联网感知采集设备进行数据采集，将数据进行多元信息汇聚。通过集成 CIM 基础平台实现视频与三维实景的深度融合，对物联网前端采集信息进行定位、浏览和展示，实现证件档案、车辆档案、人员管控、人流态势等智慧安防综合应用，并可对警力部署、工作方案和应急预案进行推演，充分发挥公共安全视频监控在服务居民群众、创新社会治理、平安城市和智慧城市建设、维护国家安全和社会稳定等多方面的重要作用。

5.4　CIM+智慧水务

在廉江智慧水务系统建设项目过程中，通过物联网实现对水务管理涉及取水户、河道流量水位、雨量站、水质站点、无人机、遥感等各类信息的自动化监测和人工监测，逐步建立覆盖廉江水资源与水生态环境的前端智能感知监测体系。同时，基于 CIM 基础平台并结合人口分布、建筑密度、经济水平等参数，可以进行城市内涝模拟分析、溃坝模拟分析、洪水预警淹没分析，以及预案管理等业务应用，支撑水资源保护、水灾害防御、水工程运行、水行政管理和水公共服务的智慧化（见图 6）。

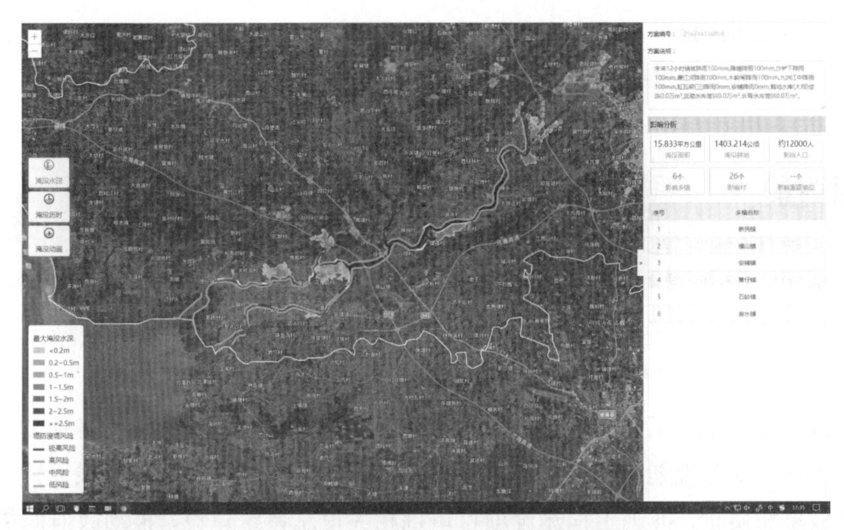

图 6　智慧水务水淹分析

5.5　CIM+智慧应急

基于 CIM 基础平台建设应急一张图辅助决策系统，为智慧应急提供必要的 GIS 支撑，提供图像化的定位显示、检索查询、分析研判等需要。系统与 CIM 基础平台无缝对接，通过实时底层数据获取和定制应急专业图层（危险源、防护目标、应急物资、应急装备、救援队伍、监控图像、应急专家等），有效提高指挥决策的精细化和准确性。疏散路线规划如图 7 所示。

图 7　疏散路线规划

中新天津生态城城市信息模型（CIM）平台

易智瑞信息技术有限公司

1 项目背景

2020年初，经天津市人民政府同意，中新天津生态城CIM平台试点工作方案正式上报住建部。年底，住建部办公厅下发《关于同意中新天津生态城开展城市信息模型（CIM）平台建设试点的函》，正式同意生态城开展CIM平台建设试点。

为贯彻住建部试点工作要求，落实完成生态城建设局关于开展城市信息模型（CIM）平台建设工作，提升规划审查、建筑设计方案审查、房屋管理、地下管线管理、土地储备管理的效率和质量，推进工程建设项目审批相关信息系统建设，推动政府职能转向减审批、强监管、优服务，建设生态城智慧城市统一三维平台，开展2020年生态城城市信息模型（CIM）平台项目建设。

2 项目内容

生态城城市信息模型（CIM）平台建设的目标是建设支撑生态城建设业务全过程流转的CIM完整平台；打造反映生态城建设过去、现在和未来全时域的智慧建设应用场景；建立覆盖生态城全空间的三维数据底板，服务生态城整体智慧城市建设。具体建设规划包括：

1）在多层级安全访问机制下，建设具有智慧规划和智慧建设能力的全过程CIM平台；

2）打造生态城智慧城市“1+3+N”的框架体系下“智慧建设”应用场景，全时域展示生态城建设的过去、现在和未来；

3）建立覆盖生态城全域的三维数据底板，为生态城智慧城市建设提供开放共享的全空间基础支撑。

CIM平台在生态城智慧城市建设中有着明确定位。生态城确定的《智慧城市建设实施方案》提出生态城将在“1+3+N”的框架体系下，建设全国智慧城市的试点样板。其中的“3”个平台，就包括以生态城CIM平台和数据汇聚平台为核心，逐步建成区域的全域CIM化，以及全部区域的基础数字化的“数字平台”。全域数字孪生为基础的CIM

平台以规划建设行业为起点，逐渐支持各城市管理领域的虚拟化治理也是“N”类前沿科技应用。在“城市大脑”的驱动下，各类社会治理问题将在 CIM 平台的帮助下快速化解在一个个“网格”之间。生态城 CIM 平台整体架构图如图 1 所示。

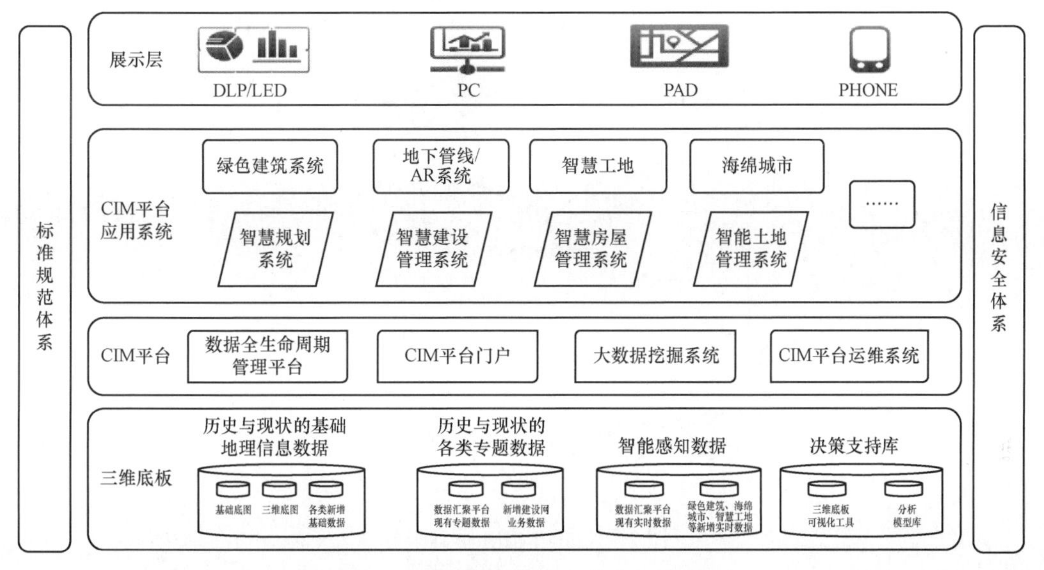

图 1 生态城 CIM 平台整体架构图

生态城 CIM 平台建设，主要包括 CIM 三维底板、CIM 基础平台、智慧业务系统三大部分。

2.1 CIM 三维底板

补充采集或加工地理信息数据，打造覆盖生态城全域的三维底板。在现有数据平台 15 个门类 60 多种数据基础上，补充完善规划类数据、基础地理信息数据、城市建设相关数据及其他数据，包括精模数量 5400 余个，提取建筑物覆盖区面（包括精模、城市设计模型等）1 万余个。其中，规划类数据包括城市总规、控规、城市设计和土地权属信息数据；城市建设相关数据包括建筑物 BIM 数据、建设项目信息、绿色建筑、海绵城市、地下管廊和地下管线信息数据。

2.2 CIM 基础平台

智慧城市 CIM 基础平台，以二三维地理信息服务为基础，通过标准规范和操作规程体系保障，重点打造生态城管委会各职能部门和专业公司之间的数据共享平台和城市运维协作平台。在技术层面，实现对物联网实时数据、各类三维数据和空间大数据服务的支撑，为实现各种智慧应用提供技术保障，平台具体包括数据汇聚与治理系统、全息展示与查询分析系统、共享与服务系统和运维管理系统等模块（见图 2）。

图 2　生态城 CIM 基础平台

2.3　智慧应用系统

生态城 CIM 平台建设了九大智慧应用系统，实现建设业务全覆盖。

（1）智慧规划系统

依托 CIM 平台，建立以监测评估和辅助决策分析为核心的智慧规划系统，在控规层面对城市的居住空间、产业空间、综合交通、开放空间，以及公共服务设施等方面展开监测评估，关联用地、建设项目、产业和居住、人口、交通、公共服务设施等，建立大数据城市规划分析模型，为政府部门进行城市招商选址、发展空间、街区更新改造、用地优化调整、交通组织、公众参与等方面提供决策参考。利用 CIM 平台，通过二三维联动，实现规划指标监测、概念设计方案比选的可视化，实现生态城规划建设管理的数字化和智慧化。

（2）智慧规划系统——BIM 报建系统

应用于工程建设项目在线报建审查审批与相关部门协同审批，利用 BIM 技术，结合规划审批业务流程，实现经济技术指标的自动化审查，通过 BIM 模型为业务决策提供精准的数据支撑。为报建申请人提供 24 小时在线的项目申请入口，实现提供在线提交文件模型、在线查询审批进度和反馈意见等功能。审批人员可批注审批意见；实现相关法律法规与报建文件的经济技术指标自动对比检查，向审批人员实时报告自动审核结果（见图 3）。

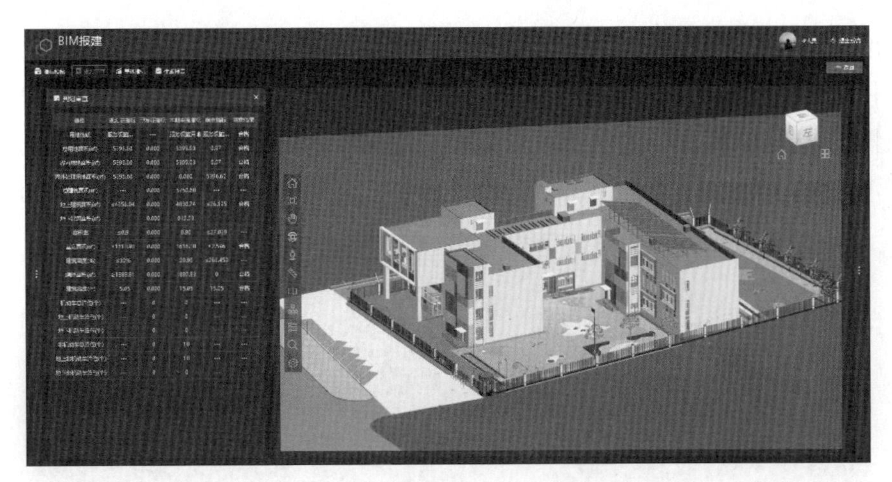

图 3　智慧规划系统——BIM 报建系统

BIM 数据标准编制：建立 BIM 应用标准、数据交换标准、模型设计标准及成果交付标准。有效实现 BIM 模型数据存储与交换，保证数据存储与传递的安全，满足从规划方案、设计方案等环节的 BIM 报建标准规范体系。

（3）智能土地储备管理系统

主要用于储备土地的收购、整理、分配与管理，能够有效地进行地块储备及供地与规划信息管理，提高土地资源利用率，为征地和土地登记发证提供决策依据，为公众提供高质量、高可靠的服务。智能土地储备管理支持储备土地的空间可视化、土地状态的监管以及土地信息的查询与统计（见图 4）。

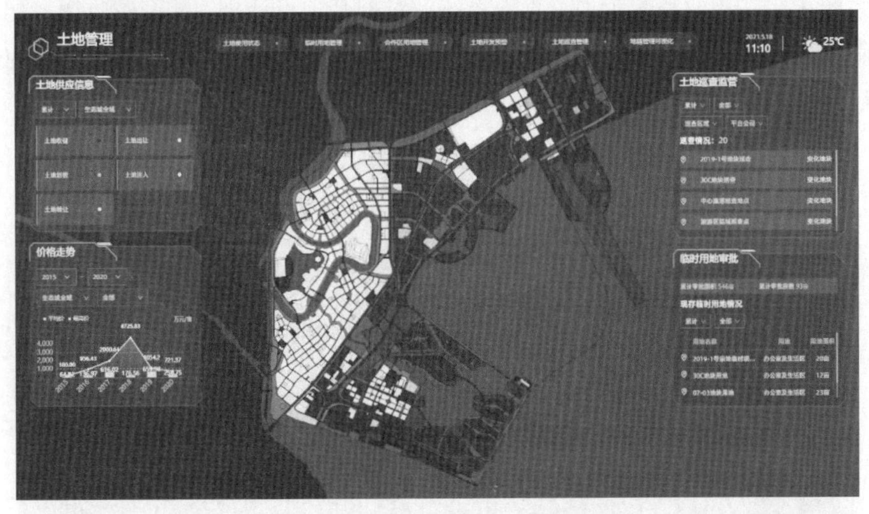

图 4　智能土地储备管理系统

（4）智慧建设信息系统

生态城逐年编制建设计划，并跟踪建设进展，确保各重点项目能够按照建设计划确定的进度节点推进。以CIM平台为基础，对建设计划的申报、编制、调整、进度执行、资金拨付与工程变更等全阶段管理；综合分析项目建设分布与进展情况、资金计划与固投完成情况，通过项目分布位置图，资金投入分布图，项目类型分布图，建设过程热力图等展现模式，动态实时反馈建设项目的进展情况（见图5）。

图5　智慧建设信息系统

（5）智慧房屋管理系统

建立房地产预警预控指标体系，自动进行宏观比对与预警，构建房地产预警预控系统；在提升房屋管理系统基础上，整合房屋基础信息和小区大门出入信息，建立房屋安全监测系统；建立物业和配套项目管理系统，对配套项目计划，配套费收缴，配套项目过程监管和配套项目验收等方面进行综合管理，实现生态城配套项目的统一管控以及对入住小区房屋的安全管理（见图6）。

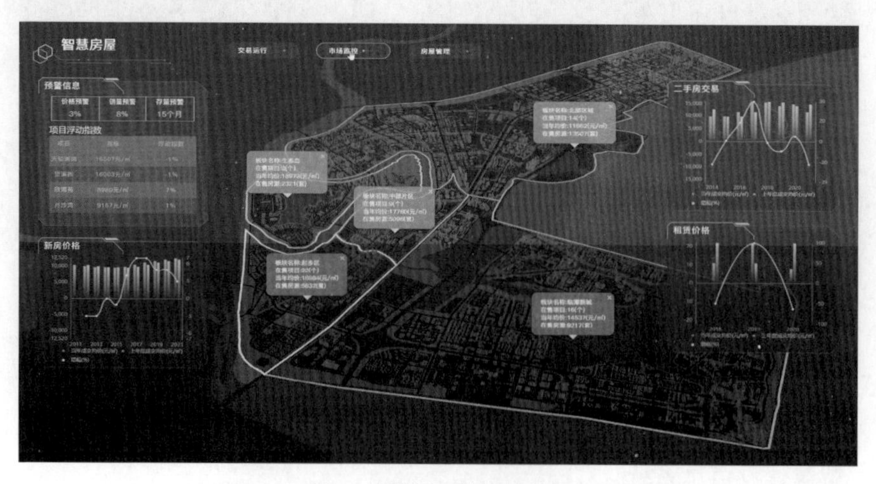

图6　智慧房屋管理系统

（6）地下管线管理系统

通过管线数据定期更新和传感器感知管线及管线设施运行状态，实现管网逻辑拓扑图与地理图联动，利用北斗定位、增强现实等技术，提供施工、巡检现场各类管网埋设情况和运行状态的报送（见图 7）。

图 7　地下管线管理系统

（7）绿色建筑能耗监控系统

对生态城城区及绿色建筑进行动态展示，实时比对绿建指标与实际运行状态，使建筑节能、节水、室内环境、建筑运维等方面的技术和实际效果可视化，综合反映建筑运行水平，覆盖面广，展示内容全面。CIM 平台的引入，使绿建场景深入建筑内部，直观查看能耗、构件属性以及所采用绿建技术等（见图 8）。

图 8　绿色建筑能耗监控系统

（8）智慧工地管理系统

围绕人员、安全、质量等业务场景，构建覆盖建设主管部门、责任主体、建筑工人三级联动的智慧工地管理体系，依据生态城首先提出的智慧工地 4S 管理体系，通过对人员管理，安全生产，监管和服务达到对建筑工地全生命周期全过程的监管。

（9）海绵城市管控系统

对城市范围内水的循环全过程进行管控与监测，为政府和相关各方在海绵城市建设和海绵城市运维管理方面提供量化的数据支撑和实用的管理工具。采用指标来管理和控制海绵城市建设过程，通过实时监测对管控目标是否达成进行验证与评估考核。

3 关键技术

1）基于新一代国产地理信息平台 GeoScene 研发，是贯穿从桌面端、服务器端、应用端到开发端的三维整体解决方案，同时支持开放地理空间协会（Open Geospatial Consortium，OGC）的 Indexed 3D Scene Layers（I3S）标准，功能上提供增强的数据获取和处理、海量的数据存储与管理、强大的空间分析、便捷多渠道的服务发布、高效的场景创建、可视化和灵活的系统定制与开发能力。

2）采用分布式部署：将一个大的系统划分为多个业务模块，业务模块分别部署在不同的服务器上，各个业务模块之间通过接口进行数据交互。数据库采用分布式数据库，如 Redis、ES、Solr 等。通过 LVS/Nginx 代理应用，将用户请求均衡的负载到不同的服务器上，大大提高了系统负载能力，解决了网站高并发的需求。

3）采用微服务架构开发，将 CIM 平台主要功能分解拆分成很多小应用（微服务），各微服务可独立迭代升级，测试部署，减少故障影响。

4 创新点

（1）打造覆盖生态城全域的三维数据底板

从二维到三维，CIM 平台是在数据汇聚平台的基础上，通过标准规范和操作规程体系保障，重点打造支撑规划、建设、土地、房屋等各业务系统并打通建设局业务数据流转的协作平台；同时，将打造三维地图底板，开发城市级三维场景下室内外、地上下、静态、实时数据展示分析的支撑能力，为实现智慧城市各场景应用提供技术保障。

（2）勾画城市国土空间规划一张蓝图

深入学习新加坡在智慧规划方面的先进经验，同新加坡国家发展部交流合作，打造基于 CIM 平台的智慧规划平台，整合城市基础信息、城市规划和大数据信息等资源，实现一本规划、一张蓝图，解决现有各类规划自成体系、内容冲突、缺乏衔接等问题，实现优化空间布局、有效配置土地资源、提高空间管控和治理能力。分析并进行汇总、建模和评估，使城市规划更加智能化和科学化，为城市设计提供决策支持。

（3）支撑“新城建”，打造智慧城市统一三维基础平台

生态城以“统筹规划，统筹建设，统筹管理，统筹运维”的原则形成科技治理城市的思路主线，聚焦如何提高政府效能，通过构建全域数据整合、职能整合和资源整合，形成了面向未来的一体化发展环境。以 CIM 平台为基础，将城市规划、建设、运维数据叠加在一起，实时掌控城市脉动，融全生命周期管理意识于城市建设管理的方方面面，实现了“一张底图管全部”，支撑着智慧交通、智慧小区、智慧环保等“新城建”典型智慧应用，以智慧赋能，促进城市效能和治理能力提升。

5 示范效应

中新天津生态城智慧城市 CIM 平台及应用建设项目于 2020 年 8 月 19 日签署合同，项目主体内容 CIM 平台全息城市展示系统、智慧规划－BIM 报建系统、智慧建设系统、绿色建筑智慧场景陆续投入试运行，拓展了 CIM 基础平台在城市规划建设管理领域的示范应用，构建了丰富多元的“CIM+”应用体系，推进城市信息化、智能化和智慧化。

2021 年 5 月 19 日央视新闻在《走进智能大会永久展示基地——天津中新生态城智能小镇》直播中对生态城 CIM 平台做了报道（见图 9）。5 月 20 日生态城 CIM 平台亮相第五届世界智能大会，得到与会专家、来宾的高度关注和认可。

图 9　央视报道生态城 CIM 平台

同时，生态城还在积极探索新城建 CIM 的建设与应用，目前正在生态环境、智慧交通、无废城市、重点关爱群体等方面探索应用。以无废城市为例，无废城市是生态城建设“绿色发展示范区”的重点工程，CIM 平台充分发挥建设全生命周期管理优势，体现城市固体废物精细化管理态势，展示生活垃圾、餐厨垃圾等不同类别分类管理相关信息，通过分析预警功能发现固体废物对环境的影响，提示相关部门及时处置。而重点关爱群体，则是利用 CIM 室内外全景三维、5G 室内定位等技术，跟踪独居老人等重点关爱群体，建立电话随访、室内定位、能源使用监测等多种渠道交叉判定异常事件机制，达到见户知人，见人知情，及时预警的目的。

明珠湾智慧城市信息平台

北京超图软件股份有限公司

1 建设背景

明珠湾位于南沙自贸试验区的中心地带，规划总面积约 103km^2。明珠湾起步区是明珠湾区开发建设的先行启动区域，是集聚高水平对外开放和经济深度融合的高端产业和城市功能，打造粤港澳大湾区的重要引擎先行区。

为落实国家关于粤港澳大湾区的发展战略，承接广州新型城市化的重要载体，贯彻打造珠三角世界级城市群的总体要求，明珠湾开发建设管理局构建了明珠湾智慧城市总体规划蓝图，并在此蓝图的指导下，基于 SuperMap GIS 基础软件，开发建设了"明珠湾智慧城市信息平台"，以此来提升明珠湾起步区的城市设计、规划、建设和运营水平。

2 项目成果

2.1 构建城市时空数据中心，为智慧明珠湾建设奠定空间基础

整合明珠湾起步区现有的基础时空数据、公共专题数据、物联网感知数据，扩展项目各个阶段 BIM 模型数据，构建城市时空数据中心。通过建立时空大数据管理、时空大数据挖掘与分析和 BIM 数据管理等子系统，达到持续汇聚、检查、处理、更新、挖掘和管理时空大数据的能力。通过时空数据中心的建设，为智慧明珠湾建设奠定空间基础。

2.2 明珠湾智慧城市信息平台，实现城市数据管理和共享

在时空数据中心基础上，利用数字孪生理念，建设集成的城市数据管理和共享交换的综合服务型平台（见图 1）。平台涵盖时空大数据资源展示、开发中心、共享交换和服务资源池等模块，通过云端管理系统进行平台运维服务。通过明珠湾智慧城市信息平台的建设，提供统一的综合的平台持续汇聚时空数据，通过共享交换模块横向连通明珠湾管理局各业务部门、纵向贯通明珠湾和南沙区各个业务部门的建设，实现各部门的数据共享和业务协同，促进工程建设项目规划、设计、建设、管理、运营全周期一体联动。

图 1　明珠湾智慧城市信息平台

2.3　虚拟明珠湾起步区，打造城市名片

城市名片系统是明珠湾对外介绍的信息化窗口，整个系统从南沙区、明珠湾区、灵山岛尖、横沥岛尖这样一个由大到小的介绍方式，通过辐射图、地块高亮、弹出框等多种表现形式介绍明珠湾起步区的背景概况，区域优势、产业布局，建设理念和远期规划等内容，让公众直观、快捷地了解明珠湾区的城市背景及发展历程，辅助管理部门做好百姓置业、产业导入（见图 2）。

图 2　城市名片系统

2.4　城市规划系统，支撑建筑方案审查与决策

城市规划系统以 GIS+BIM 为技术创新点，既能完整展示城市规划总体风貌，又能够对

地块重点建筑体进行精细化管控，可切换到 BIM 导览场景进行专项查看分析（见图 3）。

图 3　城市规划系统

城市规划系统以建筑方案审查为主要落脚点，实现了概念方案比选、设计方案 KPI 审查、审查报告实时上报等功能，可为明珠湾开发建设管理局对审查地块开发单位提交的建筑方案提供辅助决策，提高管理部门决策的科学性和时效性。

2.5　城市运营系统，精细化城市管理

城市运营系统共有八个子模块，能够从基础设施资源管理、服务资源管理、施工工地围蔽、施工占道管理、无人机记录、运营服务集成和综合展示多个维度来辅助城市管理工作（见图 4）。通过对明珠湾辖区内的开发建设、城市运行情况，明珠湾辖区内资源、服务情况的汇聚统计来实现明珠湾运营服务的高效化管理。

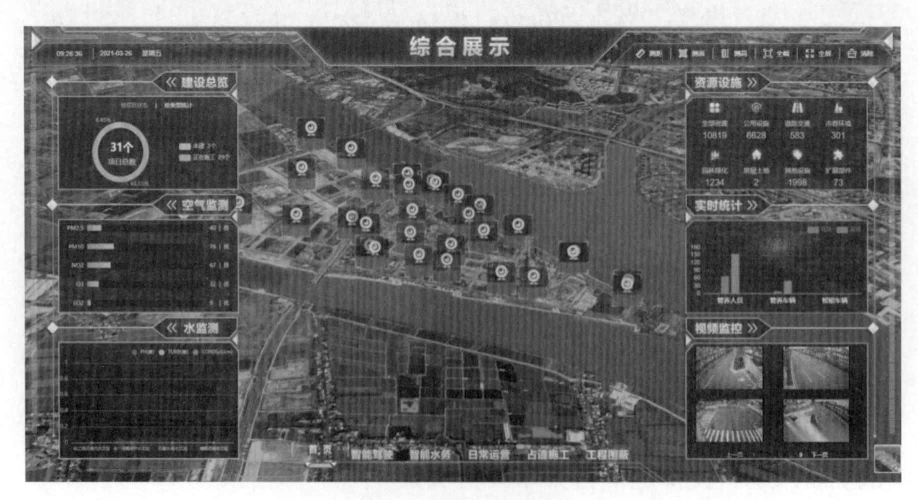

图 4　城市运营系统

3 关键技术

明珠湾智慧城市信息平台结合了以下关键技术：

3.1 云原生 GIS 技术

云原生 GIS 使传统的 GIS 应用从单体变成了微服务，使 GIS 在云平台中的部署方式从虚拟机变为了容器，使 GIS 应用的管理模式从手动管理变为了自动化编排，从而在云平台中可以更灵活地伸缩和调度。本平台利用云原生 GIS 技术，让 GIS 更稳定的同时，更多地融合云计算的核心特性，更灵活、高效、智能。

3.2 BIM+GIS 无缝融合技术

无论是 BIM 还是 3DGIS，“独立作战”的方式已经很难满足智慧城市的需求。“BIM+GIS”融合是未来智慧城市综合应用的重要方向，二者跨界融合不是一场意外，而是各取所需、互惠互利。BIM+GIS 无缝融合技术重点解决主流 BIM 数据无损集成、实例化与 LOD 技术保证 BIM 数据应用性能、城市信息模型综合应用、多源数据集成拓展 BIM 应用广度与深度、云端一体化助推 BIM 轻量化运维管理等问题。本项目中主要是城市规划系统实现宏观场景和单体建筑物 BIM 场景的切换，辅助建筑方案审查与智能决策。

3.3 物联网技术

物联网是新一代信息技术的重要组成部分，也是“信息化”时代的重要发展阶段。物联网主要核心技术是传感器、RFID 和嵌入式系统技术。本平台中主要是在平台的数据感知层对接，实现与重大工程的视频监控、大型设备监控、人员监控、劳务监控、环境监控等。

4 创新点

4.1 数字孪生城市信息管理平台持续汇聚时空大数据

本项目结合明珠湾起步区现有的信息化现状和业务管理需求，扩展数字孪生城市技术需要的数据支撑，形成明珠湾时空数据中心。通过建立时空大数据管理、时空大数据挖掘和分析和 BIM 数据管理等子系统，以达到持续汇聚、检查、处理、更新、挖掘和管理时空大数据的能力。通过数字孪生城市信息管理平台的建设，横向连通开发区各级业务部门数据共享和业务协同，纵向贯通开发区与南沙区各部门数据共享和业务协同。

4.2 支持“规建管”全生命周期协同管控

项目通过数字孪生城市的建设，虚拟明珠湾起步区对城市规划、设计和建设过程进行“规建管”全生命周期的协同管控，实现城市规划布局仿真可计算，城市建设运行全程可操控，全面提升城市规划、设计、建设、管理的一体化运作水平。在规划前期，基于城市时空数据中心摸清城市家底，把握运行脉搏，推动规划有的放矢提前布局；规划阶段，对各种规划方案及结果进行模拟仿真及可视化展示，实现方案的优化和比选；设计阶段，对地块重点建筑体进行精细化管控，提升质量和效率；建设阶段，通过施工工地围蔽、施工占道管理等确保城市建设的提质降本、绿色低碳、保障安全；管理阶段，城市名片辅助产业导入，运营系统提高运营服务的高效化管理。

4.3 虚实互动以虚控实，打造城市精细化运维一盘棋

本项目选取广州南沙新区明珠湾开发建设管理局、广州南沙开发区明珠湾区开发建设办公室等单位对明珠湾起步区城市短期内运维阶段业务需求，在孪生城市信息管理平台基础上，建设城市运营管理系统，对明珠湾起步设施运行、区域内人口、社会经济等进行管理、仿真和大数据挖掘分析。项目中，虚拟明珠湾立足于实体城市运行监测、管理、处理、决策等治理领域，基于数字模型和标识体系、感知体系以及各类智能设施，通过建立虚拟城市和物理城市的数据映射，建立数字孪生城市信息平台支撑城市一盘棋精细化运维。

5 示范效应

通过明珠湾智慧城市信息平台的建设，明珠湾完成了智慧城市基础框架的搭建，构建了明珠湾孪生城市，实现了数据的集成与共享，打破了数据孤岛，也为未来明珠湾智慧城市建设提供了数据基底。通过城市名片系统、城市空间工程的模拟和决策系统三个示范应用的建设，实现了明珠湾城市规划、设计的科学化，城市服务和运营的精细化，以及城市宣传的可视化，完成了建设明珠湾智慧城市信息平台的最初目标。

基于 CIM 的国土空间规划实施监督应用平台

洛阳鸿业迪普信息技术有限公司

1 项目背景

鸿业迪普 CIM+国土空间规划实施监督应用平台以 BIM 作为核心技术，深度融合 GIS 技术、IoT 技术（万物互联数据）、智能化、移动通信、云计算、大数据等新技术应用，打造基于 CIM 的国土空间规划、实施、监督各场景应用服务，向下兼容各类 BIM 模型与智能化系统数据接入，向上支持智慧城市各类应用系统，以期在智慧城市建设管理的具体应用中发挥价值，更好的服务国土空间规划实施监督全过程管理，支撑城市的数字化、智能化、智慧化运行管理。

2 项目内容

2.1 CIM 基础平台功能

（1）数据资源管理

基于智慧城市 GIS 库、CIM 库、BIM 库等基础数据库，融合城市现状信息、空间规划、倾斜摄影等三维模型、城市设计 BIM 和工程建设项目 BIM 等城市规划相关信息资源，形成数据完备、结构合理、规范高效的数据统一服务体系，实现对城市资源信息的入库管理与动态更新。对新采集的三维模型数据实现快速批量入库，对已有三维模型数据根据需要进行更新，可直接将新数据导入，原数据进行压平处理，确保三维城市数据库可以实时动态更新，为空间规划、城市设计、城市推演、空间分析、快速三维可视化等应用提供基础数据支撑（见图 1）。

（2）三维场景浏览

实现对城市虚拟三维场景的浏览展示，自由定位到三维城市虚拟场景中，从上、下、左、右、前、后不同方位对城市建筑、街道、景观等进行 720 度全方位观察。在三维浏览时，可以叠加二维地图数据，进行二三维一体化信息浏览（见图 2）。可以以行人步行视角直观体验在三维城市中虚拟漫游的效果，也可以根据设定的路线，自动导航游览三维城市，并将游览路线生成视频，供随时展示使用。

图 1　数据资源管理

图 2　三维场景浏览

（3）二三维联动展示

在一张图系统中，增加二、三维联动模块（见图 3），实现无缝衔接，比如采用双窗口同时显示二维图形界面及三维城市场景界面，二维三维场景所在位置动态根据其中一个窗口位置的改变而改变，也可以将二维一张图内容与三维城市信息模型进行叠加查看等。

（4）查询定位测量

可以根据行政区化（如镇街）、地名自动定位到对应地理位置，也可以根据规划名称、建设项目名称等进行查询定位。提供测量距离、测量高度、测量面积工具，并可对测量结果进行标注（见图 4）。

图 3　二三维联动展示

图 4　定位测量

（5）特效场景定制

通过虚拟现实技术，提供晴、雨、雪多种的天气特效，并可以设定一天内不同时刻的场景特效（见图 5）。在三维场景漫游浏览时，可同步播放背景音乐。

2.2　CIM+国土空间规划实施监督应用

（1）BIM 智慧图审

依据建设项目规划方案 BIM 报建规程，构建基于 CIM 基础平台的三维 BIM 智慧图审系统，实现建设项目规划方案图纸审查的数字化、智慧化。建设单位按照规程规定的标准提交 BIM 方案，由计算机自动计算建筑面积、容积率等经济技术指标和用地平衡，并且对建筑间距、建筑退距、建筑控高等规划条件进行自动审查（见图 6）。并将建设单位和设计单位提交申报材料的真实性及数据的准确性记入信用评价体系。在此基础上经办人员利用智慧图审工具快速审批，同时进一步推进电子证照发放工作。

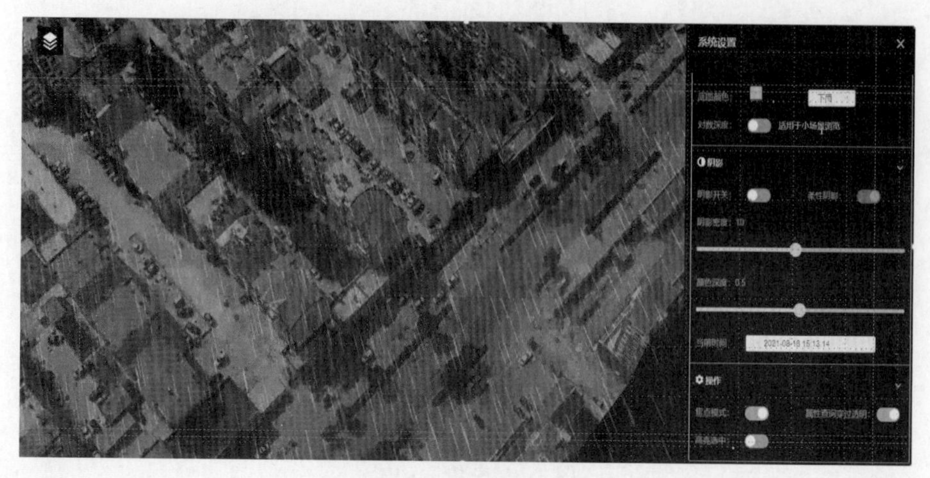

图 5　特效场景定制

图 6　规划指标审查

（2）竣工模型更新

依据建设项目竣工验收三维模型更新规程，构建建设项目竣工模型更新系统，实现建设项目竣工验收后实测三维模型更新三维城市中原有模型数据，使三维城市信息模型持续动态更新（见图 7）。竣工验收时由建设单位委托有相关资质的服务机构进行建设项目竣工模型制作，制作的竣工模型通过模型质检审查后方能提交申请竣工验收。

（3）三维规划会商

将建设项目规划方案插入到现状三维城市中，为决策者构建一个项目建成后的虚拟、直观的沉浸式场景，让决策者以第一视角在项目内部漫游，720 度全方位审查建设项目的外观与拟建位置的总体风貌是否协调。还可以将同一项目不同的规划方案同时插入到现状三维城市中，对比查看建成后的不同效果。会商时，可以动态调取项目的经济技术指标表、用地平衡表、规划设计条件等信息，为会商决策提供丰富的信息（见图 8）。

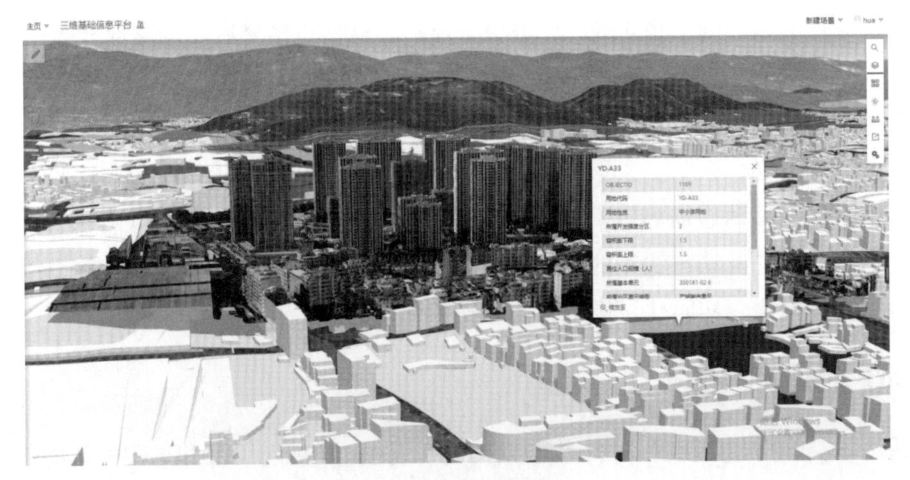

图 7　竣工模型更新

图 8　三维规划会商

（4）城市生态宜居评估

依托 CIM 基础平台的城市基础数据对新旧建筑群、社区日照时长、日照面积等数据进行分析，在城市更新、改善居民生活条件的工作中起到客观评估支撑；通过对城市风道与水环境的模拟，支撑城市用地以人居生态宜居环境为客观因素，因地制宜的发展城市建设提供数据评估；通过政府问卷、公众参与的方式对城市生态发展提供建议与想法，自动生成报告，做到将人民需求与城市发展相结合。

3　关键技术

3.1　BIM 技术

BIM 技术的模拟化、可视化功能在国土空间规划实施监督中发挥着重要作用，能够促进解决设计的错、漏、碰问题、促进施工控制、验收和移交后的运维管理等工作的顺利进行，是实现 CIM 平台智慧管理的核心技术要素之一。BIM 技术不仅建立了一个完整的系统的建筑工程项目数据模型，同时也为建筑工程项目参与方提供一个信息共享的平台。同时，在 BIM 与智慧建设的概念基础下，借助虚拟现实 VR、增强现实 AR、RFID、三维激光扫描、移动通信等技术手段，发挥互联网、物联网和传感网等网络组织作用，构建基于多维信息及动态决策的工地智慧环境与其运行机制，以加强工程施工阶段现场管理活动的可视化、实时化、高效化与可持续化。

3.2 IoT（物联网）技术

通过各类网络，实现物与物、物与人的泛在连接，实现对物品和过程的智能化感知、识别和管理，是实现智慧管理的核心技术要素之一。CIM+国土空间规划实施监督应用平台与城市 IoT 设备集成，实时调取相关设备数据，如建设工地视频融合，对施工现场情况进行全景、实时、多角度监控；空气质量监测站融合，实时显示监测站点 PM2.5 等空气质量情况。比如："建设工程智能监测监管云平台"以大数据、移动通信、云计算、物联网、BIM 技术为基础，以兼容各种监测仪器为最终目标，实现监测数据处理自动化，监测数据检校智能化，监测信息实时准确发布，办公管理一体化等内容。

3.3 城市仿真推演

通过数据建模、空间分析、事态拟合等方式对城市规划、设计、管理方案进行模拟仿真和推演，为城市规划设计、应急处置、交通路网建设、无人驾驶车辆训练等方案评估和优化提供可量化、可视化的分析、实验手段。

4 示范效应

4.1 为国土空间规划宏观决策提供技术支撑

通过大场景的 GIS 数据、小场景的 BIM 数据和物联网的有机结合，实现从表层到深层，对空间各系统、各单元全面、综合的信息表达与联动分析，从全过程对国土空间规划与设计进行嵌合式支持，为新时代国土空间规划的协同编制、在线审批、组织实施和监督管理提供规划评估、城市推演、监测预警等应用工具，以数据化、可视化、智能化的方式，实现国土空间规划在宏观层面的智慧决策应用，为城市规划、建设、管理全过程赋能。

4.2 推进工程建设项目全生命周期管控

借助 BIM、GIS、CIM 等新技术应用赋能，实现政府（社会）投资工程建设项目的全生命周期管控的可视化、标准化、精细化和规范化，为工程项目规划、投资、建设、运营各阶段管理提供强大支撑，推动政府或社会投资项目管理从传统决策方式向更优化、更协同、更高效、更科学的智慧决策方式转变。

4.3　三维虚拟场景助力城市设计科学性

在城市建设项目的设计阶段，基于 CIM+国土空间规划实施监督应用平台，构建还原设计方案周边环境，一方面可以在可视化的环境中进行交互设计，另一方面可以充分考虑设计方案和已有环境的相互影响和制约，让原来到施工阶段才能暴露出来的缺陷提前暴露在虚拟设计过程中，方便设计人员及时针对这些缺陷进行优化。

4.4　为智慧城市提供源源不断的数据资源

经 BIM 智慧图审系统审查后的 BIM 成果具有标准、准确等数据特征，能够方便进行入库管理，源源不断的 BIM 模型数据，将成为城市信息模型的“细胞”，为城市信息模型的构建提供源源不断的现势资源，为以后推行信息化、数字化、智能化的智慧城市打下坚实基础。

中铁建设一体化数智建造平台

中铁建设集团有限公司

1 项目背景

中铁建设一体化数智建造平台是中铁建设集团有限公司为实现智慧建造、打造数字化工地，研发的一套基于 CIM 的一体化数智建造平台。平台以 CIM 技术应用为依托，将施工现场的碎片化应用统一管理，达到施工现场数据的感知、融合和掌控的目的。通过信息化管理体系的建立，实现建造过程、建造要素、建造人员全参与，体现数字化、数据化、智能化的多层级管理。

平台应用项目为新建北京至沈阳客运专线北京朝阳站（星火站）站房工程，是京沈客运的始发终到站。京沈客运专线是我国“八纵八横”高铁网的重要组成部分。建筑面积：站房总建筑面积 18.3 万 m^2；站台总面积 4.35 万 m^2；站台雨篷 6.22 万 m^2；分为地上两层，地下一层。

总包合同范围：中央站房、西站房，站台雨篷（含高架南北两侧人行道、车行道）、基本站台雨篷侧幕墙、站台铺装、地下室投影范围内的站台综合管沟和挡墙、土建风道、站房室外及附属工程，铁路红线内与地下车库相连接的地下车道，以上土建工程配套的暖通、室内给排水、室外给排水、电力、供电、通信、信息、FAS、BAS 系统，地面、高架停车场室外给排水设施、消防设施。

工程管理信息化：经过多年的信息化建设，形成了集团公司总控、二级单位监管、项目部应用的三级管理模式，并逐步打造了以可视化监测平台和 156 项目管理数智建造平台为基础的“一体化数智建造”体系。

2 项目内容

智慧工地是一种新型施工管控模式，它以互联网+、物联网、大数据、云计算等技术为依托，通过工地信息化、智能化建造技术的应用及施工精细化管控，可有效降低施工成本，提高施工现场决策能力和管理效率，实现工地数字化、精细化、智慧化管理。

平台采用三层架构的方式，以集团劳务实名制、地磅称重和视频集控系统为基础，辅以塔吊监测、环境监测、防火感应监测等其他扩展系统，使全集团承建项目可以集中管控；在分公司层，围绕劳务管控、物料管控、视频集控、进度监管、安全监管、质量监管等对项目执行情况进行及时的掌控，在集团管理层，与集团门户系统深度整合与对接，集成一体化，建立全集团的“智慧工程全景化”一体监控平台（见图 1）。

图 1　中铁建设一体化数智建造平台

2.1　智慧管理平台开发原因及应用目标

北京朝阳站信息化建设要求高，信息系统、物联网设备种类繁多。施工现场的物联监测硬件遍布，从常规的视频监控、环境监控、地磅称重、塔吊监控，到复杂项目应用的深基坑监测、高支模监测、脚手架监测、混凝土测温、车辆监控、越界监测、钢结构监测等，覆盖施工现场的每个角落，仅硬件投入 200 余万元。但是目前这些监测系统往往各自独立，单纯在施工现场设置监测点位，很难与空间联动，管理者不能够通过监测点直观了解对应位置监测情况，更难与施工管理业务流程联动。目前市面上的智慧工地项目管理平台产品功能重合率高，业务模块组成繁杂，不能完全符合企业需求和特点。

因此基于 BIM 模型定位数据挂接，研发更便捷、方便的智慧工地系统成了必然选择。总体架构如图 2 所示。

2.2　智慧管理平台设计总述

根据北京朝阳站项目特点，自主研发北京朝阳站“156 智能建造管理平台”，整合 46 项智能终端，围绕人机料法环 5 大要素，创新 1 个平台、5 大终端、6 智融合全业务综合应用智能建造管理模式。

图2　总体架构

全过程采用智慧劳务、智慧物料、智慧进度、智慧监测、智慧调度、智慧设备达到提质增效的管理目标。最后将所有管理数据、BIM 模型、GIS 模型整合应用、数据实时汇总到星火站智慧建造云平台，便于项目管理层及时对现场进行全方位信息化综合管控。

2.3　多模合一

系统集成 BIM 模型、现场无人机航拍 GIS 模型以及物联网设备模型，采用多模合一技术，可以实现平台图层的显隐，显示各个阶段的工况图。BIM 模型与物联网设备挂接，可以通过点击模型设备终端查看信息。

2.4　智能进度管理系统

智能进度：采用三级节点爆灯进度管控机制，绿灯代表节点进度正常，黄灯代表节点进度预警，红色代表节点进度滞后（见图 3）。

策划阶段将项目所有工作任务按照 WBS 进行分解，编制施工组织计划，智能进度为三级管控机制。集团公司关注的一级节点是项目最重要控制节点，二级单位关注的二级节点是由一级节点进一步拆分的进度控制点，项目部关注的三级节点是由二级节点进一步拆分的进度控制点。为了使所有人目标一致并实现进度自动化统计，每一个三级节点下挂接若干个 BIM 构件。管理人员通过平台选择当日需要浇筑的混凝土构件，自动生成混凝土浇筑申请单派发至混凝土搅拌站，浇筑车辆携带浇筑申请单，通过地磅扫码后，系统自动确认该区域混凝土浇筑完成。同时平台显示该部分 BIM 模型当日浇筑完成。经过一段时间，某三级节点下所有 BIM 构件均显示浇筑完成，则该三级进度控制节点认为完成。

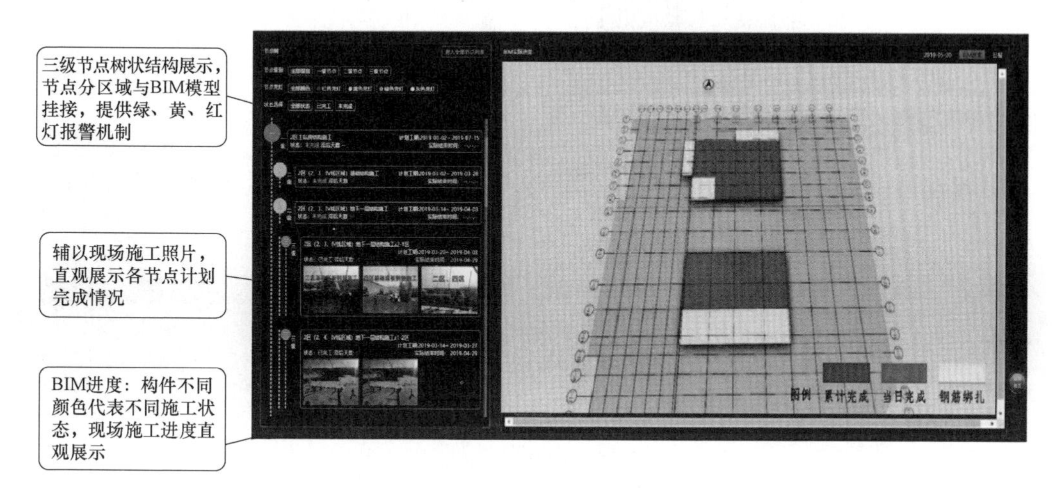

图 3　智能进度 1

可以从节点大屏上看到所有进度管控点的执行情况，同时可以通过 BIM 模型直观看到当前、往日项目施工进度以及每个三级节点三维模型（见图 4）。

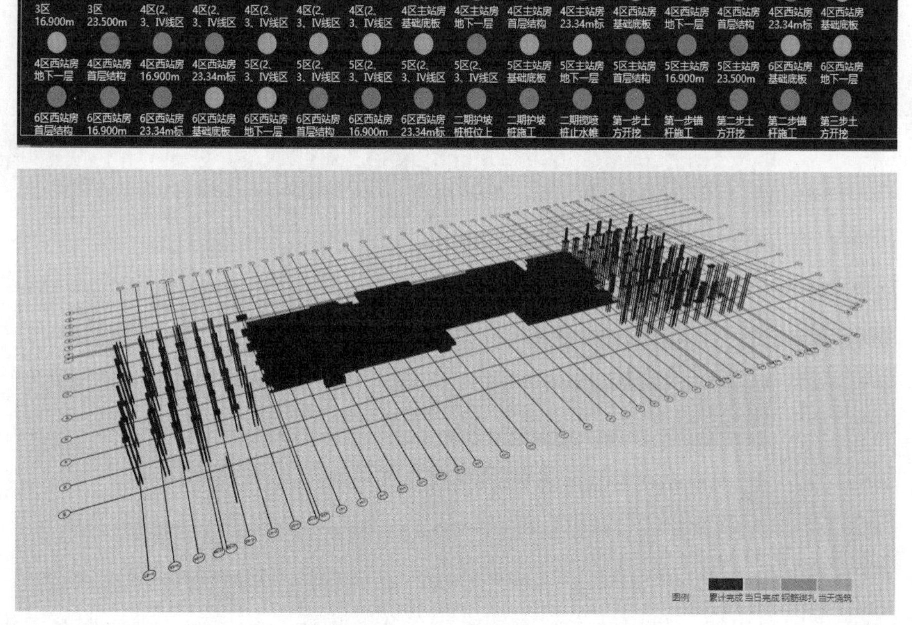

图 4　智能进度 2

三级节点“一期 Y1 区桩基施工”，下有 90 根桩，通过每日的记录，此三级节点下的所有 BIM 构件都完成，此节点按时间顺利完成，节点显示已完成（见图 5）。

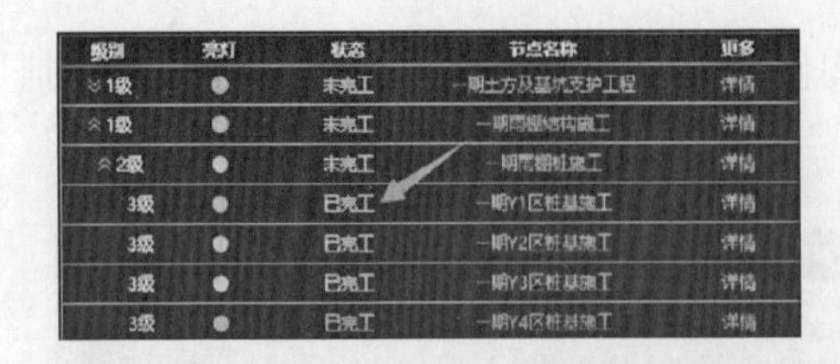

级别	亮灯	状态	节点名称	更多
1级	●	未完工	一期土方及基坑支护工程	详情
1级	●	未完工	一期雨棚结构施工	详情
2级	●	未完工	一期雨棚桩施工	详情
3级	●	已完工	一期Y1区桩基施工	详情
3级	●	已完工	一期Y2区桩基施工	详情
3级	●	已完工	一期Y3区桩基施工	详情
3级	●	已完工	一期Y4区桩基施工	详情

星火站2019.02.22日报截图

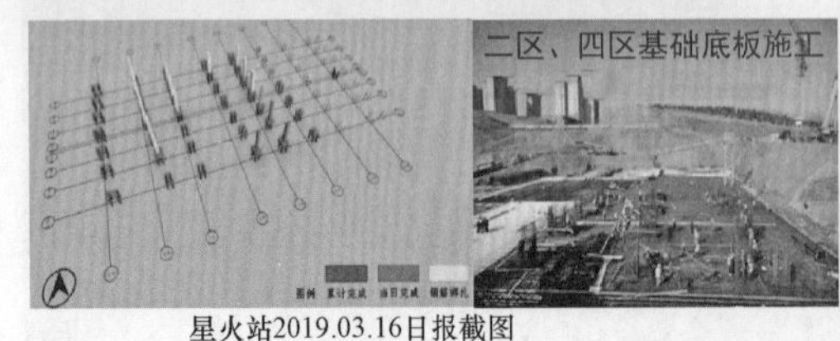

星火站2019.03.16日报截图

星火站2019.03.01日报截图

图5　智能进度3

2.5　智能劳务管理模块

智慧劳务管理场景，将工人的安全教育与平台结合，工人必须接受安全教育并通过考试，才能进入现场。考虑工人入场时间不一致，但是出场时间较集中，采用宽进严出模式，进入时单人进入，外出时群体识别。可以通过平台了解现场工人数量、各班组人数及各个专业人数（见图6）。

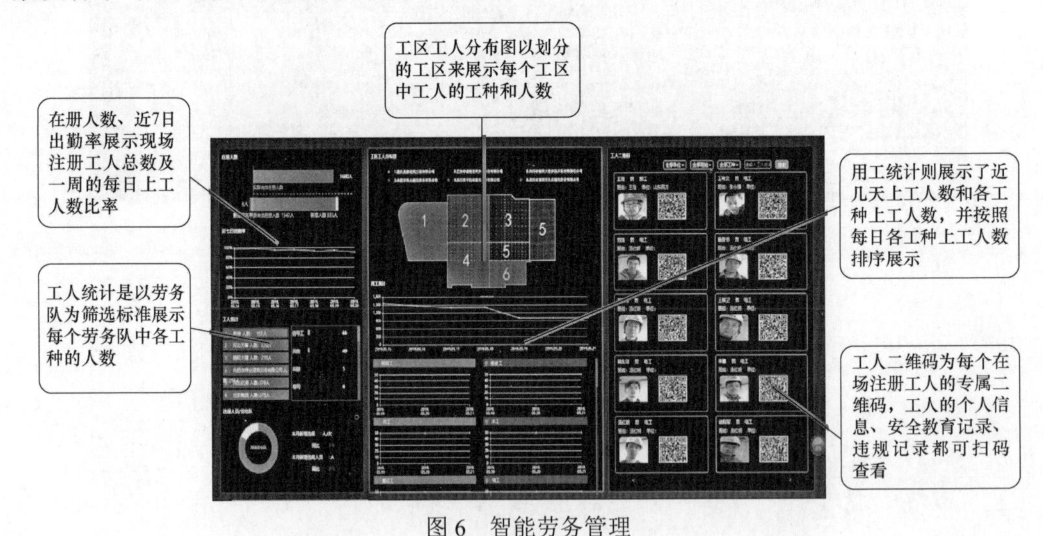

图6　智能劳务管理

2.6　智能物料管理场景

网上填报用料申请，供应商收到申请进行备货，安排车辆运输，进场根据二维码扫描识别材料信息，通过地磅系统核对进货量与申请量差额，一次物流实施完成（见图7）。智能设备油耗管理，作业油耗、怠机油耗、有效油耗相关基础数据及各类油耗统计、图形分析，使企业油耗管理从以经验为主的原始管理快速提升为以实际量化数据为主的现代信息化管理。

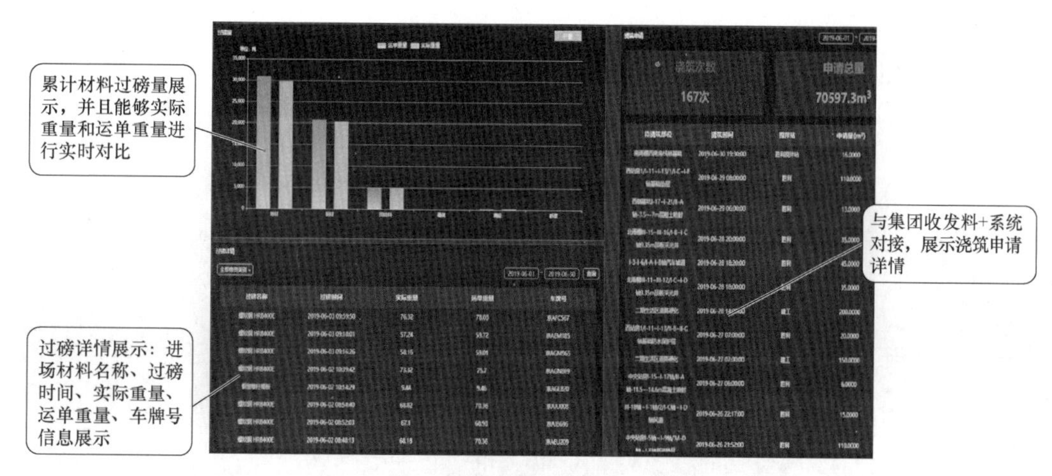

图7　智能物料管理

2.7　智能场区模块

包含 VR 全景图、航拍影像、机械管理。结合 VR 技术跟随项目的进展进行全景图制作，比如基坑阶段、地上阶段、室内精装修阶段及设备安装等。

2.8　智能监控模块

包括电子巡更、塔吊防碰撞、基坑监测、智能水电表等内容（见图 8)。塔吊防碰撞可以实时监测塔吊运行轨迹、力矩、吊重，并监测塔吊运行碰撞风险，或载重超过阈值等问题。基坑监测模块，对基坑的沉降、位移、倾斜进行全方位观测，当出现异常波动值，基坑监测系统自动报警。

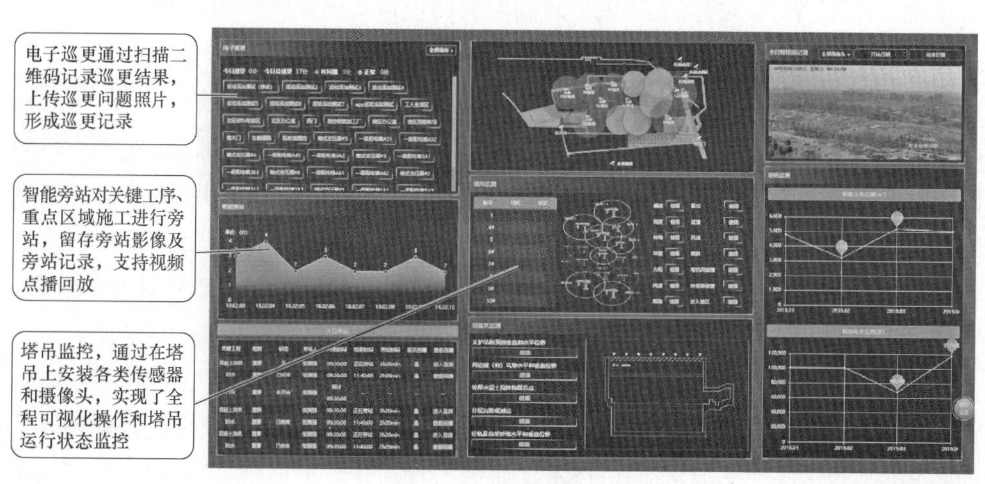

图8　智能监控管理

2.9 智能调度管理

包括智能摄像头、现场大灯、雾炮远程启停模块。项目管理团队每位人员的手机上安装平台 App，可以在手机端查看视频，进行流程审批等内容（见图 9）。

图 9　智能调度管理

3　关键技术

3.1　BIM+GIS 技术

将宏观的三维地表场景与微观的 BIM 模型完美融合，真实地再现建设项目与周边环境的相对位置关系，起到可视化监管和辅助决策的作用。BIM 的整个生命周期都围绕 BIM 单体细化模型展开的，无法脱离周围宏观的地理环境要素，BIM 模型设计应用软件所支持的空间区域小，分析地理信息并将其作为一个整体显示在建筑周围是无法完成的。BIM 的运维阶段，GIS 可以共享 BIM 的决策支持。针对道路、桥梁、管网、管道、廊道等公共设施，BIM 模型本身就是地理信息系统平台的重要组成部分，必须有准确完整的绝对高程信息和地理坐标信息，才能在 GIS 平台上实现高程和坐标定位。本平台创建新的三维城市建模数据交换规范。这两种技术需要从数据和系统层面开展深层次构建，以便进行数据交互和运用，从而达到全面应用的目标，增加数据精确度和效率。

3.2　物联网技术

应用包括传感器技术、RFID、近距离通信技术、视频分析与识别、智能终端等在内的感知层，包括有线与无线通信技术、通信工程、计算机通信、TCP/IP 等在内的网络层等技术将现场管理信息和物联感知数据实时汇总到集团平台，形成有效的统一管理。

3.3 微服务、数据中台技术

微服务、数据中台技术具有业务解耦、快速迭代、降低复杂度、可独立部署、容错好、扩展性高等特点。

4 创新点

4.1 云平台的模块化开发

模块通过预定义配置和运行时配置来完成平台的组装，完成劳务实名制、塔吊监测、地磅称重、环境监测、智能水电、智能烟感功能等模块。通过这种方式进行系统分层，降低功能模块间的耦合度，达到对平台分而治之，使平台建设更高效更灵活。

4.2 平台的融合性及集成性

平台集合“BIM+GIS+IoT+OA”办公协同，在单一页面内融合了物联网设备热点、GIS 地图、BIM 模型、倾斜摄影模型等建造过程数据，实现了多个智慧工地物联网热点集成、建造过程数据与数字建筑全面融合。通过物联网、BIM、GIS 模型的整合集成应用，打通了功能模块与三维模型连接通道。解决了现场的进度管理、质量安全管理、物资管理、劳务管理方面与平台数据不一致问题，最终形成信息化管理平台，对绿色施工综合效益显著，现场管理效率高、成效好、可追溯，起到了示范带动作用。

4.3 基于 BIM 的多级节点管理

将施工过程管理细节与 BIM 深度结合，现场人、机、料的信息与 BIM 进行结合管理，并将时间进度与 BIM 模型结合，全方位联动数据分析。同时具有 BIM 工序溯源、BIM 物料溯源等创新功能。

5 示范效应

5.1 综合效应

目前，中铁建设集团共有百余个项目应用了一体化数智建造平台及其子系统模块，以“云、物、大、智、移”五项信息化技术手段推进施工企业对一线施工现场的管理模式创新与发展，示范工程有北京朝阳站、雄安容东片区相关组团等，获得“国资委中央企业信息化应用典型案例”“第五届全国建筑业企业信息化建设特优案例”等十余项荣誉奖项，一年间被6家中央媒体连续报道十余次，具有很好的示范效应。

5.2 经济效益方面

在施工前期，通过对项目精细化的建模，进行三维图纸会审和优化设计，消除变更；通过合理优化场地布置方案，进行可视化交底、施工方案论证等，保证项目施工进度，提升施工质量。朝阳站示范工程经济效益清单见表1。

表1　朝阳站示范工程经济效益清单

序号	项目	内容	节约金额（万元）
1	图纸审查	建立全专业 BIM 模型，发现各专业图纸问题，并提交问题报告，减少图纸变更	246
2	机电管线综合	提前对机电管线进行排布和优化，避免不合理现象，减少返工	305
3	深化设计	对复杂节点进行模型建立和深化设计，节约人工、材料和时间成本，保证质量	156
4	施工场地规划	对不同阶段场地布置进行方案优化调整，使场地布局合理，减少临设、塔吊迁移、材料二次倒运等费用产生	186
5	模板算量应用	利用三维模板设计软件，计算模板总量，出模板拼装图，有效减少材料浪费	76
6	可视化施工交底	利用三维模型、全景图、视频等形式进行交底，模拟现场施工，提高施工效率	46
7	管理平台	BIM+GIS+物联网与平台应用结合，加强对项目进度、劳务、物料、质量、安全、机械设备等方面的管理，实现降本增效	324

5.3 社会效益方面

本项目通过 CIM 及信息化技术的应用，能够在图纸审查及机电管综等一系列基础应用点方面，避免变更的产生，节约大量的成本，减少返工，极大地提高施工效率，在智能建造管理平台、可视化健康监测以及 VR 虚拟仿真等创新性应用中，加强了项目 BIM 技术应用的深度和广度，为 BIM 技术在建筑行业的推广起到积极和深远的作用。朝阳站 BIM 及信息化技术的应用受到业主单位的一致好评，朝阳站进场至今接受检查、观摩三十余次，累计接待人员2800余人次。

5.4 环保效益方面

本项目通过 CIM 及信息化技术的应用，合理规划场地布置，水平运输线路合理，减少材料二次倒运，减少能源消耗，并且对现场进行噪声、扬尘监测，使用自动喷淋系统，最终实现绿色施工的目的。

中铁建工智慧工地管控云平台

中铁建工集团智慧科技有限公司

1 项目背景

“智慧工地”作为“智慧城市”在工程建设领域的应用延伸，是基于施工现场一体化管控的新模式。充分利用 AI、物联网、云计算和边缘计算、大数据等新一代信息技能，实时监控施工现场“人、机、料、法、环”等关键要素信息；同时平台系统各应用模块之间数据实现互联互通、组成联动，最终以可视化的方式集中展现，并利用大数据挖掘与智能分析辅助企业和项目管理决策，提升工程管理的智能化、信息化、生态化水平，是项目全生命周期管理新维度的思考。

2 项目内容

2.1 打造施工现场智慧管控“12345”新模式

智慧工地是以建筑信息模型 BIM 技术为基础载体，通过智慧工地信息采集系统，将劳动力、材料、机械、现场实际进度等信息收集，再反馈在 BIM 模型中，综合应用智能建造的云计算、大数据、物联网等先进技术，优化人与模型、模型与实体、人与实体之间的有机联系，让施工现场感知更透彻、互通互联更全面、智能化更深入，大大提升现场作业人员的工作效率，从而实现全方位、全要素的建设项目智能化监控，有效支持现场作业人员、项目管理者、企业管理者协同和管理工作，提高施工质量、安全、成本和进度的控制水平。

“12345”模式（见图 1），即建立一个集成集中的智慧工地信息化管控云平台，实现项目现场全方位、全要素两个有效管理，依托物联网、信息化模型及项目管理（活动）三个支撑，平台系统建设始终贯穿业务量化、统一平台、集成集中、智能协同四个概念，充分利用云计算、大数据、智能终端（IoT）、BIM 和物联网等五项科技，助力项目打造人管、技管、物管、联管、安管五管合一的立体化管控格局，使其被动式管理转变为主动式智能化管理，有效提高施工现场的管理决策水平和效率。

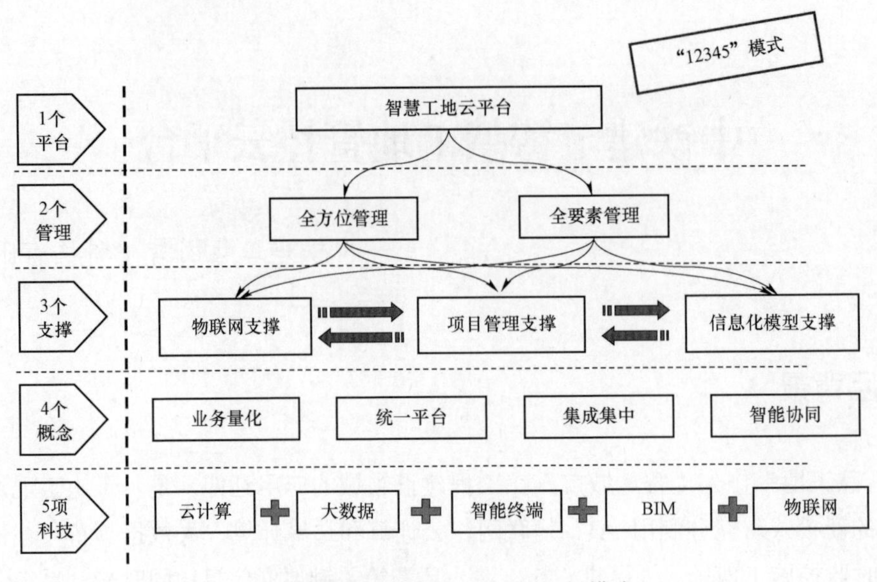

图1　智慧工地建设"12345"新模式

2.2　推进智慧工地管控云平台数字化转型升级

积极推进数字化转型，建立项目现场数字孪生模型，以数字技术驱动产业价值提升，通过智慧工地管控云平台，为施工项目提供整体的数字化管理和解决方案。以BIM、IoT（物联网）、AI（人工智能）、大数据为核心技术，通过技术中台、数据中台、业务中台组成的底层平台，支撑项目级、分（子）公司级、集团总部级应用，覆盖BIM智慧建造、人员、安全、物资、质量、生产调度、商务、党建等多应用场景，有效避免信息孤岛的存在。对于企业而言，该平台能够实现三方面的价值：一是作业数字化，全面收集现场数据，实时传递与留存，保证作业过程留痕，全面实时感知；二是管理系统化，将数据按照不同管理维度抽提给项目部各级管理层，实现统一数据标准，达成业务动态协同；三是决策智慧化，数字技术与项目管理结合，将各业务线产生的海量数据建立数据库，进行清洗、分析筛选出有效数据后供负责人合理高效决策，及时预警风险。

2.3　信息化技术与项目管理深度融合

工程项目既要实现系统化的有效管理，集中、集成、集约，也要满足全覆盖、无漏洞、无缝隙的高效管理要求，由此采用顶层设计、分步实施、总体部署的举措，以信息化建设提升项目管理水平，实现项目优质高效的标准化管理。通过自上而下，规范带动六大体系建设：标准体系、管理体系、技术体系、基础设施体系、平台体系、知识库体系，以项目为核心，最终实现作业数字化、管理垂直化、决策智能化。

智慧工地管控云平台在项目的实践成果，为工程建设行业从劳动密集型向集约管理型的转变提供了新思路和新方向，也为工程项目安全生产、高质量发展提供了重要保障。通过信息化技术与项目管理深度融合，加强智慧工地管控云平台推广应用，综合智能分析对策、构造平台生态圈、发展新理论新技术，以管理创新带动产业组织结构调整，打造现代化建筑生态系统。

2.4 加强施工现场大数据资产挖掘与分析体现

目前施工企业已经将数据运用到工地作业、生产管理以及企业运营各个层级，但是建筑行业的生产过程和组织的割裂导致大量数据仍处于孤岛状态，大数据的价值远没有发挥出来。处理问题过程中，将数据作为支撑验证分析工具，数据科学处理的对象不是问题，而是直接面对数据，数据在先模式在后，在数据当中发现新的知识和范式。

大数据在智慧工地管控云平台的应用分为两大类：大数据技术的开发与应用和大数据资源的开发与应用。随着生产过程中组织和生产对象的逐渐数字化，大数据资源从聚集、分类、归纳到挖掘，解构和重构之间，智慧就逐渐产生了。设计和施工资源将得到大幅度优化；工程项目绩效可以更好地预测，可视化分析和社会网络分析成为可能；人员管理、设施管理、环境管理变得更加高效和智能。

2.5 App 智能化，实现施工现场人员远程化管理

智慧工地建设中引入 App 手机应用系统，协助施工过程的管理。App 收集应用系统具有良好的开放性能，能服务建筑项目中渗透到的生产、安全、质量、商务、物资、办公等各部门，同时 App 手机应用系统与智慧工地管控云平台系统能将数据集成。在手机 App 中智慧工地的管理人员自动成为“好友”，App 清楚分配各功能模块给各级管理人员，赋予各级管理人员发布指令指示等权限，实现无时空限制的现场施工管理，提高施工管理效率。

2.6 平台系统加持机械智能化创新应用

利用机械代替人工、实现建筑施工自动化与智能化，是建筑施工领域的发展趋势，其创新应用主要体现以下：

1）智能终端。传统机械和设备的智能化将大幅提升生产柔性，提高施工质量和生产效率。通过把 RFID 传感器嵌入到设备中，将“物联网”与互联网相融合，物理世界与虚拟世界相融合，施工机械智能终端的应用将人类从危险、繁重、重复的劳动中解脱出来，控制施工质量、加快生产效率，同时提升管理人员对施工机械作业的管控力度。

2）物联网和边缘计算。通过物联网数据整合全量 OT 域数据、边缘分布式计算和开放的架构，实现施工大批量数据实时处理，确保施工设备的远程监控和实时响应，实现对人员、设备、物料、工艺、环境的实施管控和智能决策。

3）混合云及云计算。将安全性、敏感度要求不高、需要快速部署的应用放在公有云上，将项目传统核心应用或者安全性需求较高的应用放在私有环境或者私有云中，形成混合云部署方式，使数据暴露达到最低限度，最大程度保证数据安全。

4）网络技术。基于 5G 技术高速率、低延时、大规模设备接入等特点，各系统可直接进行快速的无线传输和控制，施工现场无需布置复杂的线缆，数据的传输将更加迅速、安全、实时。随着5G的部署使用，智能化机械可以自主的在现场移动，按需完成各项任务。

5）人工智能。通过人工智能技术和智慧工地管控云平台融合，使系统具备学习能力。通过深度学习、增强学习、迁移学习等技术的应用，智能建造将提升项目生产相关知识的产生、获取、应用和传承效率。如利用机器学习技术分析和训练质量缺陷，形成控制规则；在实际施工中，通过增强学习技术和实时反馈，控制生产过程减少质量缺陷，同时还可以集成专家经验，不断改进学习结果。

2.7　立足顶层设计，建立健全相关标准体系

为贯彻落实国家技术政策引导和科技发展规划，项目伊始即编制了《智慧工地建设技术标准》《智慧工地实施指导手册》《智慧工地管控云平台数据交互标准》《智慧工地管控云平台操作手册》《智慧工地管控云平台系统服务器部署规程》《智慧工地管控云平台应急预案》和《智慧工地建设运维管理办法》等标准体系文件，致力于建立将企业智慧施工纳入快速轨道并遵照执行的基础。其中《技术标准》适用于企业项目智慧工地的设计、实施和运行维护等过程，并明确还应符合国家、地方、行业及股份公司现行有关标准规定和其他技术规范。实现这些标准体系的归口管理，构建科学规范化的结构体系，确保智慧工地建设工作有序进行。

2.8　业务架构扁平化，贯穿多层级管理

智慧工地业务体系层级共划分为现场感知层、智能工地层、项目管理层、企业管理层及集团管控层五个穿透层级，通过设定不同的账户权限及角色，明确各层级业务管理人员工作内容。其中现场分为感知层、智能工地层，它们涵盖了各类硬件感知设施设备及移动终端等；项目管理层主要包括施工生产管理、资源及电子文档管理、进度质量和安全管控等具体业务内容，面向项目级数据导入导出、项目运营管控等；企业管理层则主要面向经营成果及业务流程管理，主要包括了财务资金、供应商、合同、人力资源及风险审计等内容；最高层级为集团管控层，它主要面向集团层面的战略绩效、品牌管理，通过高度集成的项目、分（子）公司生产管理数据，进行大数据挖掘及分析，最终通过集团层级管理进行战略绩效和投资管理，形成管理活动闭环。智慧工地业务架构如图 2 所示。

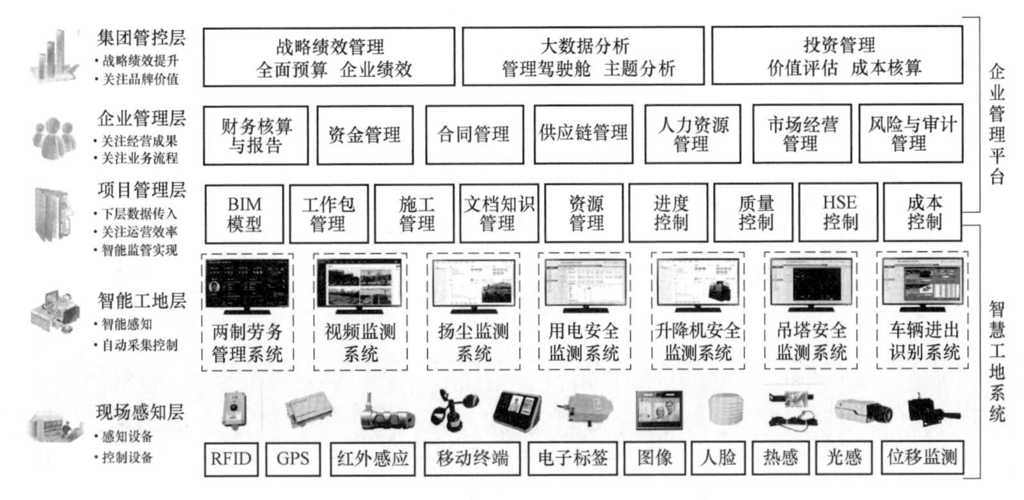

图 2　智慧工地业务架构

2.9　系统架构轻量化，提高系统灵活性

系统整体架构可分为五个层级：应用层、数据层、传输层、感知层和服务层，分层设计有利于提升系统的整体灵活性，为系统后续的扩展提供架构基础。智慧工地系统架构如图 3 所示。

应用层为集团公司和项目相关管理人员提供业务操作和多种终端展示支持，展现管控信息和决策信息。

数据层包括支撑项目管控云平台集中运行的服务与数据存储，分为公共服务支撑和数据支撑。公共服务支撑具体包括：支持 GIS+BIM 技术，可置入流程引擎、消息服务、办公服务、检索服务、流媒体服务、挖掘分析服务以及应用集成等，为项目管控云平台的正常运行提供支撑服务；数据是应用系统以及公共支撑服务正常运行的基础，也是数据共享和交换的基础，通过云平台的搭建，建设项目基础信息库，为系统提供各类数据支撑，从逻辑上分为采集数据、基础数据、业务数据、模型数据、元数据等。

传输层包含项目管控云平台运行涉及的互联网、物联网、局域网、北斗卫星等多种网络，为数据传输提供互联互通的网络基础。其中互联网为平台运行的主要网络环境；物联网主要用于工地现场智能设备的接入；局域网为工地现场局域网；北斗卫星通信网络为移动通信、定位等提供网络基础。

感知层作为项目管控云平台可以接入的基础数据来源，主要包括工地现场各监测感知设备。

服务层包括研发主程序语言（Java、Python）、Web 服务，API 接口、存储服务及计算服务等内容。

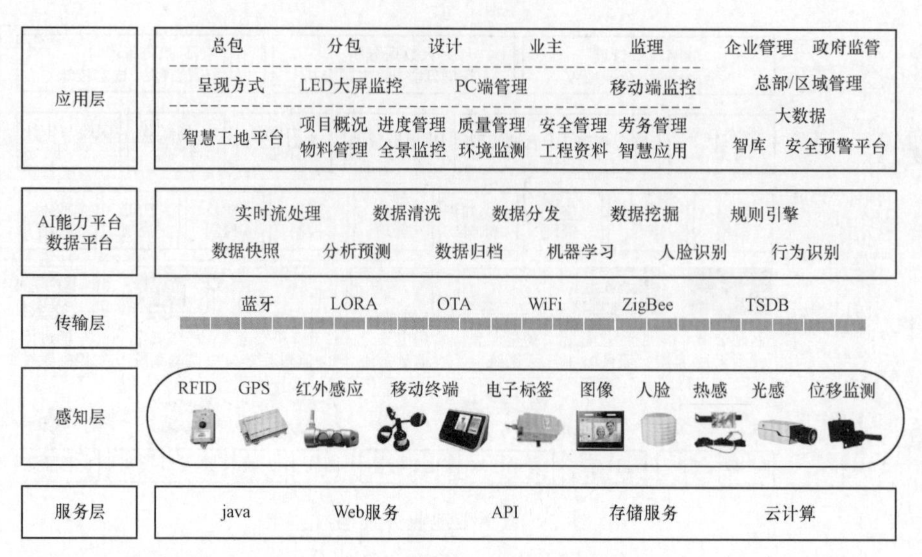

图 3　智慧工地系统架构

2.10　丰富智慧工地建设应用场景，打造定制化管控云平台

为适应不同地区、不同项目的管理需求，在充分调研多方需求及建议的基础上，系统随之不断完善和迭代升级，完成特色化场景定制开发，保持高度集成、高效管控。同时在系统建设过程中，充分利用职能部门现有的网络、信息、设备等资源，把增量投入与存量整合有机地结合起来，加强资源整合，消除“信息孤岛”，促进互联互通和信息共享，使有限的资源发挥最大效益。平台典型应用场景如图 4 所示。

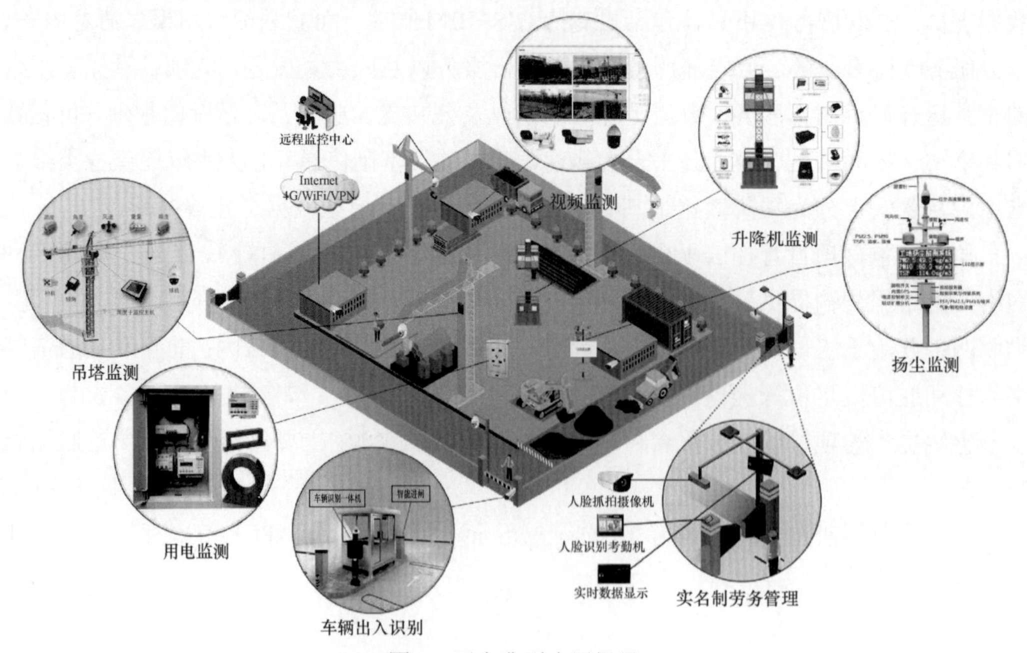

图 4　平台典型应用场景

2.11 强化系统运维，保障系统及数据安全

平台系统建设采用政府认定的安全保密措施和手段，由于系统需要 24 小时不间断运行，系统应具备在错误干扰下重新恢复和启动的能力。从操作系统、应用系统、网络系统等方面全面考虑，包括系统的在线故障恢复、数据的保密及完整、外部非法侵入的防范、内部人员越级操作的防止、故障快速查找及排除的能力等，通过建立一整套完备的安全保障体系，如身份认证、物理数据备份、防杀病毒、建立“磁盘镜像”、实行“运行日志制度”等，防止数据库的非法使用、随意扩散和遭受破坏。

3 关键技术

3.1 基于 Java EE 平台构建的系统稳定技术

基于 Java EE 构建安全稳定的智慧工地管控云平台，Java EE 平台经过多年的实践验证，具有较高的安全性、稳定性和易用性，为企业应用开发提供了展示、事务及安全等全面的组件支撑，并且具备跨平台的能力，保证基于该平台开发的应用能够部署到异构环境中，拥有良好的可移植性。

3.2 基于 BIM+IoT+AI 的多源数据边缘计算接入、解析处理与融合技术

参考“互联网+”思维，建筑行业将 BIM 与其他先进技术或应用系统集成，相应地提出了“BIM+”的概念，如 BIM+AR/VR、BIM+IoT、BIM+AI、BIM+GIS 等。智慧工地平台在探索“BIM+”跨界融合方面做了大胆尝试，从较小的设备应用场景出发，将 IoT、AI 等从宏观领域引入微观领域，拓展应用价值。智慧工地“BIM+”拓展应用场景如图 5 所示。

图 5　智慧工地“BIM+”拓展应用场景

3.3 采用面向服务（SOA）体系架构的灵活可扩展搭建技术

智慧工地管控云平台架构要重复考虑系统的扩展性和灵活性，系统的业务需要考虑多个子系统间、多个层级间的集成融合，需要一个灵活的系统集成架构作为支撑，故该系统采用面向服务（SOA）的体系架构。SOA 具有松耦合、位置透明和协议无关的特点，已成为当前软件集成领域的主要技术发展方向。通过采用新技术、新标准，可较好地解决各类异构系统之间信息交换和重用的问题，提高大型系统组装部署和业务流程再造的灵活性。

3.4 基于微服务架构搭建的去中心化服务治理框架技术

为提升系统的部署灵活性及后期系统升级扩展的需要，系统采用微服务架构。微服务是一种更加灵活的架构风格，通常将一个大型复杂软件应用分解为一个或多个微服务，并通过微服务间的互相调用实现系统的总体功能，这样每个模块都可以独立升级和更新，而不影响整体系统的稳定性。微服务强调去中心化，通过引入轻量的服务治理框架，实现细粒度服务的注册、引用、负载均衡等功能，系统中的各个微服务可被独立部署，各个微服务之间是松耦合的。微服务的粒度足够小，专注于一个具体的业务需求，每个微服务仅关注于完成一件任务并很好地完成该任务。

3.5 基于 B/S 应用模式的轻量化快速响应技术

采用 B/S 应用模式构建轻量级和更具互动性的用户界面，系统可提供大量可复用的 UI 构件，具有跨浏览器、松耦合、易扩展等特点，开发人员基于这些构件可以非常迅速地搭建一个可运行的原型系统。这些前台 UI 构件覆盖了 Web 应用开发绝大部分需求，能够编写出界面友好的应用程序。B/S 架构降低了系统部署升级的困难，为了提高用户使用感知，该系统采用 Web2.0 技术，在展现层引入快速响应的 Ajax 技术（一种创建交互式网页应用的网页开发技术），主要目的是提高网页的互动性、速度以及可用性：有利于改善表单验证方式，不再需要打开新页面，也不再需要将整个页面数据提交；不需刷新页面就可改变页面内容，减少用户等待时间；按需获取数据，每次只从服务器端获取需要的数据；读取外部数据，进行数据处理整合；异步与服务器进行交互，在交互过程中用户无需等待，仍可继续操作可以在浏览器界面下提供类似桌面程序的使用效果。

3.6 基于 ORM（Object Relational Mapping 对象关系映射）的多数据库支持技术

基于 ORM 技术实现多数据库支持，在研发框架中引入 ORM 解决方案，屏蔽底层数据库的差异，以支持目前主流的关系型数据库系统。通过在数据访问层进行单独抽取，可以支持目前业界主流的数据库系统，并且可以在各厂商的数据库间进行快速切换。目前支持的数据库包括 ORACLE、MySQL、SQL Server 等。

4 创新点

4.1 全面实现施工现场动态感知

通过项目管理全过程的实时感知及全局可视，形成重点关注事项。实现安全预警（远程报警）、远程联动指挥、进度信息、业务审批等动态信息实时交互与审批管理，实时在线互动沟通，全面实现各项工作预警机制的建立与运行。

4.2 信息可追溯

运用系统建立智慧工地大数据中心，集项目进度、质量、安全、投资、合同、BIM、物联、作业人员等多数据于一体，信息完整且便于追溯。通过管理文件、现场照片上传、视频信息和物联感知等手段把控质量信息、进度信息、审批信息等，实现管理追溯。

4.3 统一平台，集成集中

运用无边界网络技术、云计算技术、移动互联技术，通过整体规划、系统整合、数据集中、集成运行等策略，消除业务系统分类建设、条块分割、数据孤岛的现象，构筑统一管控平台。

4.4 实现辅助决策

通过大数据技术，依据项目全过程数据监督，数据沉淀，建立项目信息模型、人、系统、设备之间的高效协作；在人工智能和大数据技术的支撑下，实现自动风险识别和智能决策管理。以图形、图表等多种形式进行数据交叉统计分析，更加直观高效地为项目管理人员提供决策依据，节约管理成本，提高管理效率。

5 示范效应

针对中铁建工集团有限公司在施项目成都铁路科技创新中心工程的施工重难点及管理需求，开展项目智慧工地策划、实施与管控云平台部署，系统集成了人员管理、视频 AI 分析、人员动态网格化管理、环境监测、施工能耗监测、塔吊安全监测、吊钩视频跟踪、塔吊驾驶舱可视化、混凝土测温、高支模安全监测、卸料平台安全监测、安全质量巡检及验收、项目综合信息门户、无人机航拍、进度管理、VR 在线体验教育、BIM 施工管理、电子文档管理、应急管理等多个功能模块，有效提高了项目管理效率及精益化管理水平，满足当地行业监管要求，助力项目打造智慧、科技引领性示范工程，获得社会各界高度赞扬及主流媒体采访报道，经济、社会效益显著。

福州滨海新城基于 CIM 的规建管一体化平台项目

广联达科技股份有限公司

1 项目背景

滨海新城作为福州新区核心区，规划定位为区域科研中心、大数据产业基地、创新高地。在滨海新城城市建设中，通过统一的大数据平台建设，打通规划、建设、管理的数据壁垒，改变传统模式下规划、建设、城市管理脱节的状况，将规划设计、建设管理、竣工移交、市政管理进行有机融合，管理需求在规划、建设阶段就予以落实，迫切需要运用地理信息系统（Geographic Information System，GIS）、建筑信息模型（Building Information Modeling，BIM）和传感器网络等现代信息技术，建立基于城市信息模型（City Information Modeling，CIM）的福州滨海新城规建管一体化平台，实现规、建、管统筹协调和资源共享，在建设城市过程中同步形成与实体城市“孪生”的数字城市，为精细化城市管理提供技术支撑，积累城市大数据资产，为智慧城市更为广阔领域的应用奠定基础（见图 1）。

图 1　福州滨海新城规建管平台理念设计图

2 项目内容

2.1 总体逻辑架构

在福州滨海新城智慧城市顶层设计的总体框架下，本项目基于建设需求，结合平台的数据来源与共享应用需求，采用分层架构的思想，设计的总体逻辑架构如图 2 所示，包括感知层、基础设施层、数据层、平台支撑层、系统应用层和用户层。

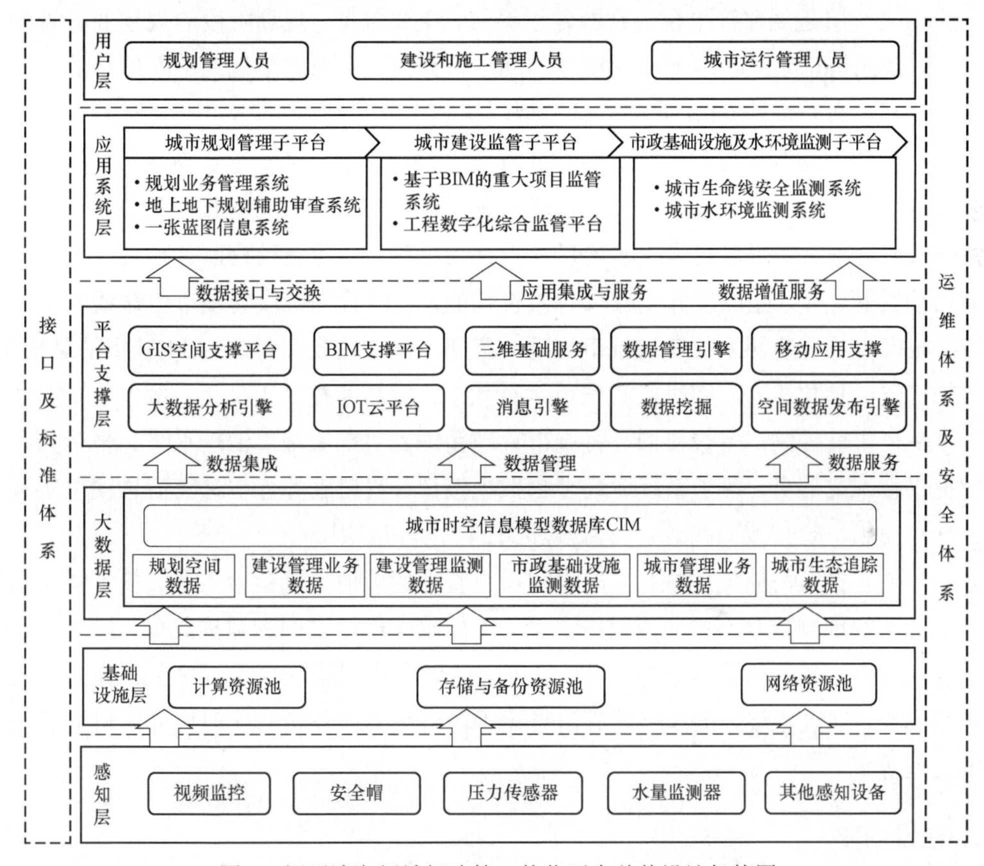

图 2 福州滨海新城规建管一体化平台总体设计架构图

感知层主要包括城市建设、运营管理过程中的各类物联网（Internet of Things，IoT）数据的接入。

基础设施层主要由网络系统、主机系统、存储系统、系统软件、安全设备等设施构成，为多规融合平台提供基础运行环境支撑。

大数据层是规建管一体化平台的数据中心，依托于基础地理信息数据形成城市时空数据基础数据库，整合地上地下空间规划数据、建筑信息模型、市政基础设施模型和工程项目数据等建筑元素数据、以及物联网采集数据的叠加，实现空间化处理，形成城市时空信息数据模型。其中地上地下空间规划数据体系包括地上的城市总体规划数据、控制性详细规划数据、土地利用规划数据、环保生态红线、历史文保数据及重点项目规划数据等规划成果数据和地上三维模型数据；地下部分包括地下管线空间数据和三维地下管线数据。

平台支撑层主要是通过空间数据发布引擎实现空间数据的管理和发布、通过消息引擎实现消息预警、消息发送等。平台还提供大数据分析与处理引擎，对日益增长的城市规建管数据实现分析，提供智能化的决策支持。

应用系统层是规建管平台关联的各子系统，主要包括：规划阶段的规划业务管理系统、一张蓝图信息系统和地上地下规划辅助审查系统，实现城市规划空间信息的一张图服务。建立滨海新城的 CIM 城市信息模型，从源头解决空间规划冲突，推演城市发展，让土地资源和空间利用更集约，城市规划方案更直观科学，推动项目高效生成落地。建设阶段通过规建管一体化平台，采用物联网及现场智能监测设备等技术手段，与工程现场数据实时互联，实现对建设工程项目从设计图纸审查、建造过程监督和竣工交付的全生命周期智慧监管，全面提升工程项目监管效能。运营管理阶段的城市生命线安全监测系统、城市水环境监测系统实现城市治理一盘棋。基于建设交付的 CIM 城市信息模型，通过规建管一体化平台，实时监测城市运行状态，敏捷掌控城市安全、应急、生态环境突发事件，事前控制，多级协同，将城市管理精细到“细胞级”治理水平。平台为各子系统提供标准化服务，各子系统通过平台数据接口、数据服务等与时空信息模型实现数据共享与交换，直接或间接进行资源和服务的共享和应用。

用户层包括滨海新城的规划、建设和城市管理的政府监管运营人员。基于同一系统平台基础上实现规建管不同应用系统之间、不同政府部门之间的数据集成，以及各个建设工程项目数据的接入监管服务。同时以管理驾驶舱形式呈现项目规建管一体化的实时状态和成果。通过预警、工作协同等信息化手段对突发事件进行实时感知、协同联动和高效处理等。

2.2 建设内容

作为福州新区区域科研中心、大数据产业基地与创新高地的滨海新城，在规划与建设初期，提出将规划、建设、管理全流程进行科学衔接与管理，形成城市持续发展的强大动力，并依托滨海新城独特的特色资源，优先注重环境保护、水务、交通、基础设施、大数据等领域智慧化建设与应用的建设要求。

在福州滨海新城建设过程中，通过探索城市规划建设管理一体化业务，充分应用 BIM、3DGIS、IoT、云计算和大数据等信息技术，基于统一的滨海新城信息模型，建成基于 CIM 的规建管一体化平台，形成了运营中心（Intelligent Operations Center，IOC）、规划子平台、建设监管子平台、城市管理子平台等四个子平台。同时，为更好地支撑平台模型数据更新、系统数据接入以及平台的可持续发展，在参考国标、行标基础上，形成滨海新城城市信息模型 CIM 模型交付标准，以及两个实施指南–房建工程类与市政工程类三维模型实施指南支撑 CIM 平台及应用的落地实施。

运营中心。将城市的规划、建设、管理的各类管控要素、指标予以抽提呈现，实现规划、建设、管理数据的融合与互通，一屏了解城市运行动态，为城市管理者的决策提供数据支撑。福州滨海新城规建管一体化平台运营中心如图 3 所示。

图 3　福州滨海新城规建管一体化平台运营中心

规划专题。目前已实现了城市总体规划、控制性详细规划、32 项各类专项规划、86km^2 的国土批供地等数据的融合呈现，从业务的“多规合一”走向了规划数据的融合；按照滨海新城城市信息模型交付标准建设了 17km^2 的城市规划设计的三维模型和竣工模型，实现了滨海新城规划数据的“一张蓝图”，为后续的城市建设与管理奠定了基础。福州滨海新城规建管一体化平台规划专题如图 4 所示。

通过建立滨海新城的 CIM 城市信息模型，实现城市规划一张图，有效解决空间规划冲突，推演城市发展，让土地资源和空间利用更集约、方案更科学、决策更高效。当前通过平台已开展 50 个项目的规划设计方案审查。

建设监管专题。针对建设行政审批和建设过程监管的数据进行了分析，并通过省住建厅数据汇聚、物联网数据接入、监管过程业务沉淀，实现了对辖区范围内的工程项目情况、质量安全监管情况的全面掌控。将工程相关的基本信息、“双随机”检查、合约评价、劳务实名制、视频、扬尘、起重机械、危险源、工程形象进度等监管要素进行全面呈现，为建设过程监管提供了新的方式。福州滨海新城规建管一体化平台建设专题如图 5 所示。

图 4　福州滨海新城规建管一体化平台规划专题

图 5　福州滨海新城规建管一体化平台建设专题

城市管理专题。目前滨海新城城市管理子平台主要实现了对地上地下各类市政设施的监管，包括水、电、燃气、智慧灯杆及地下市政管线。福州滨海新城规建管一体化平台管理专题如图 6 所示。

平台也接入滨海新城范围内 336km 的各类地下管线的三维 BIM 数据，初步建立了滨海新城地下管线的数字资产。

图 6　福州滨海新城规建管一体化平台管理专题

水务监测已经接入 43 个水务的物联网监测点，可以实时查看各类检测点的数据。对于滨海新城的关键排水户也做了统一管理，辖区内的 191 个排水户，259 个雨污水检查井信息也纳入了规建管平台。

规建管平台对电力和燃气设备、设施、用量情况可做实时监管，电力和燃气相关部门定期对其数据进行更新和维护。智慧灯杆，当前规建管平台内已经试点部署了 268 个智慧灯杆，可在规建管平台进行动态监管。

3　关键技术

1）BIM+3DGIS 平台：实现对时空信息模型进行多源数据集成、数据存储、数据调度、数据渲染等管理，保障海量模型数据的高效使用。

2）物联网 IoT 设备对接：实现多源采集数据的统一管理和数据接口，在建项目的工地视频、扬尘检测、劳务闸机等物联网数据，为实时进行建设监管提供了有效支撑。同时也包括滨海新城辖区范围内的给水、污水、雨水、智慧灯杆的物联网接入。

4　创新点

1）率先提出数字孪生理念，CIM 概念和新城建思想。CIM 平台作为智慧城市的基础设施，是实现数字孪生城市的时空载体，也是当前城市高质量发展的关键支撑。

2）建立多维度、多类型、全过程的CIM多源异构数据的融合数据引擎。统一城市规划、建设、管理等异构业务数据建模，降低兼容使用不同异构数据的技术门槛，并基于融合数据引擎技术支撑业务应用无差别访问异构数据，包括空间模型数据和非空间模型数据。

3）突破基于人工智能和自主图形引擎的高精度、空天地室一体化全景空间城市信息模型快速构建技术。基于建设监管一张网，通过省住建厅数据汇聚、建设项目业务运行、物联网设备监测接入三种途径，实现了项目综合信息、项目质量安全、项目进度、项目工程竣工验收四大核心业务的全过程动态监管。

4）实现基于Web的高逼真渲染、高性能大场景调度、模型在线编辑、多尺度和多粒度的一体化CIM引擎。目前已实现滨海范围内236个项目（动态增长）数据接入，解决了过去项目信息分散在政府各部门带来的数据孤岛与割裂问题，快捷全面的掌握项目全程信息。

5）研制基于业务驱动的低代码快速开发、高效场景组装和应用集成、统一数据共享交换、云中立部署的CIM开放集成平台。系统以三维可视化一张项目总图为手段，清晰动态呈现各类项目分布及实时进展情况，提升了管理部门对建设项目的现场监管能力及效率。

5 示范效应

在2018年福州新区滨海新城提出并实践规建管一体化理念，是全国最早提出规建管一体化并积极实践，基于“规划先行、建管并重”的理念，在这个过程中始终坚持规建管平台服务于滨海新城建设这个基本的出发点，在实践中不断优化，为滨海新城推进数字城市的建设探索了一条可行路径。

1）政策引导，标准先行。数字城市是一个新理念、新技术，在滨海新城实践中也发现只有政策引导、标准先行，方可支撑其落地实践，为了推进规建管平台的落地实践福州滨海新城在2020年6月份发布实施了《福州滨海新城城市信息模型交付通用标准》《福州滨海新城规建管一体化三维信息模型实施指南（房屋建筑工程）》《福州滨海新城规建管一体化三维信息模型实施指南（市政工程）》，对滨海新城落实规建管一体化平台的建设起到关键的保障作用，取得了积极的效果。

2）先行先试，以点带面，螺旋式发展。滨海新城建设主管单位对规建管平台积极推行“先行先试”，平台的建设方在面对新理念、新技术、新事物，更需要解放思想、开拓创新，以先行先试的方式推进规建管平台的逐步落地实践，在规建管应用价值落地中形成了找试点、实践应用、总结提升、逐步推广的模式，为规建管平台的落地应用开辟了路径，实现探索、实践、迭代优化、再探索、再实践、再迭代优化的正向循环。

3）重视底层的平台建设，逐步开展 CIM+应用落地。规建管平台就是滨海新城的数字城市基础平台，需要重视底层平台的建设，把平台能力作为重中之重来建设，对于后续的 CIM+的应用落地需要根据滨海新城的建设实际逐步、分阶段开展，不能以理想化的方式全面推进 CIM+的应用落地。

4）重视数据安全，应用国产自主可控的核心技术。数字城市的建设要重视城市级各类数据的安全与管控，对于核心的 CIM 平台的关键技术要采用国产自主可控的技术。确保数据的绝对安全，这是数字城市建设的基本前提，滨海新城“数据留滨海、服务于滨海”是规建管平台建设自始至终贯穿的建设理念。滨海新城规建管平台采用了国产自主可控的 CIM 平台技术为后续的 CIM+应用的建设奠定了基础。

5）数字城市的落地实践需要持续投入，迭代优化。国内很多城市都开展了数字城市的建设，有不少是以项目方式进行开展的，但是滨海新城的规建管一体化平台的初衷是打造一个数字孪生的城市底座，所以需要从战略规划层面确定其是随着城市的发展不断迭代完善的，不能以项目思维来对待数字城市的各类建设，数字城市的建设只有进行时没有完成时，需要持续建设、持续运维、持续投入。

规建管一体化项目的实施，改变了传统模式下规划、建设、城市管理脱节的状况，将规划设计、建设管理、竣工移交、市政管理进行有机融合，实现城市规划一张图、建设监管一张网、城市治理一盘棋，初步为“数字孪生滨海新城”及智慧城市领域更为广阔的应用奠定基础。

项目建设过程中，对规建管平台的建设成果分别在 2018 年、2019 年、2020 年、2021 年连续四届数字中国建设峰会做了对外展示，借助数字中国峰会平台集中展示了福州滨海新城的远景规划、建设历程、运营管理新模式。同时，规建管一体化平台被评选为 2021 年福州市全面深化改革十佳案例。

青岛西海岸新区防汛综合指挥调度系统

青岛市勘察测绘研究院

1 项目背景

提升防汛减灾能力，是建设美丽中国的重要保障。2021 年是“十四五”规划开局之年，做好防汛工作责任和意义更加重大。据初步预测，后续几年气候形势将更加复杂，气象年景总体偏差，汛期南北方都将有多雨区，区域性暴雨洪水和干旱灾害可能重于常年，极端气象水文事件可能多发，有可能发生流域性大洪水，水旱灾害防御形势严峻。

以青岛市西海岸新区为例，该区地处海滨，每年的汛期主要集中在 6～9 月，台风、大暴雨、巨浪以及风暴潮发生概率较大。城市防汛体系虽已初具规模，但与社会经济发展并不能完全适应：防汛设施缺口大；部分河道沟渠淤积严重；沿海构筑物未修筑加固，存在隐患；河道行洪断面被削弱，泄洪能力降低等。由此容易造成严重的洪涝灾害，给人民的生命财产安全带来极大的威胁。此外，西海岸新区河流均为季节雨源性河流，来水主要集中在汛期，枯水期经常断流。时间上，暴雨强度大、历时短，高强度暴雨常集中在几小时内。空间上，暴雨中心常位于沿海地区和山区。由于地处沿海，地势较低，水灾主要是由暴雨或台风产生，汛期强降雨常叠加天文大潮，极易造成海水倒灌，河道水位暴涨，形成涝灾。

为做好汛期突发事件的防范与处置工作，为防汛指挥决策、应急调度工作提供技术支撑，以信息化为抓手，有计划、有准备地防御汛期洪水，西海岸新区基于 CIM 技术开发防汛调度指挥系统，实现防汛减灾工作的信息化支撑。

2 项目内容

2.1 三维基础地理数据库

基于不低于 1:2000 比例尺精度的数字高程模型和数字正射影像数据进行数据处理、场景融合和模型编译，建立西海岸新区 CIM 三维场景数据库，为系统提供基础三维地理底座。

2.2 防汛专题数据库

主要包括基础地理信息数据、水利专题数据、承灾体专题数据、风险专题数据、综合减灾专题数据、防汛调度责任网格数据。

2.3 防汛调度指挥系统

基于全区地形三维场景集成展示防汛专题数据，实现全区汛情信息的综合感知和态势分析，对暴雨、城市内涝、风暴潮等灾害性天气进行汛情仿真推演，加强雨情水情监测预报预警，强化应急值守和会商分析，为全区科学高效应对汛情提供技术支持。防汛调度指挥系统总体架构如图 1 所示。

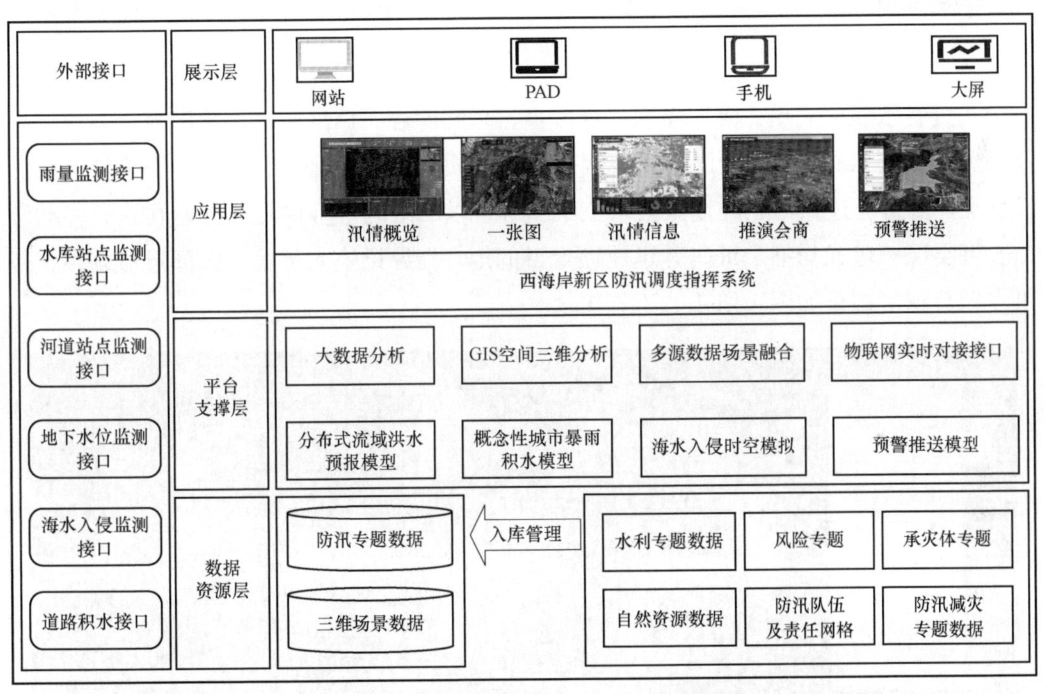

图 1　防汛调度指挥系统总体架构

系统主要功能包括：

1）汛情概览：通过电子地图、统计图表等展示方式对全区防汛情况进行综合概览，以“大屏”式一张图综合呈现全区的防汛要素及相关信息，包括河道实时预警、水库实时预警、降雨量综合统计，雨量站过去 24 小时雨情和潮汐的实时情况信息，查看实时台风情况、实时降水雷达图和区域未来降水量预测等信息。防汛概览界面如图 2 所示。

2）防汛一张图：为用户提供灵活的场景浏览操作手段以及实用的地图控制功能，实现地物标注、三维量测和 6 大类 60 余层防汛全要素专题数据的可视化等功能，可以

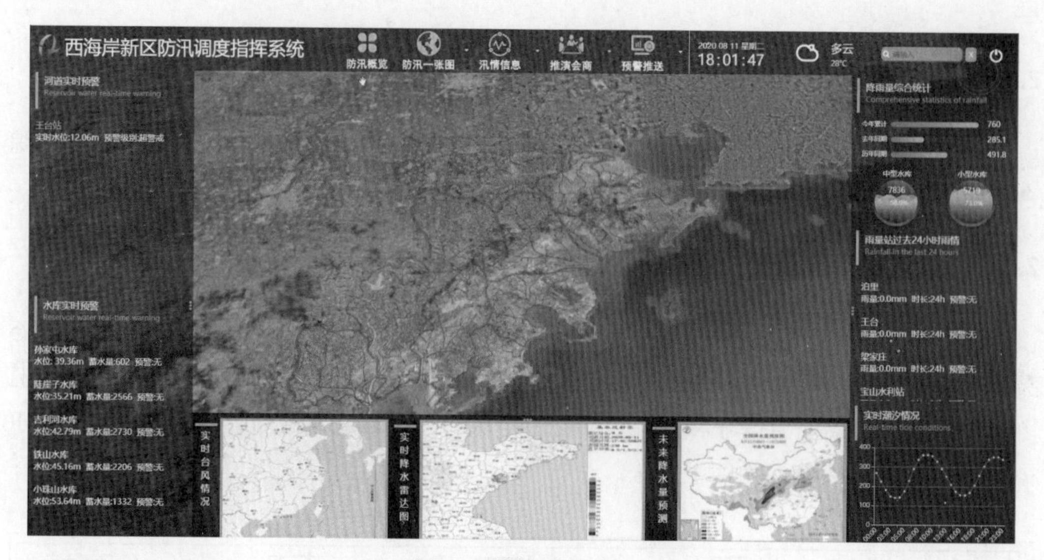

图 2　防汛概览界面

一键式查看水库的规模、流域面积、总库容、兴利库容、调洪库容、死库容、坝顶信息及相关责任人信息，实现全区防汛要素从传统纸质化到电子化的转变；对于不易查找的目标点，支持通过点击三维场景拾取三维坐标，以二维码坐标的形式加密传递，移动端 App 可实现一键式扫描二维码并迅速锁定目的地，指导抢险人员第一时间赶赴现场。防汛专题数据可视化如图 3 所示。

图 3　防汛专题数据可视化

3）汛情信息：实现对防汛专题数据多时态多维度的综合统计分析，包括各流域的自然资源、地表覆盖分布分析等；通过接入水文局、水务局、气象局等单位的监测站点信息，系统实现对雨情、水库水情、河道水情、道路积水等汛情物联感知数据的实时获取和感知预警，将预警信息的级别和空间位置实时反馈在CIM三维场景中，直观高效，同时保障数据获取的实时性和真实性。汛情信息感知示意图如图4所示。

图4　汛情信息感知示意图

4）推演会商：建立三维推演模型，结合河道水位监测点、道路积水点、潮汐值和水库的库容、实时水位等变量，按流域实现洪水三维仿真推演、城市内涝仿真推演、海水入侵仿真推演和头顶库、串联库等重要水库的溃坝分析推演（见图5和图6）。支持通过随机调整降雨量规模进行三维科学推演模拟，能够直观判读淹没影响的农田、林地、村庄、社区、人口数及周边的基础服务设施，从而为应对汛情做出准确的判断并及时响应。

图5　洪水推演

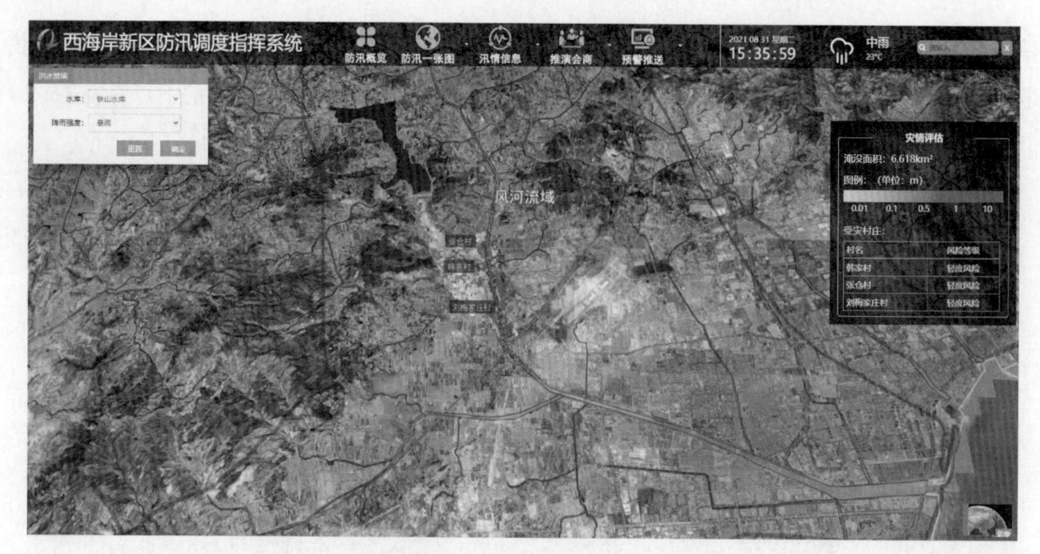

图 6　水库溃坝分析

5）预警推送。根据实时监测数据和推演仿真进行汛情信息的预警，将预警信息生成定制化文本，一键式保存生成预警信息报告，推送给领导及相关决策部门。

6）防汛指挥调度移动端 App（见图 7）。在手持移动端实现防汛信息的实时浏览和综合查询，同时，依托政务网实现移动端与桌面终端信息的安全回传和联动，比如通过移动端进行溢洪道垃圾堵塞等事件信息的采集并实时反馈到桌面终端，通过移动端进行现场视频回传，更加直观地掌握雨水情动态。

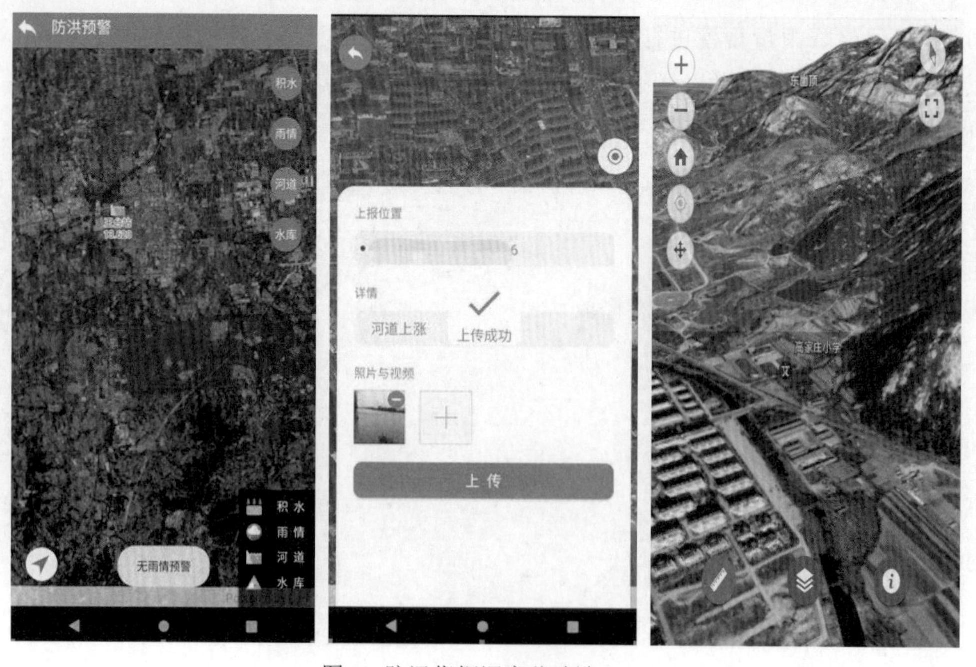

图 7　防汛指挥调度移动端 App

3 关键技术

3.1 基于 WebGL 的三维渲染

WebGL 是一个跨平台、免费的底层 3D 绘图 API 的 Web 标准，使开发者借助系统显卡在浏览器里更流畅地展示 3D 场景和模型，还能创建复杂的导航和数据视觉化。相比传统三维引擎，WebGL 在基于客户端渲染的同时，实现了系统的硬件加速，使网页渲染直接调用显卡 GPU 加速，保障在三维场景渲染时充分利用客户端资源，提高三维渲染效率，提升用户体验。

3.2 实时物联感知技术

构建物联网智能感知数据接入接口，实现实时雨情数据、水库水情、河道水情、道路积水、气象云图等信息综合感知和预警，数据精准、位置准确，为汛情预警分析、指挥调度提供支撑，形成多尺度综合感知网络。利用传感网络获取的实时汛情信息，依托大数据可视化，实现全区汛情信息的全方位掌握，为汛情预警分析、指挥调度提供综合感知数据基础。

3.3 智能水库溃坝模型推演技术

溃坝模型是估算溃口参数（形状、高度、宽度、最终成型时间等）进而预测溃口峰值流量和溃口出流过程的技术。本系统使用 HEC－RAS（Hydrologic Engineering Center's River Analysis System）系统进行水库漫顶溃坝仿真推演。采用线性水库假设的建模方法，设置水库矢量面图层、大坝矢量线图层、DEM、溃口底部高程、溃坝时库水位等参数，选择 Von Thun&Gillete 方程的结果，进行暴雨、大暴雨和特大暴雨三种降雨条件下的溃坝淹没仿真推演，并可视化动态播放。

3.4 基于交叉耦合多要素水文综合模型的场景分析技术

洪水仿真、城市内涝、风暴潮推演都是基于交叉耦合多要素水文综合模型而衍生出来的场景分析模型。综合模型对实时水雨情天气预报、下垫面情况、DEM 等参数进行集中式产汇流、分布式流域产汇流和分布式城市产流三个计算，再进行管网汇流、水库调度、海水位实测及预测得出一维水动力学河道汇流结果。据此结果再进行洪水仿真推演、城市内涝仿真推演和风暴潮仿真推演。

4 创新点

4.1 CIM 技术助力防汛推演会商

基于 CIM 技术发挥地理信息和物联网的特色优势，构建防汛专题三维应用系统，可以有效提升防汛信息资源共享和应用服务能力。例如，水库、堤坝、河道等所有具有地理位置信息的防汛专题数据，都能在一个三维地图平台上实现汇聚和可视化管理应用，可以做出更贴近真实情况、更为复杂的模拟分析，更好地服务防汛指挥精细化治理、资源管理、指挥调度和应急保障工作。

4.2 多终端协同打造防汛调度指挥闭环全流程场景

针对不同的人员应用和需求场景，构建包含 Web 端、移动端、实体电子沙盘+AR 等多种平台下的多端应用系统，满足从“现场→操作→指挥→现场”闭环全流程的应急防汛调度指挥预案。如基于 B/S 的 Web 系统仅需浏览器运行，可以在不同操作系统下开展防汛指挥调度业务；对于在野外现场的作业人员，提供移动端 App，将系统的一些功能搬到智能手机终端，满足外出办公的需求；为防汛指挥中心和应急人员建造实体电子沙盘，并借助 AR 技术，可以模拟西海岸新区真实地形地貌和防汛信息，为防汛指挥调度工作提供全方位的支持。

4.3 打造“一核多源”的 CIM+智慧防汛一张图数据标准

项目构建以一个水利专题核心数据“一核”为主，承灾体专题、风险专题、综合减灾专题、防汛调度责任网格、GIS 专题等“多源”数据汇聚的防汛一张图数据标准，形成防汛全要素实体库。将基础的三维场景、各类防汛专题数据发布 OGC、REST 标准的数据服务，实现面向服务的数据管理和调用机制能力建设；借助物联网平台技术，实现对实时雨水情数据、气象数据、工情数据、各监测平台及相关物联网数据的对接和实时汛情信息获取，打造二三维一体、动静态结合、陆地海洋统筹等数据中心。

4.4 防汛调度指挥体系“平战结合”

“战”时，即西海岸新区汛情事件发生时快速响应，本系统可在西海岸新区应急体系统一指挥下提供信息化辅助决策服务，快速提供各类基础数据与专题数据成果，保障应急指挥处置工作。“平”时，以服务水系安全、保障政府需求为宗旨，可为各级应急消防管理部门提供防汛资源规划选址、防汛应急演练工作提供长效保障。系统的建设为“平战结合”的防汛调度指挥体系建设提供精准、高效的信息化服务支撑。

5 示范效应

5.1 推动区域防汛调度指挥工作的信息化转型

基于高精度三维电子地图，实现防汛减灾工作的可查询、可分析、可调度、可推演、可预警，助力防汛工作的数字化、网络化、高效化的协同管理，提升防汛应急能力。

5.2 探索 CIM 三维技术在自然灾害应急中的应用

通过本系统的实践探索，发挥 GIS、实景三维、物联网的优势，可以提供预案、监测、预警、处置、分析、追溯等一体化闭环服务。基于 CIM 技术，构建全域地形地貌、建筑、道路交通等要素的三维场景，更加直观、清晰地展现区内山岭起伏和沟壑纵横情况，可为自然灾害应急抢险试验方案制订、监测和研究成果展示提供基础支撑平台，特别是在积水影响、内涝分析、应急救援等方面，CIM 三维场景具有二维电子地图无法比拟的优势，可以有效提升应急调度和指挥能力。

临港桃浦园区 AI PARK 平台（CIM）与 AI+应用建设项目

上海融英置业有限公司

1 项目背景

在人工智能、5G、云计算、大数据、区块链等新技术为代表的信息化浪潮大发展的背景下，国家大力推进数字产业化和产业数字化转型，上海也将城市数字化转型作为上海发展全局和长远的重大战略。作为上海国资委下属唯一一家以产业园区投资、开发与经营和园区相关配套服务为主业的临港集团，基于园区运营及服务数字化转型提出 AI PARK 建设规划，以临港集团旗下园区为载体，将临港桃浦（智创 TOP）作为首发试点区域先行先试，打造智慧 AI 园区。

智创 TOP 产城综合体，是由上海市普陀区和临港集团区企合作、联手打造的多功能商办中心和地标型建筑群。项目位于全市五大重点转型首发区域—桃浦，地处总面积 7.9km^2 的桃浦智创城核心门户，领衔区域整体开发建设，是城市“脱胎换骨”式转型发展、形象展示的重要界面。项目开发之初，秉持“产城深度融合、低碳绿色生态、城市设计人性化”的发展理念，着力打造“城市更新的新地标、产业发展的新高地、产城融合的新典范”。

临港桃浦园区 AI PARK 平台通过搭建基于 GIS+BIM 的 CIM 模型，构建公司产品体系的标准化数字底板，打造三维虚拟园区，并通过开放标准接口、共享服务数据，为物联网系统的数据接入提供基础条件。项目通过 AI PARK 平台实现多个园区业务功能智慧应用，包括园区开发（园区规划、土地管理、建筑设计、智慧工地、造价审计等）、园区运营（招商管理、资产管理、物业管理等），并通过云端大数据的采集、汇聚、存储、处理、分析、应用，全方位、多维度进行画像，拓展数据应用。最后，基于以上内容，持续拓展创新 AI+园区的应用场景落地，探索可推广、可复制的 AI 智慧园区整体解决方案。

2 项目内容

临港桃浦园区 AI PARK 平台是以平台与 AI+应用建设为抓手，通过人工智能、云计算、大数据等新兴技术的应用，基于园区 CIM 模型，在建筑智能化的基础上，打造颠覆性 AI PARK 平台，把机器学习应用到园区日常运维管理中，实现园区安全管理、资产管理、客户管理、能源管理、集中管控、办公环境优化等系统的联动，不断丰富人工智能交互系统的模块，以满足园区多种使用场景下的 AI+需求。临港桃浦 AI PARK 平台系统架构图如图 1 所示。

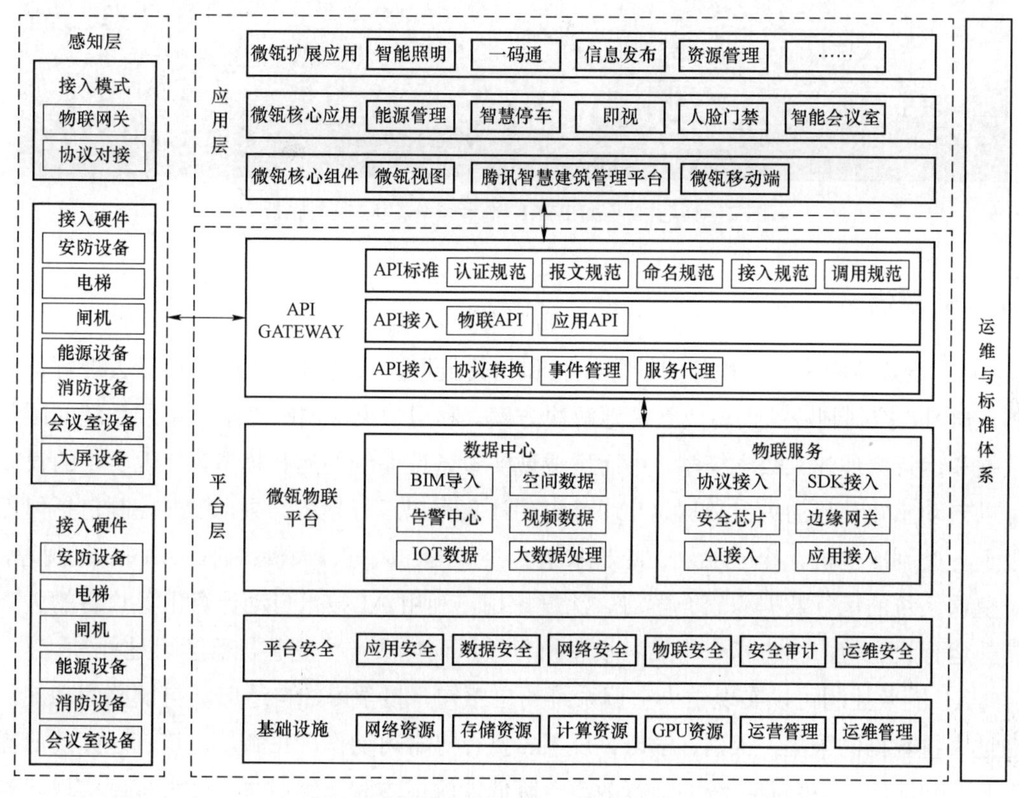

图 1　临港桃浦 AI PARK 平台系统架构图

智能化、智慧化的基础是数字化。临港桃浦智慧园区 AI PARK 平台将园区的物（物理空间、设备状况、设置位置）、事、人进行了数字化，实现了八大智慧应用：数字孪生运维管理中心、AI 能效、智慧安防、智慧会议、智慧消防、智慧电梯、智慧照明、智能用户管理平台（含资产管理）。

2.1　数字孪生运维管理中心（基于 CIM 的数字底板模型）

数字孪生运维管理中心是将各园区的产业数据、人员数据、企业数据、配套数据、建筑数据、土地数据等物理空间上的数据，基于 GIS+BIM，形成一个三维的虚拟空间园区，建设一套园区的数字底板系统，以数据可视化的技术手段，实现多园区的集中管控。临港桃浦 AI PARK 平台系统 CIM 模型底板如图 2 所示。

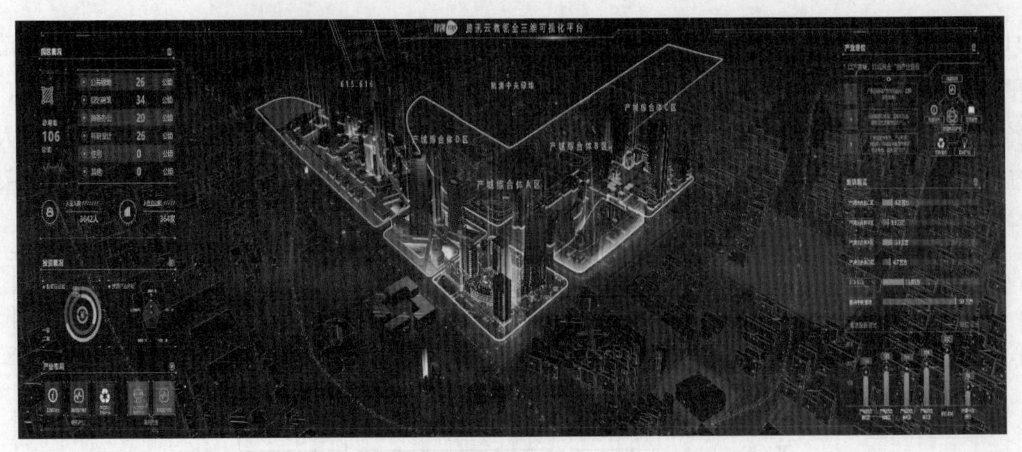

图 2　临港桃浦 AI PARK 平台系统 CIM 模型底板

2.2　AI 能效

AI 能效控制是将工程师的管理经验和相关数据注入机器中，通过机器去理解、分析、学习、控制制冷站设备或系统地解决方案。利用中央空调制冷站设备或系统的固有数据和运行原理建立数学模型，进而生成现实设备或系统的运行模型，使现实中的设备可以自动感知外界的关键数据，并通过自动计算得出运行趋势结果，精准控制包括但不限于各类制冷主机、冷冻水泵、冷却水泵、冷却塔、风机、风机盘管、水阀、风阀等，对空调系统的运行数据积累、学习、深度挖掘，利用 AI 技术自动计算出各设备的关键参数运行设定值，并将指令下发各设备执行，从而完成一个完整机器学习过程。

AI 能效控制可以实现中央空调系统的自感知、自学习、自适应、自调整的功能，通过大量数据的采集、识别、学习、反馈、执行等学习动作，在满足建筑舒适度的前提下，不断优化中央空调系统的运行效率，降低能源成本和运维成本，最大程度实现建筑空调系统的高效运行，临港桃浦智慧园区 AI 能效系统架构流程图如图 3 所示。

2.3　智慧安防

相比传统的安防系统被动人防、低效检索的现状，临港桃浦智慧园区 AI PARK 平台运用 AI 能力，实现事前智能预警、事中及时告警、事后高效追溯，将管理过程由被动提高到主动，由低效提高到高效，可根据实际的场景灵活组合所需的 AI 算法，切实解决不同场景面临的难题，真正实现智能视频分析。

临港桃浦智慧园区 AI PARK 平台智慧安防能够实现禁区监控、轨迹追踪、视频浓缩、人员徘徊告警、火灾告警、消防通道堵塞、物品移位、物品滞留等多种实时告警，且以弹窗报警及物业工单推送的方式，提醒园区管理者事件发生，提升园区安全管理水平（见图 4）。

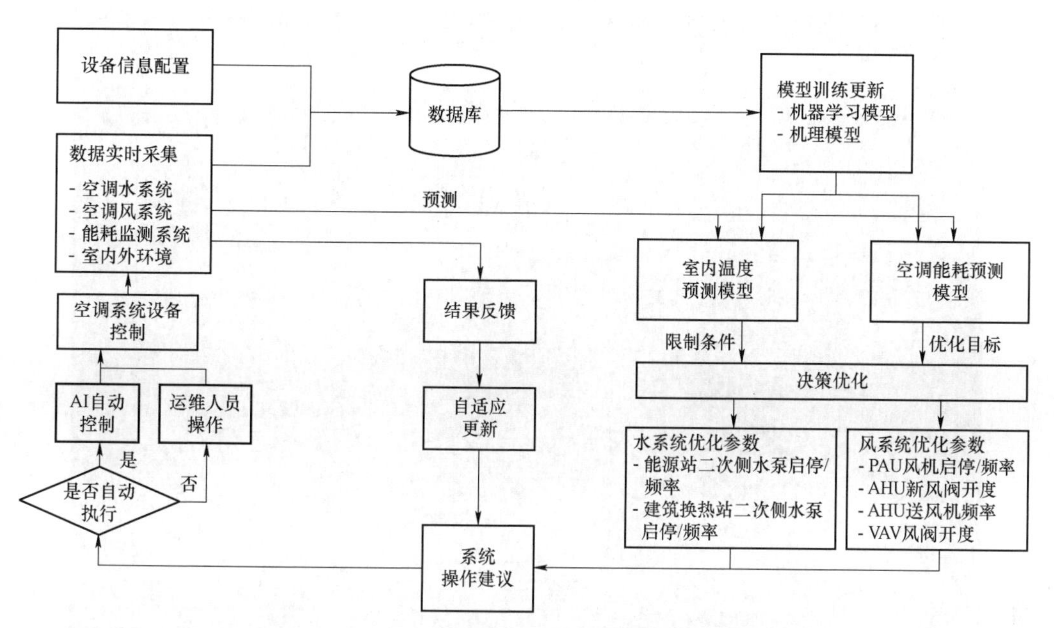

图 3　临港桃浦智慧园区 AI 能效系统架构流程图

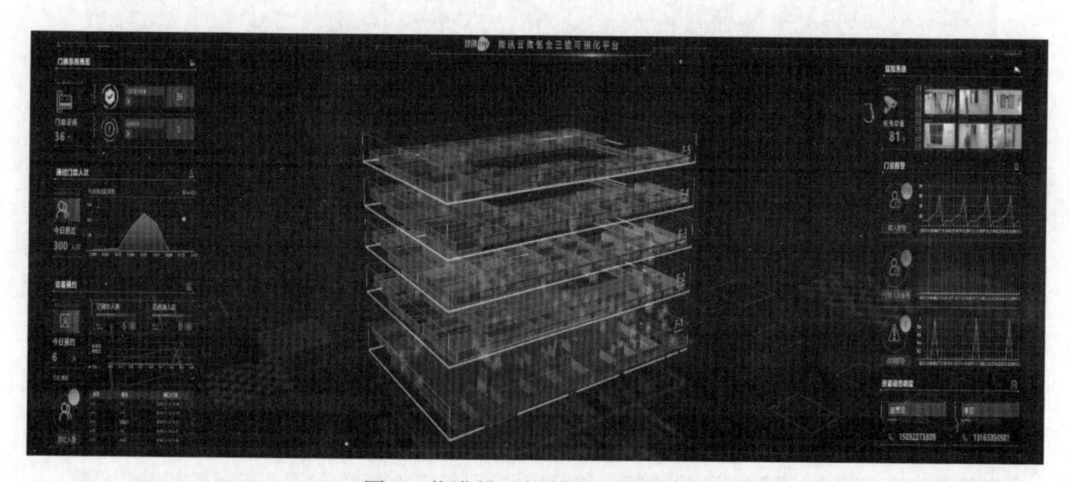

图 4　临港桃浦智慧园区智慧安防

2.4　智慧会议

智慧会议系统可以帮助客户解决找会议室费时、手工签到难统计、会议室环境调节困难等问题，通过移动端会议预约小程序、本地会议预订屏、云端会议室管理后台，实现会议室内音视频、灯光、窗帘等设备的智能控制，以及会议室远程查询、控制、报警、权限管理、会议预约、定位签到功能，为用户提供一体化的会议室操控体验与高效的会议服务，让用户有效地管理时间、资源和空间。会议室中控界面如图 5 所示。

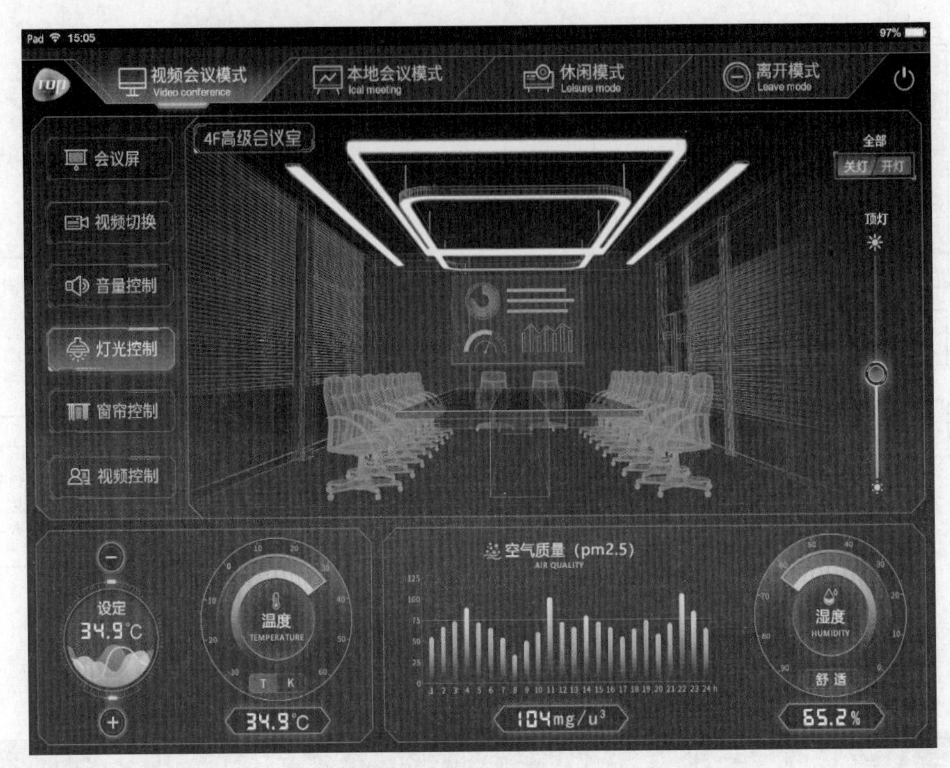

图 5　临港桃浦智慧园区会议室中控

2.5　智慧消防

临港桃浦智慧园区 AI PARK 平台实现与消防水系统及电系统数据全面对接，不仅通过可视化系统对消防相关点位设备进行数字化呈现，并能联动视频监控系统，在有烟感报警时能够实时展现现场图像，同时，在试验消火栓末端安装压力传感器，能够实时监视水压力数据，整个系统可以实现统一管理、统一调度、统一应急处理，降低人员成本，提高效率，同时与上级消防单位联动，真正实现报警事件的事先预防（见图 6）。

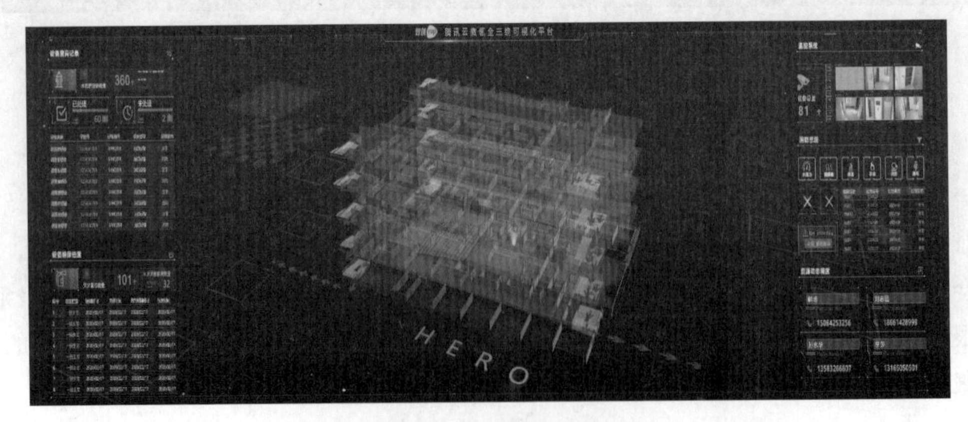

图 6　临港桃浦智慧园区智慧消防

2.6 智慧电梯

临港桃浦智慧园区电梯系统是在全球建筑领域内首个正式落地的支持刷脸、扫码认证的智能梯控系统。该系统可以精准识别各个使用人员的权限信息，并搭配 AI 算法，与速通门系统进行联动，可以智能分配最快到达目的楼层的电梯，在减少人员等待的同时降低电梯的运行能耗。并且，通过可视化数字底板，可实时查看电梯的运行状态、实时运行数据、故障数据统计、轿厢内的实时监控等，使管理者及运营人员对系统运行状态有直观的了解（见图 7）。

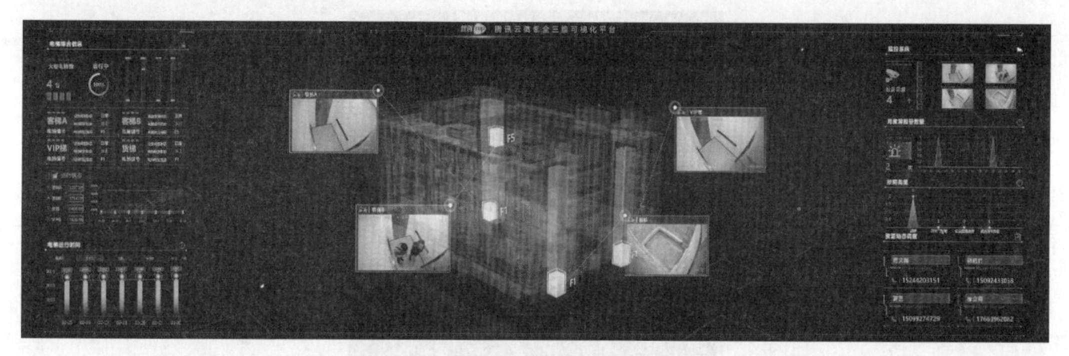

图 7　临港桃浦智慧园区智慧电梯

2.7 智慧照明

临港桃浦智慧园区 AI PARK 平台通过设置前端物联传感器及智能调光系统，在公共区域实现智能照明控制，在无人时亮度为 10%，待人走过时亮度恢复至 100%，真正实现“人来灯亮、人走灯灭”的智能场景，同时大大节省了照明能耗；并与可视化数字底板结合，可实时查看照明的回路故障状态、区域的照明开启情况，结合实时工单告警信息，提高了运营管理水平。智慧照明如图 8 所示。

图 8　临港桃浦智慧园区智慧照明

2.8 智能用户管理平台（含资产管理）

智能用户管理平台是专门针对运营服务人员、入驻企业人员、管理人员等开发的移动端小程序，包括空气质量环境实时查看、访客及停车预约、会议室预约、工单报修、资产管理、食堂消费等功能模块（见图 9）。在小程序上可录入员工、访客信息，访客通过被访人审核后可生成专属二维码，人脸信息届时有效。在园区内员工、访客可用人脸或二维码通过门禁、乘坐电梯、食堂消费、会议签到，快速身份识别，既满足不同人的差异化喜好，又方便快捷，真正达到了移动服务的快捷高效。

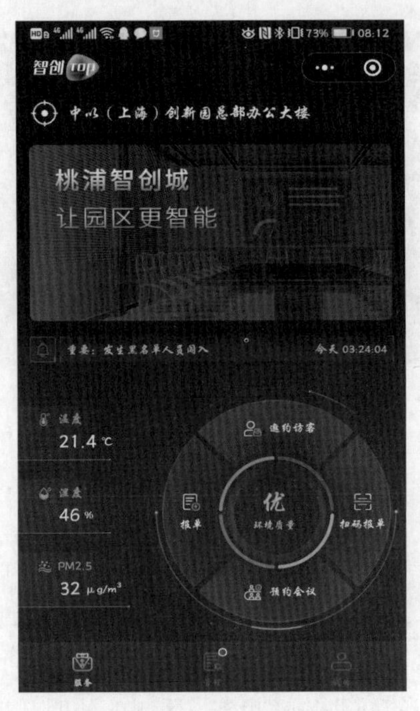

图 9　临港桃浦智慧园区智能用户管理平台

3 关键技术

临港桃浦智慧园区 AI PARK 平台主要有以下几项关键技术：

3.1 异构系统集成及联动技术

AI PARK 平台具有强大的硬件连接能力、应用连接能力、数据采集和存储能力、生态聚合能力，率先通过 AI 算法有效实现异构智能化、信息化系统与平台间的连接，异构系统的数据抽取，平台与系统间的上传下达，基于平台的多个异构系统间联动，以及后台自动化资源调配、自动派单。

异构系统集成及联动技术重点解决跨系统、跨业务的集成联动问题，并通过算法达到自主分析、自主处置、自主控制、自主优化。

3.2 反馈调节和前馈优化控制技术

为实现以 AI PARK 平台为基础，对建筑物内所有能耗行为进行能源调控，以实现能耗最低以及能效最高的双重目标，本项目采用反馈调节和前馈优化控制技术，配合智能配电箱等实现。

反馈调节策略再优化是基于历史运行数据，进行模型训练，通过监测实施运行数据输出最优控制参数，再反向反馈控制策略进行再优化；前馈优化控制是基于所有能源历史运行数据进行模型训练，对园区的未来一段时间的用能状态和能耗状态进行预测，从而输出最优的控制策略进行前馈优化控制。

3.3 视频浓缩技术

在 AI+安全管理中的创新点是通过利用视频浓缩技术解决视频数据的有效快速访问。利用对视频内容的分析来减小视频存储、分类和索引的代价，提高视频的使用效率、可用性和可访问性。

3.4 目标检测技术

禁区检测、人群聚集、徘徊检测、人脸检测、流量检测、遗留物检测、火焰检测等智能布防功能皆是基于人体目标检测相关技术开发。相比于图像分类，目标检测更具难度。目标检测，就是将目标定位和目标分类结合起来，利用图像处理技术、机器学习等多方向的知识，从图像（视频）中定位感兴趣的对象。目标分类负责判断输入的图像中是否包含所需物体（object），目标定位则负责表示目标物体的位置，并用外接矩形框定位。这需要计算机在准确判断目标类别的同时，还要给出每个目标相对精确的位置。

3.5 云存储及云安全技术

通过云存储技术，有效实现大数据资源的高效存储和后台调用，包括对象存储、关系存储、日志服务等功能。云安全技术应用于主机安全、网络安全、数据安全等。

4 创新点

4.1 理念创新

探索建设全生命周期智慧 AI 园区，突破传统园区局限，从单点感知到全局统筹、从系统集成到全面联动、从粗放管理到精细管控、从依赖人力到自主处置、从事后分析到事前预判、从普适服务到精准服务、从产业载体到产园融合，使园区演变成具有全面感知、人工智能的自适应、可拓展、可进化的智慧 AI 园区，形成整体解决方案并复制输出。

4.2 平台创新

AI PARK 平台向下联通底层设备，向上支撑园区业务应用，基于计算机视觉、知识图谱、人机交互、深度学习、生物特征识别等技术，支持 AI+园区的场景实现，发挥数据聚合、应用串联、自适应控制、演化升级、行业赋能等功用。

4.3 场景创新

通过计算机视觉、人机交互、机器学习等人工智能技术，创新 AI+园区应用场景，如 AI+能源、AI+一脸通、AI+会议室、AI+资产管理、AI+安全管理等，实现园区的精细化管理，提升用户的感知体验，整体性加强园区的科技感和现代化。

4.4 技术创新

从需求出发，研发新技术适配、创新各种技术的组合应用，实现 AI+园区新场景的落地。创新的关键技术包括异构系统集成及联动技术、视频浓缩技术、反馈调节和前馈优化控制技术、目标检测技术、云存储及云安全技术等。

4.5 模式创新

AI PARK 智慧园区建设将传统弱电智能化建设模式“设计－实施－运营”变更为“设计－模拟－实施－运营”，新增的“模拟”阶段的主要任务是搭建实验室模拟环境，将各功能应用在实验室中进行开发交互，实现互连互通。此阶段的主要作用是论证前期设计方案的可行性，亦是为后续的落地实施阶段提供坚实的技术支撑。

5 示范效应

临港桃浦智慧园区 AI PARK 平台为国内首创，拥有自主知识产权，与产业高度融合的数字生态系统，让既有的建筑信息全面数据化并结合物联网技术，实现建筑物内设备与设备之间，设备与人之间，人与人之间互联互通。具体有以下示范效应：

5.1 在业务、服务、管理等方面的价值

临港桃浦智慧园区 AI PARK 平台实现了各种设备和系统的互联互通，以实现集中

控管；将人与人相联，提供信息服务以体现社交及社会价值。平台通过数字化、互联互通、智能化等手段，在人、物、事连通的庞大网络系统中聚合信息，提供服务，创造价值，加快了决策速度，最大限度地减少成本，未来能够进一步解决在园区建设和运营管理等方面的痛点问题。

5.2 在场景数据积累方面的价值

本项目以园区 CIM 模型为载体，持续探索创新人工智能技术在园区中的应用场景，在园区特有场景下积累海量、精准、高质量的数据，为人工智能学习训练提供了园区这一特定领域的庞大数据集。经过智能化处理和分析的数据将极大促进对数据价值的挖掘，将会诞生出更多创新的管理模式和应用，促进了人工智能技术的持续深入应用，从而打造更高效的应用场景，提供更高效的解决方案。

5.3 在推进人工智能应用落地方面的价值

在上海市推进人工智能发展之际，临港桃浦智慧园区 AI PARK 平台以园区建设为落地载体，将大数据分析、云计算等人工智能技术运用到园区建设中，必将塑造桃浦园区智慧管理与智慧服务的典范。

5.4 在助力上海人工智能行业发展方面的价值

目前，人工智能仍以服务智能为主。在人工智能既有技术的基础上，机器始终作为人的辅助，临港桃浦智慧园区为上海人工智能应用场景探索提供了试验田，提供了落地平台。未来，随着数据和场景的增加，人工智能创造的价值将呈现指数增长。

5.5 在经济效益和社会效益方面的价值

在经济效益方面，通过 AI PARK 平台与 AI+应用建设，能够提高园区水、电、气、设备、管网等运行效率，合理定制能源使用策略，从而降低能源消耗成本，实现整体节能；能够改造优化园区运维管理流程，提高园区管理事务的沟通、处理效率，从而大量节约运维、管理人员；能够重新梳理各项服务流程，基于大数据分析，加强招商、创新支持和决策管理各方面能力；能够进一步提升自身知名度，扩大品牌效应、聚合园区产业链条，形成生态发展的产业体系，实现产业链共赢。

在社会效益方面，一方面，在塑造园区标杆名片的同时，辅助提升地区整体经济发展，为周边其他产业带来发展机会；另一方面，提供人工智能落地的载体，基于园区特有场景下积累的庞大数据集，创新更多、更前沿的 AI+园区应用场景，以及园区管理模式等；最后，通过 AI+园区的不断探索和建设，有利于加快人工智能在园区中的试点示范，提供经验和案例借鉴。

总之，临港桃浦智慧园区 AI PARK 平台以园区为载体，持续探索创新人工智能技术在园区中的应用场景，在园区特有场景下积累海量、精准、高质量的数据，为训练人工智能提供了园区这一特定领域的庞大数据集。经过智能化处理和分析的数据将极大地促进对数据价值的挖掘，将会诞生出更多创新的管理模式和应用，促进了人工智能技术的持续深入应用，从而打造更高效的应用场景，提供更高效的解决方案。

同时，在上海市推进人工智能发展之际，临港桃浦智慧园区 AI PARK 平台将 CIM 模型、大数据分析、云计算等人工智能技术运用到园区建设中，必将塑造智慧管理与智慧服务的典范。同时，通过桃浦智慧园区的建设与运营，有利于加快人工智能及 CIM 在园区中的试点示范，提供经验和案例借鉴，并为城市 CIM 模型的搭建及数据接入提供了良好的基础。

重庆市城市信息模型（CIM）基础平台创新应用

重庆市勘测院

1 项目背景

作为中国经济重镇、制造重镇和文化名城，重庆正以“智造重镇”和“智慧名城”的新名片焕发新的活力。为全面支撑能感知、有温度、会思考的新型智慧城市建设，加快推动数字经济高质量发展，重庆市勘测院依托在创新、数据、人才等方面的深厚积累，推动重庆市城市信息模型（CIM）基础平台建设。

重庆市 CIM 基础平台，主要依托集景 CIM 基础平台的核心能力，基于多年来基础测绘、三维空间建模、海量数据融合、规划管理应用等领域的资源优势和技术积累，以重庆市规划和自然资源局于 2019 年发布的“全市域多源多尺度实景三维模型”为空间底板，以建设工程规划审批制度为保障，动态汇聚建筑、道路、轨道等多类信息模型，连接经济社会、物联感知等信息，以空间为纽带，实现城市三维空间全要素表达和管理，并在多领域开展创新场景应用。

2 项目内容

依托集景 CIM 基础平台，开展重庆 CIM 数据资源体系治理，构建重庆市 CIM 基础平台，面向多领域开展创新场景应用，构建“CIM+”应用体系。重庆市 CIM 基础平台总体框架如图 1 所示。

2.1 构建全域立体时空底座

以空间为纽带，基于立体时空底座，汇聚融合多类建筑信息模型和丰富的物联感知信息，形成完备的 GIS+BIM+IoT 的 CIM 数据资源体系。依托长期积累的基础资源，建立覆盖全市域的地形三维模型、倾斜摄影三维模型、2.5 维地理信息数据，以及部分城区专题三维模型等数据的全域立体时空底座。同时，动态接入自然资源和空间地理数据库中的基础地理、资源调查、规划管控等数据。依托建设工程审批机制，汇聚融合工程建设项目规划、施工、竣工等多环节建筑信息模型。通过传感器终端、RFID 读写器等获取市政设施监测数据、交通监测数据、生态环境监测数据、城市运行与安防数据等物联感知数据。

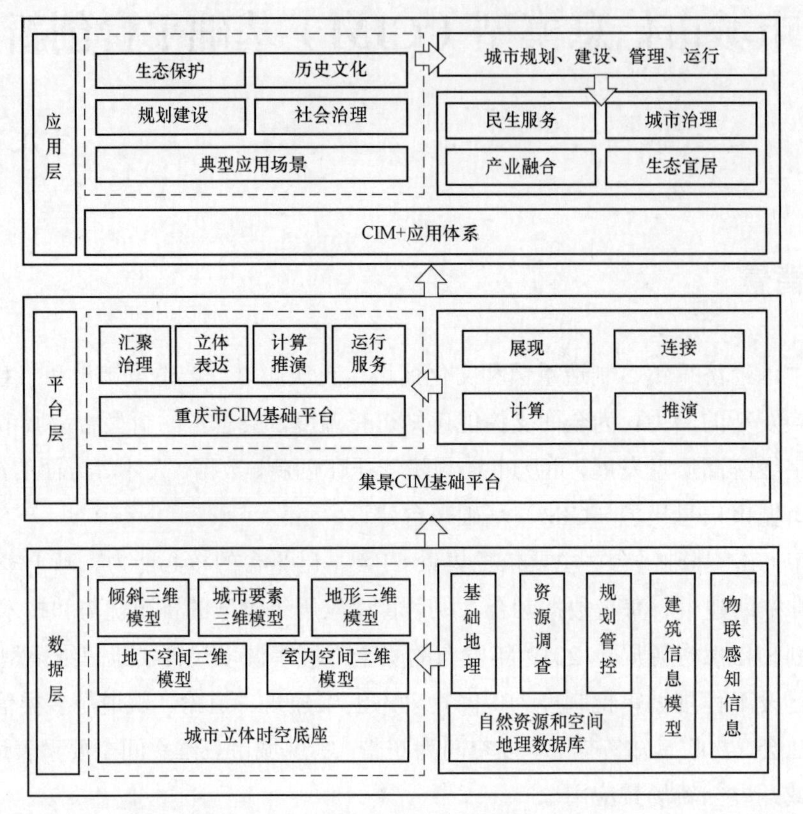

图 1　重庆市 CIM 基础平台总体框架

2.2　建设 CIM 基础平台

依托自主研发的集景城市信息模型（CIM）基础平台，充分利用集景 CIM 基础平台的展现、连接、计算、推演四大核心能力，构建安全、自主、可控的重庆市 CIM 基础平台，形成包含数据汇聚与治理、立体表达与可视化展示、空间分析与计算推演、平台运行与服务、资源共享与交换等子系统，实现对城市三维空间全要素的表达和管理，提供数据访问接口和功能开发接口，供各部门及企事业单位深度开发使用。

2.3　搭建 CIM+应用体系

以典型应用场景为切入点，开展生态保护、历史文化、规划建设、社会治理等创新应用，总结 CIM+创新应用模式；积极拓展 CIM 基础平台在城市规划、城市建设、城市管理、城市运行等领域的应用，不断提升城市规、建、管、运的信息化、数字化、智能化水平；搭建“CIM+”多场景应用体系，逐步推广应用到民生服务、城市治理、政府管理、产业融合、生态宜居等领域，形成面向政府、市场、社会的全方位应用服务能力。

3 应用情况

3.1 支撑生态文明建设

（1）广阳岛绿色发展

广阳岛是长江上游最大的江心岛，被列为长江经济带绿色发展示范区。依托 CIM 平台，打造了全岛“山水林田湖草”数字底座（见图 2），准确还原多时点自然资源状况，系统分析历年生态和地理格局的脉络、变化、关联，动态推演评估规划设计、生态保护修复方案，形成了广阳湾路网优化、鱼嘴水厂选址等典型应用场景。平台实现在三维空间，用数据“审查、监管、决策”的立体空间规划管控新模式，具备可追溯、可还原、可量化、可推演、可评估的自然资源管理决策能力，为广阳岛实现绿色蜕变提供了新动力。

图 2 广阳岛“山水林田湖草”数字底座

（2）重庆“四山”保护提升

重庆是建在平行岭谷上的超大城市。缙云山、中梁山、铜锣山、明月山四座山脉贯穿中心城区南北，是山城的脊梁和重要的生态屏障。

基于 CIM 平台构建了“四山”保护提升高精度协同工作数字沙盘（见图 3）。通过整合地表、地质、河道数据，构建山上山下、地上地下、水上水下一体化的地理空间；通过梳理整合各类保护管制边界，辅助划定生态保护红线、永久基本农田、城镇开发边界的“三条控制线”，构建了边界明确、权责清晰的管控空间；通过融合自然资源调查监测数据和各类生态修复工程动态数据，构建了底数清晰、管控精细的生态空间。支撑“四山”矿山生态修复、国土绿化提升、土地综合整治等修复工程的实施，取得显著效果。

图 3　重庆“四山”保护提升数字沙盘

同时，利用 CIM 平台提供的数字空间，进一步挖掘“四山”地质遗迹特征和地学文化价值，推动“四山”地区文化保护、旅游休闲、户外运动、农业观光、生态康养等发展，让“四山”更好地发挥“城市绿肺”“市民花园”功能。

3.2　支撑历史文化保护

以 CIM 平台丰富的时空数据为基础，通过“还原–重构–增强–互动”的全新手法，从“山水–城镇–建筑”三个尺度，梳理巴渝文脉空间脉络，展现文化名城新风貌。

在山水尺度，以数亿年前漫长的地质演变过程，梳理山水格局的构成，以蜿蜒连绵的古道和水系，建立巴渝城镇的联系；在城镇尺度，根据城镇与山水的依存关系，对 53 个历史文化名镇进行空间画像、文化提炼和空间基因提取；在建筑尺度，对重点历史建筑的演变、建造智慧、保护传承、人文景观进行提炼和总结。以空间技术和数字技术助力历史文化价值挖掘和历史文化遗产保护传承。历史文化名镇数字化应用如图 4 所示。

3.3　支撑城市规划建设

（1）西部（重庆）科学城规划建设

在西部（重庆）科学城落户“智能城市空间（CIM+）创新中心”，并以创新中心为载体，持续运维科学城 CIM 平台。已完成科学城全域约 1200km^2 时空数据汇聚，建立了数据驱动科学城产业、创新、空间布局协同发展的新模式。西部（重庆）科学城 CIM 平台如图 5 所示。

在规划推演板块，基于 CIM 平台对高新直管园 135km^2 未建设区域的规划进行整体推演，对路网和用地进行整体竖向优化，不断优化规划成果。建立了城市设计、规划方案动态融入、立体评审的机制。

依山型-峭壁天成守街镇　　临水型-长街短巷通舟楫

山水相接型-山墙叠嶂夹天梯　　半岛型-城垣环绕江流急　　平坝型-一脉连枝贯东西

融入动态效果“增强”空间特征

图 4　历史文化名镇数字化应用

图 5　西部（重庆）科学城 CIM 平台

在建设跟踪板块，基于 CIM 平台动态跟踪重大项目的建设进度，在市政道路、地下管线、轨道交通、建筑、隧道等方面，形成了时间上的“过去、现在、未来”三个不同维度的建设数据全融合。

（2）两江协同创新区规划建设

利用 CIM 平台开展两江协同创新区全过程跟踪应用，从明月湖选址和湖面标高论证到形象征集、路网设计、建筑设计，新区建筑、道路、景观都经过严格论证和推演，打造宜居、生态的优美环境，吸引科技创新中心和研发人才入驻。两江协同创新区三维数字平台如图 6 所示。

图 6　两江协同创新区三维数字平台

依托 CIM 基础平台建设智慧园区（一期）平台，开展园区现状及规划展示、规划方案比选、建设工程管理、渣车运营管理、招才引智、楼宇智慧运维等典型应用（见图 7）。

图 7　智慧园区（一期）平台

（3）轨道交通

基于 CIM 平台，构建了轨道数字化规划、设计、建设、运营的基础空间和工作平台（见图 8）。

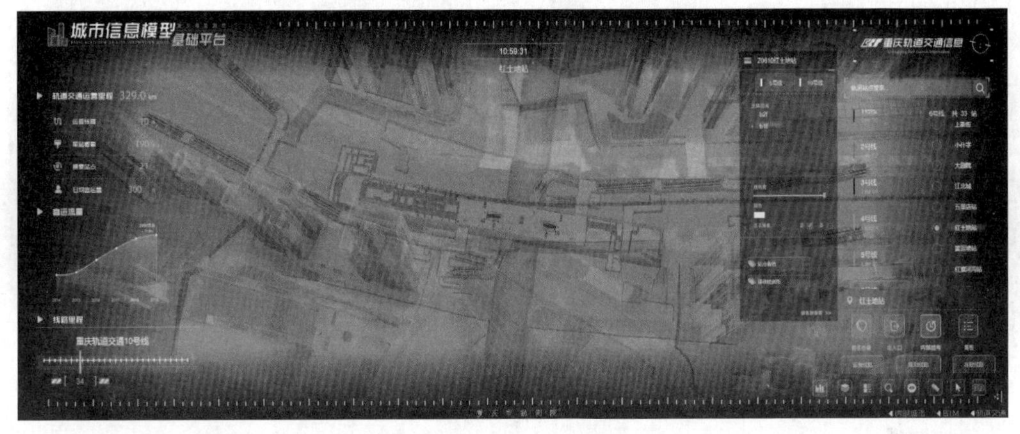

图 8　轨道交通数字化管理平台

规划阶段，结合 CIM 平台基础空间数据，将轨道线路走向、站点纳入虚拟空间，论证选址的合理性以及对周边环境的影响，提高轨道交通承载能力和运行效率。

设计阶段，提供轨道交通站点与线路协同设计服务，结合地质、地下空间结构特征，确定轨道交通与地上地下建（构）筑物的空间关系，辅助轨道线路和设计方案的模拟及优化论证。

施工和运营阶段，开展对施工线路轨道站点、隧道及高架桥的设施结构安全监测服务，保障施工安全性；整合运营线路基础地理空间数据、全专业 BIM 模型数据及物联网感知等多源数据，提升轨道交通基础设施智慧运维的精细化管控能力。

3.4　服务社会治理新场景

（1）智慧警务

在重庆市江津区，构建覆盖江津全区 3200km^2 的 CIM 平台，串联海量公安数据资源，集成标准门楼牌地址 52 万余条，实有人口 132 万余人，企事业单位 4 万余个，实有房屋 86 万余座；融合包括视频监控、人脸门禁、车辆卡口在内的前端感知设备 23 866 个，构建起全空间立体化社会治安防控网，通过对相关信息的高度集成和精准挖掘，为累计超过 20 多万个，涉及纠纷投诉、交通违法、社会求助、刑事侦查等各类案事件的处置提供可视化智能化技术支撑，处置效率提升 40%以上，全面提升江津公安态势感知、预警预测、精确打击、动态管控、扁平指挥和社会服务能力。智慧警务系统如图 9 所示。

（2）智慧社区

基于 CIM 平台，利用街道级三维立体时空信息，将互联网、大数据、云计算和物

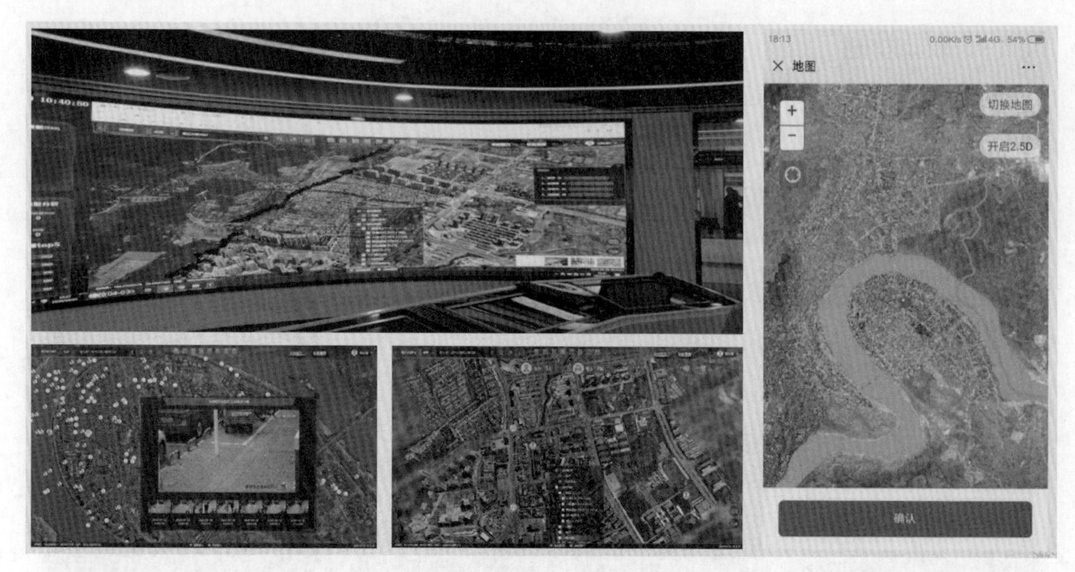

图 9　智慧警务系统

联网等技术与社区服务深度融合，围绕城市管理、社区治理、民生服务等工作，借助门户网站、手机 App、微信公众号等“互联网+”应用，全面整合人、房、物、地、事、组织等社区信息资源，实时监管处置，定期统计分析，线上信息推送，全面提升社会治理和为民服务水平。

在重庆渝中区石油路街道，建立约 3km^2 时空底座，充分整合人口、房屋、公共设施、驻地单位等资源 12 万余条，通过智慧管理、智慧民生、智慧业务和智慧治理四个子平台，形成大数据智能化管理模式，理清街道家底，创新街道管理。协助街道 120 多名网格员和志愿者，以及社区居民共同形成街道－社区－小区－网格－楼栋 5 级综合治理体系，日均处理环境卫生、安全隐患、占道经营、违章搭建等城市管理事件 400 余件，大幅提高事项解决效率。通过“互联网+”打造街道对外宣传的窗口和服务商家居民的平台，让社区居民足不出户享受到智慧生活服务。智慧社区系统如图 10 所示。

图 10　智慧社区系统

（3）智慧楼宇

将 CIM 平台中的单体楼宇空间信息抽取出来，融合室内定位与导航、物联网等技术，为楼宇的智慧管理、运营和公众服务提供支撑。例如在重庆礼嘉儿童医院，通过构建室内外一体化展示系统，集成门禁、消防、电梯运营、就诊等信息系统，提升医院智能应用信息化集成管理效能，改善患儿家长就医陪诊体验。智慧楼宇系统如图 11 所示。

就医导览

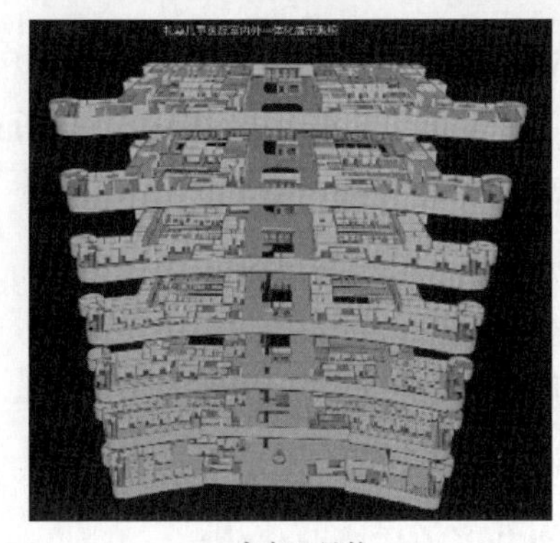

室内3D导航

运营管理

图 11　智慧楼宇系统

4　关键技术

4.1　CIM 数据轻量化技术

CIM 应用场景广泛，导致不同应用场景对 CIM 数据资源的覆盖范围、精细层次、表达方式提出不同的需求。数据轻量化，是适应当前移动互联网环境下多应用场景的关键技术。项目面向不同数据资源，构建相适应的数据轻量化技术。

模型层级轻量化方面，建立了基于“结构线+结构面”特征的自适应空间数据轻量化方法。通过对三维模型三角化、投影到包围盒的六个面，依据 CIM 层级，计算骨架上各个三角面沿法向量在基础面上面积权重和连接关系，得到保留的三角面。通过不断迭代，由粗到细，从而得到复杂三维模型在不同层级上的轻量化数据成果。

数据维度轻量化方面，根据 CIM 不同的应用场景需求，需完成数据从三维向 2.5 维、二维的减化。通过在三维场景中模拟航摄原理，获取三维场景同一视角下的正交投影切片，通过切片拼接，形成 2.5 维场景地图。这种降维轻量化方法，避免了电子地图因缺少地理信息而无法使用的问题，在保证要素完整、展示直观的条件下，极大减少数据量，满足移动互联网环境下数据加载需求。

4.2 基于自适应格网的数据服务集群

依托多分辨率金字塔模型思想，对覆盖全市域的 CIM 数据资源按照行列进行分块，形成空间范围维度格网。每个块，按照 CIM 数据分级标准进行分组处理，形成每个格网的 CIM 层级。对每个格网数据建立索引，支撑数据加载过程中的检索与展示。金字塔创建完成之后，在进行数据访问时，可以根据浏览空间范围以及视点远近选择不同位置、不同层级的 CIM 数据资源进行加载，有效解决数据服务中面临的数据传输以及渲染效率问题。

以数据格网为支撑，搭建面向数据按需组装、动态服务的数据服务集群。按照用户对数据范围、数据层级的不同需求，基于 K－d 树查询并获取所需格网数据，并将这些数据进行动态组装，基于微服务架构动态创建、自动发布数据服务。

4.3 基于像素流推送的统一服务接口

在 CIM 平台建设中，三维图形引擎是解决多源异构空间数据及其他数据加载、调度、管理、融合、可视化渲染的关键问题。针对当前引擎多样化问题，项目依托统一的数据服务体系，构建基于像素流的统一服务接口，实现多引擎融合应用。

利用 OpenGL 渲染管线及帧缓冲技术，以云端 GPU 渲染集群加载和渲染三维场景，输出每一帧到视频缓冲器中，通过流媒体模式向客户端推送实景场景的像素流，用户即可通过标准 Web 浏览器查看三维场景。同时，将用户在客户端的操作通过消息服务机制回传至渲染引擎，实现和渲染引擎的交互。这种技术模式，在满足接近实时操作三维场景的同时，极大减少了数据传输和本地渲染负担。

5 示范效应

5.1 基础支撑能力促进数据共享与融合体系构建

将重庆市 CIM 基础平台接入国土空间信息平台，为自然资源调查监测、国土空间规划、生态保护修复、历史文化等各类空间数据共享和集成应用提供三维空间基底，让数据更有效利用，让业务更高效衔接。

5.2　开放弹性服务赋能 CIM+应用生态营造

平台支持外部数据和业务场景的快速接入与融合，结合支持多层级 CIM 平台快速搭建与灵活应用的弹性服务能力，用户可基于重庆市 CIM 基础平台开展场景和功能的灵活组装，根据自身的业务特点定制 CIM+应用，例如智慧城管、智慧交通、智慧水务等智慧应用，营造 CIM+开放应用生态。

5.3　创新模式培育数字经济新动能

基于 CIM 基础平台创新“数字经济”发展新模式，培育虚拟发布、虚拟教学、在线云游等虚拟现实产业，为自动驾驶产业提供高度仿真的自动驾驶模拟器，以及为公众提供室内外一体化导航、室内导览、反向寻车等功能的室内导航产业，将进一步推动地方经济新型经济效益的提升。

中铁建工智慧楼宇空间运维平台

中铁建工集团有限公司建筑工程研究院

1 项目背景

随着BIM/CIM、物联网、5G通信、大数据、人工智能、智能控制、移动互联网等高新技术的快速发展和普及，智慧楼宇迈上了一个全新的技术平台层次，原来难以实现的一些应用场景，现在都有可能付诸实现，智慧楼宇业务领域将迎来新一轮的机遇。如何充分应用最新技术，又能充分体现用户价值是智慧楼宇建设的重要课题。中铁建工集团有限公司针对办公楼宇园区运维服务需求，开展了智慧楼宇空间运维平台的研发和应用工作，具体包括如下几个方面：

（1）智慧化场景设计

为了实现人、建筑、环境等互为协调的整合体的目标，以增强用户交互体验为核心，设计并构建了办公楼宇的安全防控、环境监测、照明空调监控、用能监测、办公服务等应用场景。

（2）关键技术攻关

项目进行了楼宇多源感知数据统一接入与解析处理框架技术、基于BIM/CIM+人工智能物联网（artificial intelligence & internet of things，AIoT）的运维大数据可视化管理技术、基于BIM和3D打印的智慧楼宇实体映射沙盘装置及方法、基于人体感应的照明空调多空间多模式运行管理技术、基于AIoT+办公自动化（office automation，OA）+BIM的智慧楼宇职工动向与考勤管理技术、基于AIoT感知事件的多终端消息推送技术等关键技术攻关。

（3）系统架构设计和系统研发

研发智慧楼宇空间运维平台软件1套，包含智慧楼宇空运维管控平台、管理平台、信息发布系统、移动办公系统4个子系统，研发智慧楼宇空间运维实体映射模型，与智慧楼宇空间运维平台实现联动。

（4）软件平台示范应用

利用场景化设计模型，研究构建示范办公区域的智慧化场景，针对既有办公空间加装安防、能源、环境等物联感知设备，搭建智慧楼宇空间运维平台系统并进行示范应用。

项目研究的智慧楼宇空间运维场景化设计方法，基于空间精细化的划分，将智慧化的能力融入不同功能空间中，构建人与建筑、环境、设施设备的互动场景。研发的智慧楼宇空间运维平台系统，有效实现了办公区域预定的智慧化运维场景，提升了入驻企业、物业管理对办公空间管理效率，降低了管理成本；增强了企业职工在办公空间的使用体验，提升工作舒适度和效率。

2 项目内容

2.1 系统总体设计

中铁建工智慧楼宇空间运维平台以“安全便捷、舒适节能、协同高效、物联智慧”为用户价值导向设计，以提升楼宇品质、提高运营效率、降低运营成本为核心，针对企业管理、职工管理、物业管理等需求，为各类用户对象提供更加智慧化的应用场景。“安全便捷”是指在保障办公空间安全前提下，提供更为便捷的服务保障；“舒适节能”是指实现办公空间舒适度与建筑节能的双向平衡；“协同高效”是指集成分散的智能化系统，实现多系统高效联动；“物联智慧”是指办公空间全面感知，构建智慧运维模型，形成人、建筑、环境等互为协调的整合体。

中铁建工智慧楼宇空间运维平台由“N 个感知设备+1 个中枢平台+4 个应用系统+1 个实体模型+6 大应用场景+3 类用户终端”组成，其中，N 个感知设备为三大类十多种楼宇空间感知设备，1 个中枢平台为智慧楼宇空间运维中枢平台（底层系统），4 个应用系统为智慧运维管控平台、管理平台、信息发布系统、移动办公系统，1 个实体模型为智慧楼宇空间运维实体映射模型，6 大应用场景为办公前台、安全防控、环境感知、照明空调、用能感知、办公服务应用场景，3 类用户终端为 PC 端、手机端、信息屏端。智慧楼宇空间运维平台系统总体架构如图 1 所示。

2.2 办公楼宇智慧化场景设计

智慧楼宇目标是要形成人、建筑、环境等互为协调的整合体，办公楼宇建筑内部有不同的功能空间，为办公楼宇中不同类型的人员提供各类活动空间。办公楼宇功能空间有一楼大堂、电梯厅、办公区前厅、办公区门厅、办公室、会议室等功能类型；办公楼宇人员有入驻企业管理者、入驻企业职工、入驻企业访客、物业安保人员、物业维修人员、物业保洁人员等类型。办公楼宇中不同类型的人员，在办公楼宇各功能空间有不同的活动类型。针对办公楼宇各类空间的功能特点，需要采用各类物联设备对空间内的活动、环境等进行感知，以实现人员在该功能空间的互动。因此，需要有一种办公楼宇智慧化场景设计方法，才能清晰地对办公楼宇各类活动进行全面分析，更好地为办公楼宇

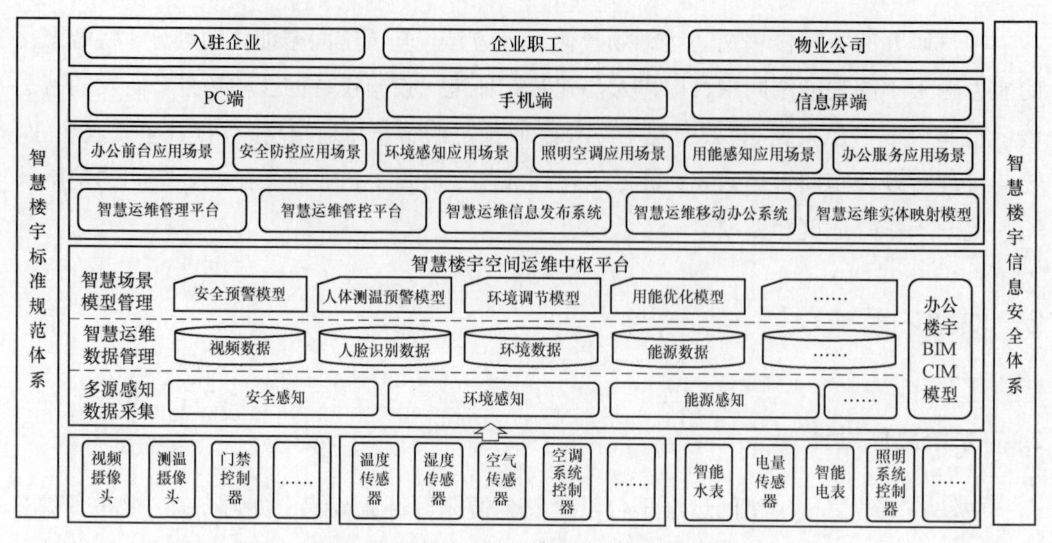

图1　智慧楼宇空间运维平台系统总体架构

中活动各类人员对象提供针对性、个性化的服务价值。

按照形成人、建筑、环境等互为协调的整合体为办公楼宇智慧场景化设计理念，将办公楼宇空间活动等要素进行抽象，分为物理空间、人员类型、智慧能力三个维度，针对不同功能类型的物理空间，结合人员类型特点，在该物理空间中放置1项或多项智慧能力，研究并构建了办公楼宇智慧化场景设计模型。按照“安全便捷、舒适节能、协同高效、物联智慧”用户价值导向，设计了办公前台、安全防控、环境感知、照明空调、能源感知和办公服务六大实用性高的典型智慧化应用场景。

（1）办公前台应用场景

无感开门与考勤联动：职工楼宇、办公区通过人脸识别自动开门，自动记录考勤开卡信息和测温记录。

人员实时动向获取：使用 BIM 三维模型展示工位及人员状态，实时获取办公区人员动向情况。

疫情常态化防控：职工或访客进门测温，对体温异常情况进行语音告警提示和告警信息推送。

（2）安全防控应用场景

办公区行为异常防控：针对办公区内某些重要区域进行不间断防控，对出现陌生人的异常行为，自动进行告警。

消防通道堆积物告警：针对办公区消防通道，如果发现有物品堆积，影响消防通道快速通行情况，则自动进行告警。

火焰烟雾检测告警：通过摄像头的人工智能算法，实现火焰、烟雾的视觉检测，发现异常则自动进行告警。

（3）环境感知应用场景

空气环境指标监测：对企业办公区域的温度、湿度、PM2.5、甲醛等空气环境质量指标进行监测，办公区 BIM 三维模型中实时显示，如发现超出预警值，则自动进行告警。

室内温度自适应调节：通过在会议室各处部署温度传感器，实时感知会议室空间贴近人体的温度指标，联动空调风机自适应调节会议室的舒适程度。

（4）照明空调应用场景

人体感应与照明控制联动：结合电梯厅、走廊、工位区、卫生间、会议室等空间活动的特点和照明节能需求，通过人体感应传感器，针对不同功能类型空间设计人感照明节能运行模式。

人体感应与空调控制联动：办公空间布设的人体感应传感器与空调系统的联动，实现对不同功能类型空间设计人感空调节能运行模式。

（5）能源感知应用场景

用电分项计量监测分析：对入驻企业所在办公区域进行用电量监测，分析用电特征规律，对比人感照明节能模式运行前后的能耗情况。

用水分项计量监测分析：对入驻企业所在办公区域的冷、热水的用水总量进行检测，可以按天获取用水量情况，用于分析办公空间用水特征规律。

（6）办公服务应用场景

包括组织机构管理、职工档案管理、门禁出入管理、职工动向管理、日常考勤管理、疫情防控管理、固定资产管理、会议预约管理、信息发布管理、预警报警服务等。

2.3 智慧楼宇空间运维管控平台

智慧楼宇空间运维管控平台是办公楼宇运行维护的管控中心，构建了与办公楼宇园区物理空间相对应的数字孪生空间。利用基于 BIM/CIM 的办公楼宇运维时空数据融合技术，建立办公楼宇精细化运维数字底座；通过智能物联传感器，实时感知办公楼宇空间的人、事、物等，基于智慧运维模型算法，实现人员、资产、安防、环境、用能等实时状态可视化显示，系统识别人员出入推送提醒、环境质量超标推送预警、异常行为事件推送报警，并可对办公楼宇照明、空调等设备远程控制等。智慧楼宇空间运维管控平台如图 2 所示。

2.4 智慧楼宇空间运维管理平台

智慧楼宇空间运维管理平台将办公空间的运维工作和企业办公进行了无缝衔接，既能对办公楼宇空间的安全、能耗、环境等进行运行监测和优化，又能更好地实现职工档案、职工动向、固定资产、会议管理、企业宣传等服务。包括组织机构管理、企业职工管理、账号权限管理、门禁出入管理、日常考勤管理、疫情防控管理、固定资产管理、信息发布管理。智慧楼宇空间运维管理平台如图 3 所示。

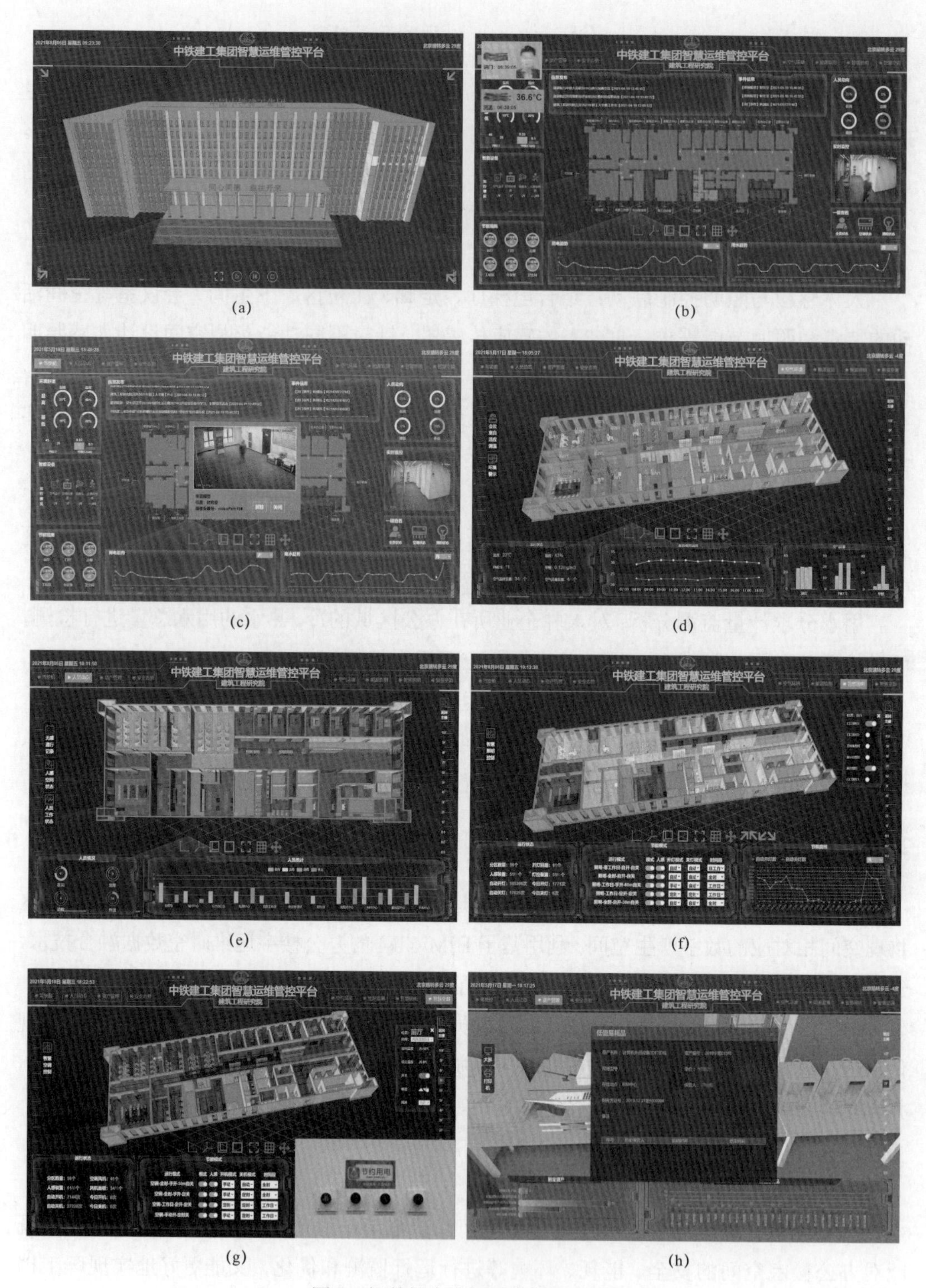

图 2　智慧楼宇空间运维管控平台

（a）办公楼宇 BIM 模型；（b）楼层综合驾驶舱（进出门事件推送）；（c）陌生人徘徊事件推送；（d）办公区环境监测与警示；（e）办公区人员活动与职工动向；（f）办公区照明状态与控制；（g）办公区空调状态与控制；（h）固定资产可视化管理

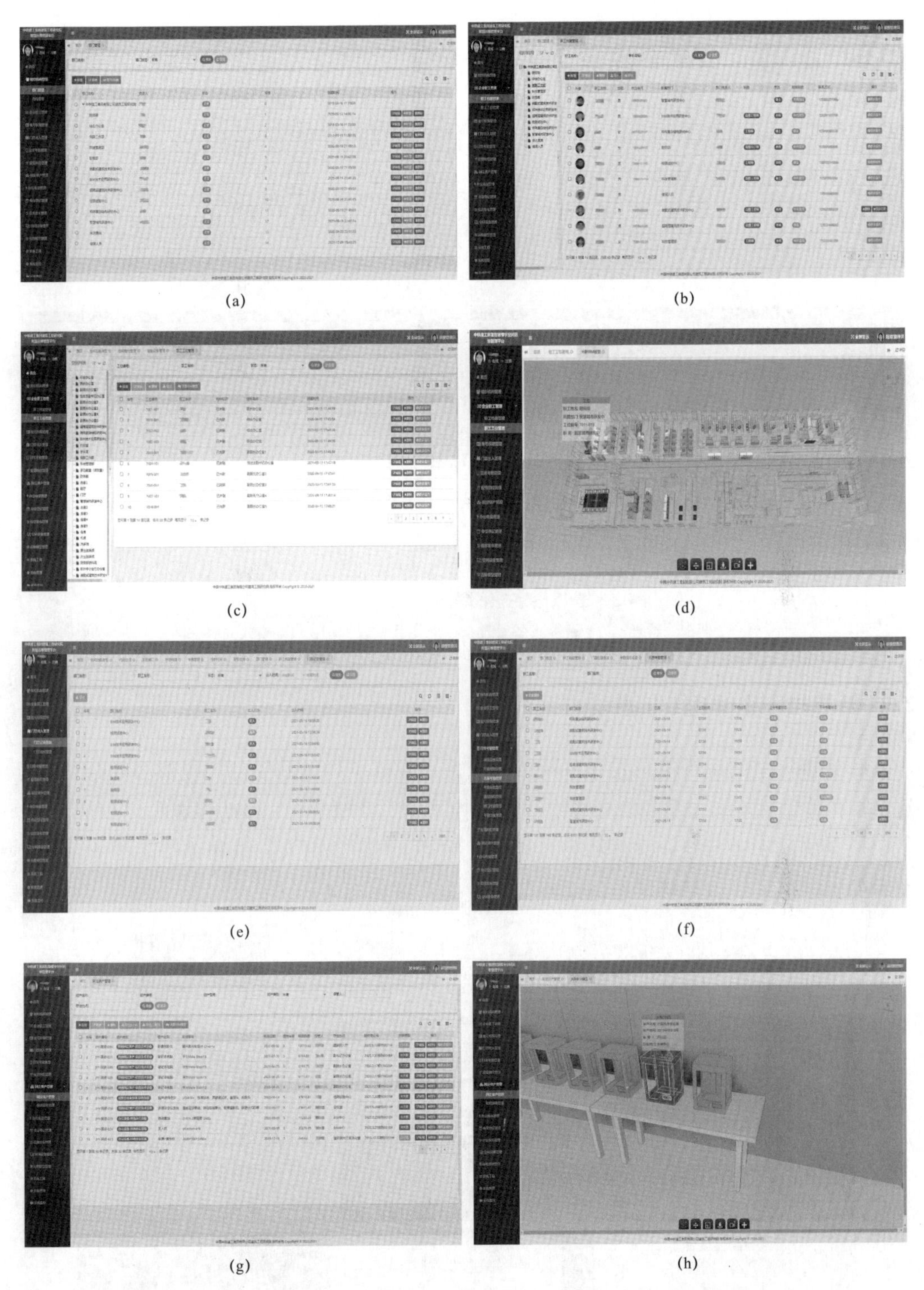

图 3　智慧楼宇空间运维管理平台（一）

（a）组织机构管理；（b）职工档案管理；（c）职工工位管理；（d）工位可视化管理；（e）门禁记录查询；（f）无感考勤管理；（g）固定资产管理；（h）资产可视化管理

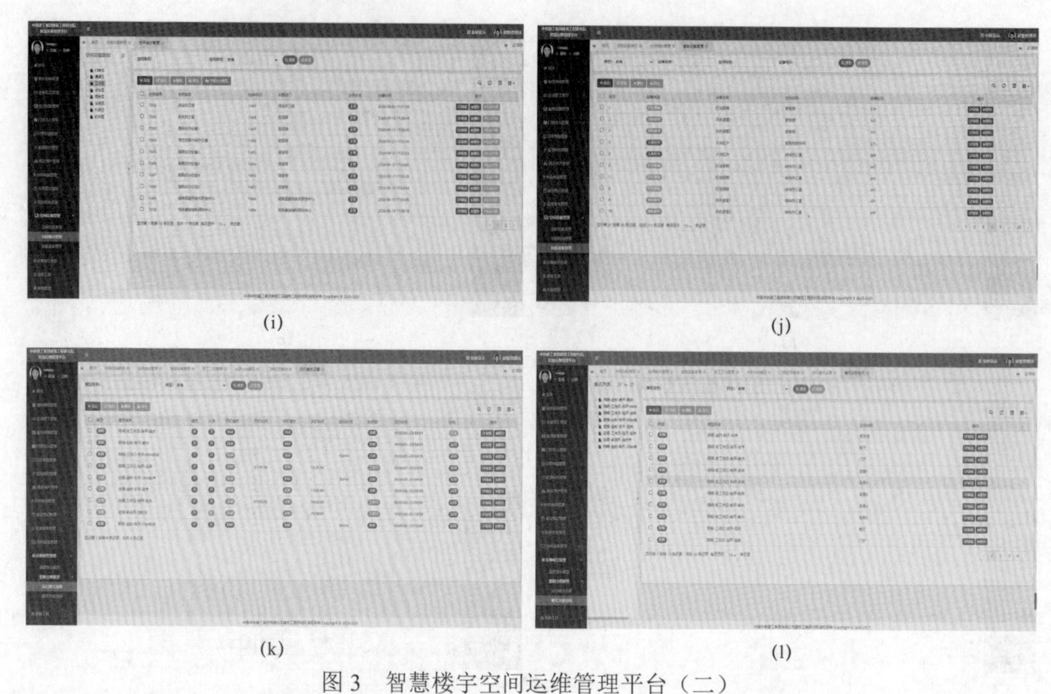

(i) (j) (k) (l)

图 3　智慧楼宇空间运维管理平台（二）

（i）空间细分管理；（j）智能设备管理；（k）运行模式管理；（l）模式关联空间

2.5　智慧楼宇空间运维信息发布系统

智慧楼宇空间运维信息发布系统为办公室、党群工作等职能部门提供公告通知、党建、项目等信息发布服务，信息将推送到管控平台、管理平台、移动终端和门口信息屏，门口信息屏除了进行企业宣传和公共通知发布外，为职工出入打卡和疫情防控测温提供即时的推送服务。智慧楼宇空间运维信息发布系统如图 4 所示。

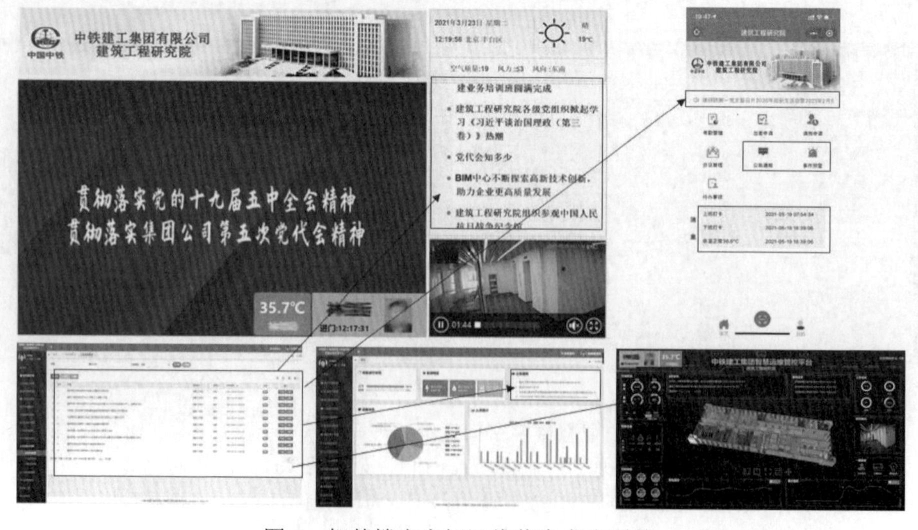

图 4　智慧楼宇空间运维信息发布系统

2.6 智慧楼宇空间运维移动办公系统

智慧楼宇空间运维移动办公系统通过微信小程序方式，为职工提供公告通知、考勤打卡信息推送、会议预约、出差申请、请假申请等使用频率较高的办公服务。智慧楼宇空间运维移动办公系统如图 5 所示。

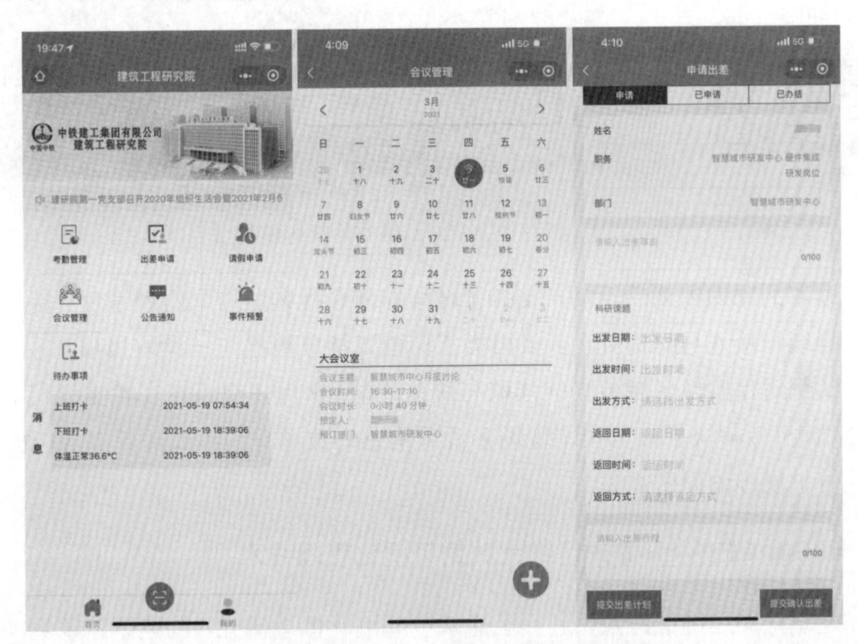

图 5　智慧楼宇空间运维移动办公系统

2.7 智慧楼宇空间运维实体映射模型

智慧楼宇空间运维实体映射模型可以放置在入驻企业的办公前台位置，基于 BIM 模型进行 3D 打印，并与智慧楼宇空间运维管理平台和智慧楼宇空间运维移动办公系统联动。办公区可以显示在岗人数和室内温度，办公工位可以按照在岗、出差、外出、请假等状态，分别显示蓝色、黄色、橘色、绿色，让企业职工非常方便知道同事的动向。智慧楼宇空间运维实体映射模型如图 6 所示。

3 关键技术

3.1 智慧楼宇多源感知数据统一接入与解析处理框架技术

针对办公楼宇空间运维数据来源丰富、格式多样、协议复杂等问题，研发了智慧楼宇多源感知数据统一接入与解析处理框架，采用“驱动”和“适配器”的理念，将每一

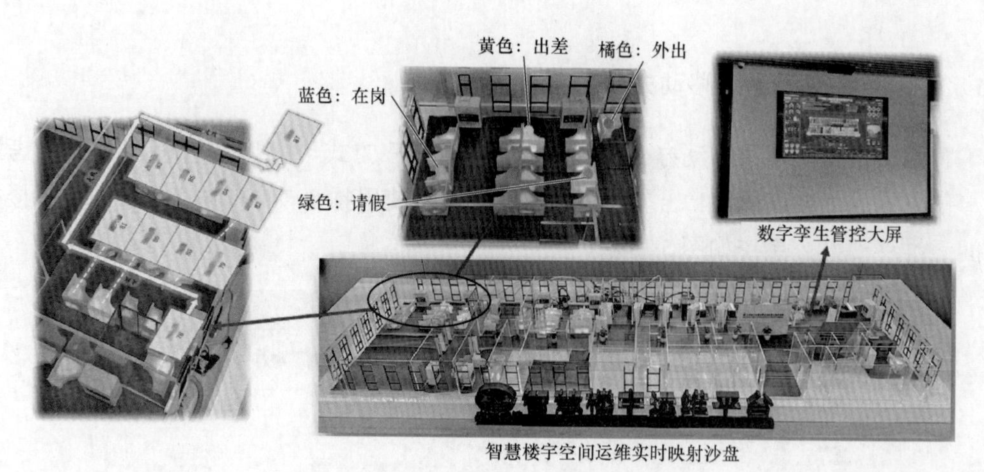

图 6　智慧楼宇空间运维实体映射模型

种数据的读取抽象为独立的驱动，支持了环境监测、视频监控、门禁管理、能源管理等传感器数据统一接入与解析处理。采用类工厂模式抽象数据统一读取接口，并注册多种文件读取实例对象实现多源数据的读取与快速适配，从而使得系统在数据源层面具备良好的扩展性，有效解决了办公楼宇现场多源异构感知数据普遍存在的数据源、传输协议、数据格式等扩展难的问题。

3.2　基于 BIM/CIM+AIoT 的运维大数据可视化管理技术

针对建筑空间运维的特点，进行了建筑空间编码体系研究，构建了建筑空间运维时空数据融合模型，对办公楼宇物理空间的功能类型/实例、设施设备类型/实例等进行编码管理，与办公楼宇物理空间对应的数字空间 BIM/CIM 模型的功能空间实例、设施设备实例等构件编码进行关联绑定，实现与建筑空间感知时序数据融合，以支持智慧化场景。按照该融合模型，研发了办公楼宇建筑空间时空数据融合技术，实现了对办公楼宇物理空间按照区域功能类型进行空间编码管理，对办公空间的工位进行编码管理，并与办公区域 BIM 模型的功能空间编码和工位构件编码进行关联绑定，以支持与办公空间各类感知时序数据的融合展示，如：工位显示职工动向，功能空间显示照明、空调、有人的状态等。

3.3　基于 BIM 和 3D 打印的智慧楼宇实体映射沙盘装置构建技术

针对入驻企业对职工动向、环境等状态实时共享的需求，研发了基于物联网、3D 打印和 BIM 技术的智慧楼宇空间运维实体映射沙盘。基于 BIM 技术创建楼宇信息模型，并且根据后期物联网设备布设深化模型，再通过 3D 打印技术，按一定比例打印出楼宇的实体模型，并且与物联网设备（特指单片机、传感器及各类电子元件）能够相互组合，完成楼宇的电子沙盘创建。最终根据楼宇真实环境中，通过环境采集、人体生物采集及各类传感器采集到的数据，即时展示。

3.4 基于人体感应的照明空调多空间多模式运行管理技术

将建筑空间运维时空数据融合模型进行功能空间场景服务的扩展，增加功能空间场景类、实例和服务，并加载到功能空间实例上，基于空间、设备的静态和动态时序数据，构建智慧化场景服务模型，支撑智慧化场景实现。针对不同办公空间功能类型，将无线人体感应传感器、无线照明控制器、无线空调控制器、多种照明（空调）启停运行模式、BIM 三维模型联动，实现基于人体感应的分区、分时、分人的照明和空调节能运行，并实时在办公区三维可视化系统显示分区的照明和空调开启状态信息，以及各分区是否有人员的状态信息。

3.5 基于 AIoT+OA+BIM 的智慧楼宇职工动向与考勤管理技术

项目研发了基于 AIoT+OA+BIM 的职工动向研判及状态可视化技术，将职工信息管理、门禁授权管理、人脸识别摄像头、门禁系统控制等进行联动，获得职工出入门禁的记录；将门禁出入记录和请假出差办公系统数据进行联动，获得职工动向判断数据；将职工信息管理、工位分配管理、BIM 三维模型、职工动向判断联动，实现职工动向在办公区三维可视化的工位状态显示。研发了基于 AIoT+OA 的职工自动考勤管理技术，从门禁出入记录中按照规则抽取上下班打卡记录，计算得到无感考勤记录；从请假出差办公系统抽取出最终审批确认的考勤记录，将无感考勤记录、审批考勤记录进行联动，自动计算职工每月考勤结果。

3.6 基于 AIoT 感知事件的多终端消息推送技术

项目研发了统一的楼宇空间感知事件的消息服务队列引擎，楼宇空间感知到的各类事件，可以根据应用需求，推送到信息屏端、移动手机端、PC 端等。例如：新的一天到办公区门口，进门摄像头识别出职工信息和体温信息，自动在门口信息屏上弹窗显示进门人员姓名、体温和进门时间，同时手机微信小程序上的移动办公系统显示上班打卡记录和测温记录。

4 示范效应

本项目比较系统地研究了智慧楼宇多源感知数据统一接入与解析处理框架技术、基于 BIM+AIoT 的运维大数据可视化管理技术、基于 BIM 和 3D 打印的智慧楼宇实体映射沙盘装置构建技术、基于人体感应的照明空调多空间多模式运行管理技术、基于 AIoT+OA+BIM 的智慧楼宇职工动向与考勤管理技术、基于 AIoT 感知事件的多终端消息推送技术等关键技术，研发了一套智慧楼宇空间运维平台软件和智慧楼宇空间运维实体映射模型，创新成果已获成功应用，经科技成果查新鉴定达国内领先水平。

项目经济效益主要体现在：降低办公楼宇入驻企业的管理成本；减少办公空间运行能耗；提高物业管理效率，降低用人成本。

项目社会效益主要体现在：有效提升楼宇品质可以为入驻企业和企业职工创造更好的工作环境，提高企业日常管理和工作效率，促进经济社会发展。

环境效益主要体现在：绿色低碳运行的办公楼宇建筑，将为我国节能减排，实现碳中和目标做出贡献。

项目的创新成果成功应用在中铁建工集团有限公司总部大楼，构建了办公空间、人员、环境等互为协调的智慧化场景，取得了不错的应用效果。通过本项目的研究，提升了集团公司在智慧建筑方向系统的研发能力，为集团公司在承接办公楼宇、居住社区、高铁站房、综合交通枢纽等不同功能类型建筑的智慧化系统，打下了很好的基础。

广州市城市信息模型（CIM）平台应用

奥格科技股份有限公司

1 项目背景

为贯彻落实国家关于工程建设项目审批改革的政策要求，落实完成住房和城乡建设部办公厅关于开展城市信息模型（CIM）平台建设试点工作，辅助施工图审查竣工验收备案工作，提高工程建设项目审批的效率和质量，推进广州市工程建设项目审批相关信息系统建设，推动政府职能转向减审批、强监管、优服务，建设广州市智慧城市操作系统，开展广州市城市信息模型（CIM）平台项目建设。

广州市对此高度重视，成立了 CIM 试点工作联席会议制度，制定了专项工作方案，并将 CIM 试点工作纳入深化改革“四个出新出彩”重要举措和 2020 年市重点工作任务进行统筹，由市领导亲自挂帅，市住房和城乡建设局、规划和自然资源局、政务服务和数据管理局牵头，全市 21 个市直部门和大型国企共同参与，高标准、高质量推进试点工作。

2 项目内容

2.1 建设内容

（1）CIM 基础数据库

广州 CIM 平台目前已汇聚了智慧广州时空信息云平台、“多规合一”管理平台、“四标四实”、工程建设项目联合审批及现状三维模型等多个来源多种格式的数据，涵盖 550km^2 现状精细三维模型。

（2）CIM 基础平台

平台基于高效安全的三维引擎，创新融合二三维 GIS、BIM 和物联网感知数据，构建多源异构 CIM 数据体系，具备三维模型与信息全集成的能力、可视化分析能力、模拟仿真能力。包括 BIM 模型轻量化功能、CIM 数据引擎、数据管理子系统、数据集成网关、数据驱动引擎、数据模拟与分析子系统、数据交换与定制开发子系统、移动应用子系统、运维管理子系统共九个子系统。

平台现已完成 15 个系统的对接，接入施工许可数据（含 BIM 模型）、竣工验收数据（含 BIM 模型）、规划管控数据、资源调查数据、“四标四实”等数据。通过接入广州市“多规合一”管理平台、施工图三维数字化审查系统、竣工图数字化备案系统等衔接立项用地规划许可、工程建设许可、施工许可、竣工验收四个阶段，通过接入房屋管理系统、城市更新项目数据管理平台等系统开展房屋管理应用、建设工程消防设计审查和验收应用、城市更新领域应用、公共设施应用、美丽乡村应用、建筑行业应用、城市体检应用、建筑能耗监测应用等基于住建领域的八大应用，为 CIM+应用提供建设参考与示范。广州 CIM 基础平台如图 1 所示。

图 1　广州 CIM 基础平台

（3）基于审批制度改革的辅助系统

1）施工图三维数字化审查系统。在工程建设项目审批制度改革的背景下，优化审批流程，实现行政审批和技术审查相分离是一项基本改革措施。基于当前广州的二维联合审图系统的业务流程基础，研发施工图三维数字化智能审查系统。通过审查机构专家和设计院设计人员统一广州市 BIM 施工图三维数据标准、数据交付标准、审查技术手册，开发施工图三维数字化审查系统，并为其他各地开展工程建设项目 BIM 施工图三维审查并与“多规合一”管理平台衔接提供可复制可推广的经验。

项目开展三维技术应用，探索施工图三维数字化审查，建设施工图三维数字化审查系统（见图 2）。施工图三维数字化审查系统对全专业的 BIM 模型进行审查，包括建筑、结构、给排水、暖通、电气、人防、消防、节能等专业，就施工图审查中部分刚性指标，提供三维浏览、智能辅助审查、自动出审查报告等功能。依托施工图审查系统实现计算机辅助审查，减少人工审查部分，实现快速机审与人工审查协同配合。

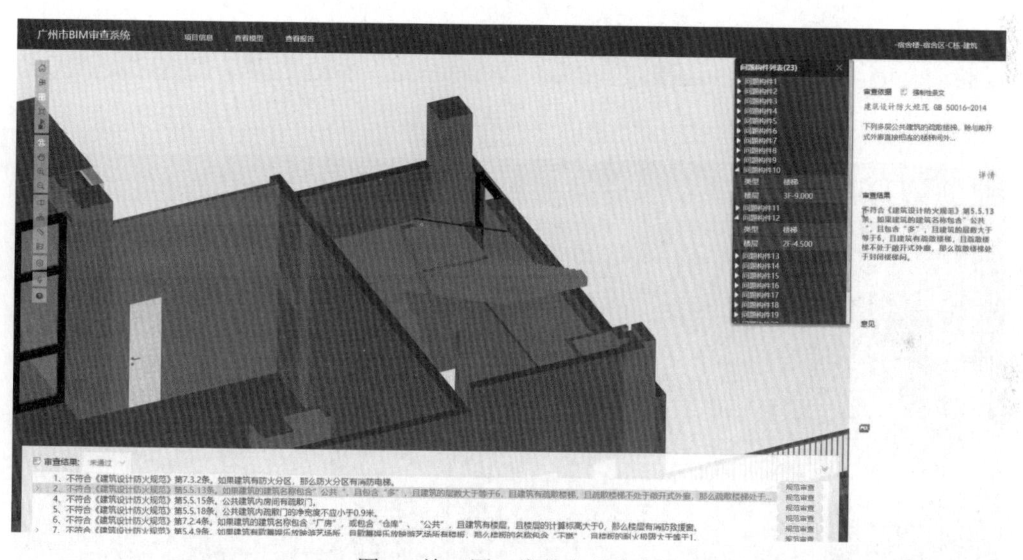

图 2　施工图三维数字化审查

2）施工质量安全管理和竣工图数字化备案系统。系统提供全市在建工程总控监管，通过整合工程项目监管数据资源，汇总展示工程的全过程监管数据、物联网监测数据、远程巡检数据，便于领导整体了解工程的概况；提供基于 CIM 平台的工程信息关联功能，可按照工程生命周期展示不同阶段各在建工程信息，查看各区的工程施工情况，开展施工质量安全文明施工监管（见图 3）。

竣工图数字化备案系统在现有二维竣工数字备案系统上增加竣工 BIM 模型的竣工备案接口，依照相关的标准规范，建立覆盖施工图三维模型、工程建设过程三维模型的项目建设信息互通系统，提供竣工 BIM 模型采集、模型对比、验收资料模型关联等功能，通过智能化、数字化的手段提升竣工验收工作质量，实现施工质量安全监督、联合测绘、消防验收、人防验收等环节的信息共享，探索实现竣工验收备案（见图 4）。竣工 BIM 模型对接全市 CIM 基础平台，服务后续城市级应用。

图 3　施工质量安全管理

图 4　竣工图数字化备案

（4）基于 CIM 的统一业务办理平台

基于 CIM 的统一业务办理平台是以 CIM 基础平台为基础，对接住建局内业务应用系统信息，打造一个住建行业监测中心，完成工地在线、城建重点项目、房地产市场监测、城市更新、消防审批、城市体检等专项应用关键数据的整合，实现住建行业运行态势实时的量化分析和直观呈现（见图 5）。

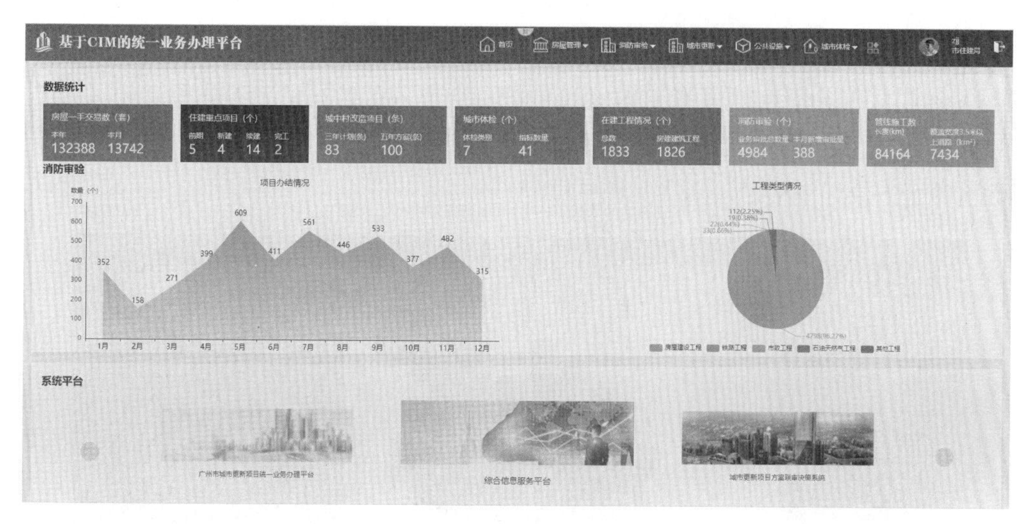

图 5　基于 CIM 的统一业务办理平台

2.2　建设成效

项目形成《广州市城市信息模型（CIM）基础平台可复用可共用使用指引》，基于 CIM 基础平台建设穗智管，并同步推进 CIM 基础平台在智慧工程（智慧工地、智慧档案、智慧应急、智慧设计等）、智慧应用（智慧社区、城市体检等）、智慧产业（智慧建造、智慧车联网）等的探索尝试，在实践中不断总结经验，构建 CIM+应用体系，逐步推进 CIM 平台的应用。

（1）CIM+穗智管（见图 6）

通过与 CIM 平台对接，基于 CIM 平台的二三维数据、API 接口进行开发，为“穗智管”城市管理中枢各主题应用提供数据及能力支撑；能够对新增空间数据进行预处理、整合形成统一的城市运行管理专题空间的基础数字化，涵盖了城市建设、城市管理、生态环境、智慧水务等二十多个板块，推动政务服务和城市管理更加科学化、精细化、智能化；通过“一网统管、全城统管”，建设感知智能、认知智能、决策智能的城市发展新内核。

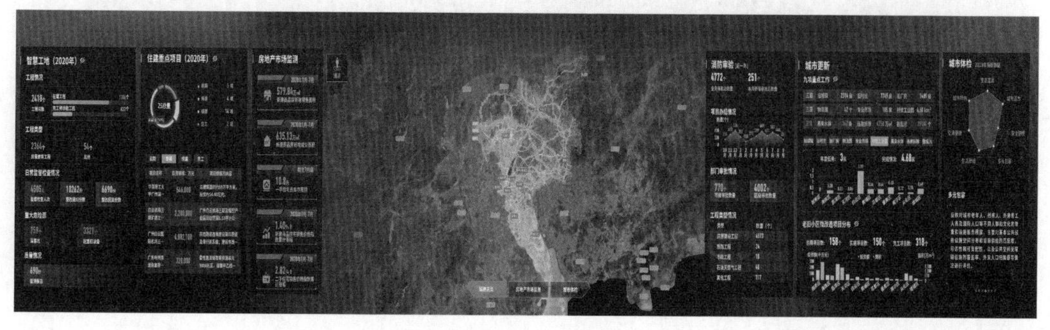

图 6　CIM+穗智管

（2）CIM+智慧工地

基于 CIM 平台，实现了在 GIS 地图中查看全市各区的在建工程分布情况，通过对接总控平台工程数据来展示工程的基本信息，包括单体工程的建设地址、BIM 模型、工程性质等全方位详细信息展示（见图 7）。

图 7　CIM+智慧工地

（3）CIM+智慧社区

试点创建基于 CIM 平台的智慧社区应用示范，加快推进信息技术、数字技术及产品在社区的应用，为社区群众提供政务、商务、娱乐、教育、医护及生活互助等多种便捷服务，打通服务群众的“最后一公里”，满足政府服务、社区物业管理和居民生活需要（见图 8）。

图 8　CIM+智慧社区

（4）CIM+智慧园区

智慧园区实现了企业、人口、经济和审批等数据与三维单体模型的相关联。涵盖了“四标四实”信息四个阶段审批信息、房屋信息、入驻企业信息、收入和税收信息的相关数据（见图 9）。

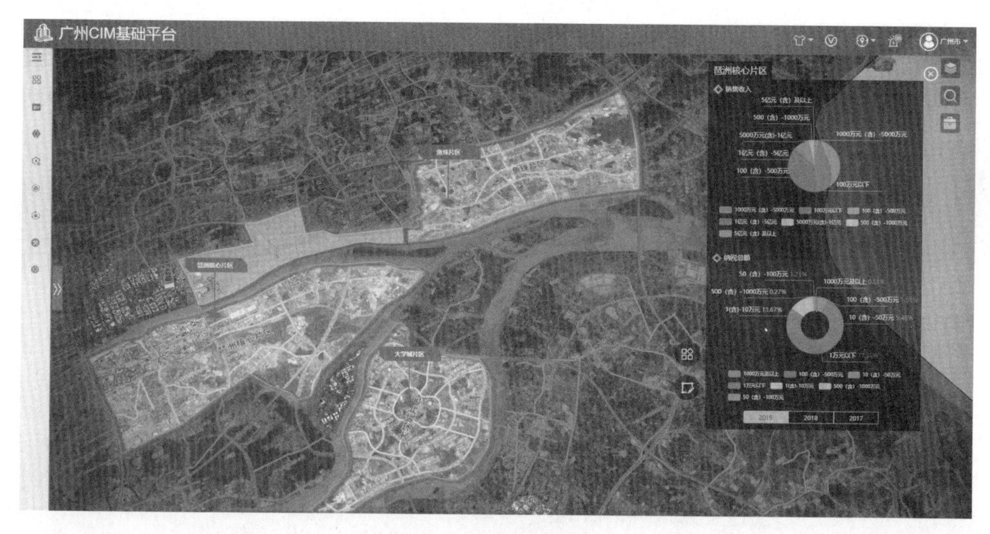

图 9　CIM+智慧园区

（5）CIM+城市更新

基于 CIM 底图实现城市更新三年行动计划专题图层的展示，平台接入广州市 183 条城中村改造项目数据，结合“四标四实”数据分析范围的实有人口、实有单位和实有房屋信息。通过双屏比对改造前后的效果，结合三维规划模型展示详细规划方案，结合周边配套设施可以分析周边工地和房地产市场情况（见图 10）。

图 10　CIM+城市更新

（6）CIM+城市体检

基于 CIM 平台的数据和功能服务建设城市体检应用，基本完成对生态宜居、城市特色、交通便捷、生活舒适、多元包容，安全韧性、城市活力等 7 大类共 41 个城市体检指标数据叠加展示（见图 11）。

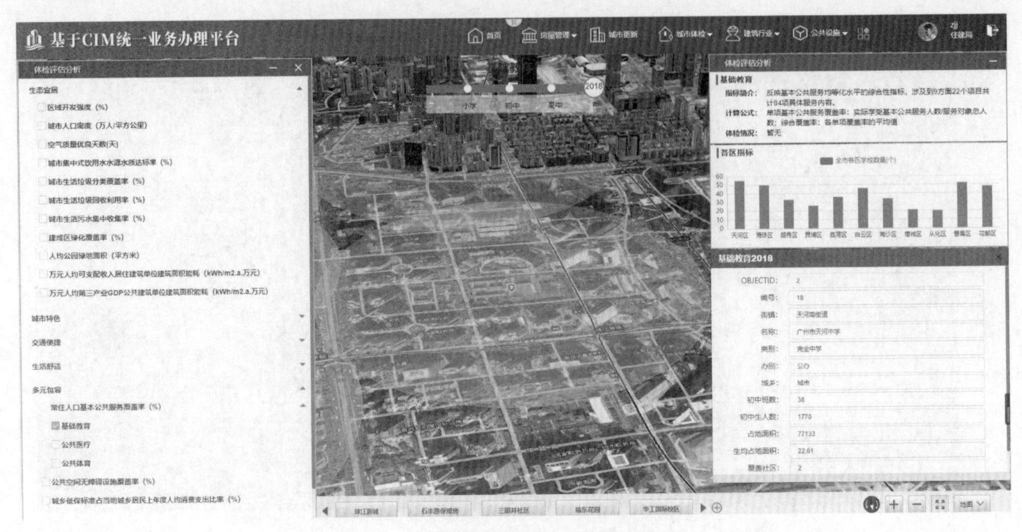

图 11　CIM+城市体检

3　关键技术

3.1　LOD 高效组织与轻量化渲染技术

项目建设的三维模型原始数据具有几何精度高、纹理精细等特点，存在数据加载缓慢、内存显存资源占用高、平台渲染压力大等问题。利用 LOD 技术，LOD 层级数据生成技术，基于场景图的 LOD 组织管理技术，多任务、多机器、多进程、多线程并行的数据处理技术，解决了三维模型数据资源占用不可控和调度渲染效率低的问题。

基于多级 LOD 组织，利用多种数据处理算法、空间索引技术、数据动态加载及多级缓存等方法，有效提高三维数据调度性能，实现无缓存的高速加载调用。

3.2　多源异构数据融合

1）DEM 和 DOM 融合。根据基础地形图资料、DEM 和 DOM，对 DEM 进行加工优化，融合集成不同格网间距的数字高程模型数据，按照瓦片规定的尺寸和计算出的最大等级数，对 DEM 和 DOM 逐级进行切片，将不同等级的瓦片采用分层的方式存储在数据库中，建立三维大场景基础数据，更好地满足数据应用和浏览的需求。

2）矢量点线面数据融合。实现对兴趣点数据、路网、行政边界等的融合。

3）规划成果数据融合。通过接入二维规划管理系统的规划成果数据，如将项目红线融合到三维地图中，实现控规面快速拉盒子，形象查看道路退让、限高控制是否符合管控要求。

4）城市设计、建设项目与三维模型、倾斜摄影融合。采用以现状模型为基底，与规划模型融合时可以把现状模型进行隐藏，查看规划模型在现状场景中整体形状、体量、色彩等是否与现状场景一致，并可实现规划模型与现状模型的切换显示。

5）三维实景模型与 BIM 模型的融合。三维实景模型数据结构与 BIM 的数据结构相似，涵盖了 BIM 的数据结构、数据表现形式、数据对象，与 BIM 功能有重叠（信息管理、空间分析等），两者的融合可逐步实现城市现状三维模型全覆盖，实现城市管理从宏观走向微观。

3.3 CIM 平台与物联网、智能感知等融合技术

通过使用 CIM 与遥感的结合，可识别出建筑过程的前、中、后进行工程管理，分析建筑过程的质量、周期。视频设备通过图形图像分析与 CIM 结合能进行建筑设计与施工过程的对比，可快速修正施工中可能存在的问题。在社会经济与人类安全中，在发生紧急状况时通过感知设备追踪目标，快速定位，为施救过程提供帮助。

3.4 BIM 数据与 CIM 高效融合技术

数据融合发布经过数据资源汇聚、服务聚合发布、平台服务 BIM 数据与三维 GIS 数据的二三维一体化等应用层环节。将数据进行汇聚，形成数据资源池，对各类异构数据进行数据配置、数据校验、空间化生成、数字签发等，通过标准协议进行服务分发，进入到平台里进行服务聚合，服务聚合后通过 SOAP 接口对外提供统一的服务。

平台设计了逻辑服务，在单个服务发布完成后，用户通过添加逻辑服务可以将多个服务组织成一个逻辑服务，也可以将一个服务拆分成几个服务，添加需要的服务进逻辑服务，并重新发布。用户可根据需要，配置自己的逻辑服务。

3.5 CIM 高效引擎技术

随着 CIM 模型的规模和复杂性的增加，单机处理多专业 CIM 模型的存储和分析变得越来越困难。对于独立的计算机来说，多个大型场景的渲染或者城市级数量的建筑信息模型渲染具有一定难度，建立 CIM 模型要求则更高，而城市级数量的建筑信息模型要结合地理信息数据进行展示更是对计算机性能有很大的要求，同时也需要非常长的渲染运行时间。

平台使用 CIM 高效引擎技术提高渲染效率：利用空间填充曲线算法对二三维数据

重新进行索引，实现索引降维；基于 Hadoop 分布式存储，采用分布式数据存储作为空间数据库，建立 Geo 索引，实现海量遥感数据的并行计算，解决传统遥感数据存储和调度的性能瓶颈问题；基于 Hadoop 的动态调度，将渲染作业通过 Map 函数划分为细粒度的 MapReduce 作业，分发到集群节点上进行并行计算，生成中间结果，再通过 Reduce 函数合并节点形成最终结果。

4 创新点

4.1 明确平台定位，细化工作任务

广州市在工程建设项目审批制度改革试点工作基础上，利用现代信息技术手段，建设满足规划建设管理和未来智慧城市需要的 CIM 平台，加快推进工程建设项目报建审批信息化，进一步提高审批效率和管理精细化水平，改善营商环境和创新环境，推进实现政府治理体系和治理能力现代化。

4.2 坚持标准先行，指引项目建设

按照“立足实际，适度超前，发挥标准引领作用”的编制原则，依托行业专家的智囊力量，围绕 CIM 平台搭建和应用、施工图 BIM 审查、三维数字化竣工验收备案等方面，经过上百次的交流和研究，通过标准和平台系统开发的不断磨合，结合平台和系统上线测试情况，不断对标准内容更新迭代，开展相关标准编制工作，形成成果。标准的制定，明确了 CIM 基础平台建设定位、平台架构、功能和运维要求，对城市 CIM 数据分级、分类与编码、组成与结构、入库更新与共享应用等进行规定，细化 BIM 模型汇交细度、数据内容及结构。标准先行为 CIM 基础平台开发建设，平台的扩展应用，打下坚实的基础。

4.3 强调数据汇聚，推进信息共享

CIM 平台建设以试点工作联席会议为平台，强调汇聚成员单位、相关部门业务系统数据，制定了包含全市 26 个部门的《广州市城市信息模型（CIM）平台信息共享目录》，试行了《广州市城市信息模型（CIM）基础平台可复用可共用使用指引》，为各部门在业务中推广应用和信息共享打下基础，如在施工图审查阶段，在研发测试三维辅助审查系统相对成熟的同时，研究出台《进一步加快推进广州市建筑信息模型（BIM）应用的通知》等政策文件，发布相应的办事指南，在施工图审查时，平台同步实时采集建筑 BIM 模型。通过 CIM 平台与各部门业务系统对接，实时采集数据，并共享信息，让 CIM 平台数据活起来、跑起来、用起来，为城市精细化管理长期提供支持。

4.4 加快市场培育，赋能产业发展

广州市试点积极探索和推动新城建商业模式和产业发展创新，培育新城建商业模式，助推新城建产业集群，夯实新城建产业基础。

一是推动成立广州建设行业智慧化产业联盟。探索市场主体参与的商业新模式，积极参与城市信息模型（CIM）平台建设试点、智慧汽车基础设施及城市更新、老旧小区改造等工作，发展新业态，带动广州市相关上下游产业发展。

二是组建广州市智慧城市投资运营有限公司。紧紧围绕新城建任务，积极探索打造广州市城市级的“智慧城市运营服务平台”，作为广州市智慧城市 CIM 数据的运营平台、智慧城市应用建设平台、新城建的投资运营平台，执行广州市落实国家住建部“智慧城市信息模型（CIM）”及“智慧汽车基础设施和机制”两大示范平台的共建共享建设工作。打造城市级智慧城市应用场景，以吸引全国智慧城市产业链上的创新创业公司，探讨商业合作模式，实现共创共赢。

三是大力推动新城建示范园建设。作为 CIM 平台应用落地的重要示范项目，项目将以“数字化设计、工业化建造、智慧化管理”为主要技术路线建设运营，充分发挥 CIM 平台的基础支撑作用，聚焦新城建相关领域以及绿色低碳技术示范集成，开展综合应用示范，打造国际领先、国内一流的智慧园区。成为“新城建”领域，特别是智能建造技术实践的样板工程，技术创新研发平台和企业孵化基地，进一步推动广州市建设产业转型升级，实现高质量发展。

5 示范效应

广州作为住建部确定的首批试点城市，率先完成 CIM 平台的搭建，构建起广州市“一张三维底图”，是新城建的重要信息基础设施，形成可复制可推广的广州经验，树立了全国试点城市 CIM 建设示范标杆。

基于 CIM 的广州市城市更新统一业务办理平台

广东南方数码科技股份有限公司

1 项目背景

《国务院办公厅关于全面开展工程建设项目审批制度改革的实施意见》（国办发〔2019〕11 号）提出“统一信息数据平台”。地方工程建设项目审批管理系统要具备“多规合一”业务协同、在线并联审批、统计分析、监督管理等功能，在“一张蓝图”基础上开展审批，实现统一受理、并联审批、实时流转、跟踪督办。以应用为导向，打破“信息孤岛”，2019 年底前实现工程建设项目审批管理系统与全国一体化在线政务服务平台的对接，推进工程建设项目审批管理系统与投资项目在线审批监管平台等相关部门审批信息系统的互联互通。地方人民政府要在工程建设项目审批管理系统整合建设资金安排上给予保障。

2018 年 11 月，根据《住房城乡建设部关于开展运用 BIM 系统进行工程建设项目审查审批和 CIM 平台建设试点工作的函》（建城函〔2018〕222 号），北京城市副中心、广州、南京、厦门、雄安新区一同被列为运用 BIM 系统和 CIM 平台建设的试点。

广州市被列为 CIM 建设试点城市，探索精简和改革建设项目审批程序、减少审批时间、支撑规划审查、建筑审查等功能的智慧城市基础平台（CIM）。借此契机，广州市开始迈出城市更新领域内 CIM 建设探索的第一步。

2 项目内容

通过统一标准规范和业务规则，结合 CIM 数据，加强顶层设计，构建覆盖城市更新核心业务的统一业务办理平台，实现城市更新业务协同办理、项目全流程监管和辅助决策，实现对内优化管理、提高效率，对外务实高效、便民利民的目标。

基于 CIM 的广州市城市更新统一业务办理平台建设主要包括城市更新业务办理系统、片区策划方案及规划展示系统、城市更新专题展示分析系统以及城市更新综合监管系统四部分。

2.1 城市更新业务办理系统

城市更新业务办理系统基于 B/S 结构，实现对各级城市更新管理部门主要业务的信息化，包括业务办理、地图管理、二三维图文交互、立体审批等（见图 1）。该系统为各级用户提供了城市更新管理各类信息资源在线编辑、共享查询工具，可以根据不同权限编辑和查询基础地理信息、城市更新项目图、片区策划方案信息、项目监督信息等，实现联网办公、信息同步、信息交换。

图 1　城市更新业务办理系统

（1）地图管理

在业务办理过程中，基于 CIM 数据，实现二维与三维 GIS 的无缝融合，提供业务信息与图形的二三维一体化展现，并提供二三维场景下的地图浏览、查询定位、统计分析等功能，从而辅助业务审批。

（2）立体审批

结合 CIM 数据，对城市更新各业务办理图斑进行综合、立体合规检测分析，可加载 BIM 报建模型，利用三维展现及分析功能辅助行政审批，审批更直观、更全面，提升城市更新各业务办理速度。

（3）片策审查

结合 CIM 数据，通过三维带图立体审批，实现片区策划方案智能化技术审查，实现二维空间资源三维提升，同时针对审查意见进行模型统一批注管理，提示业务审批效率、快速复盘定位审查问题。

2.2 片区策划方案及规划展示系统

片区策划方案及规划展示系统提供基于 CIM 底图的城市更新片区策划展示功能，

通过展示城市更新片区策划项目相关图集，实现数据展示、方案比选、实时统计、空间分析等功能（见图 2）。

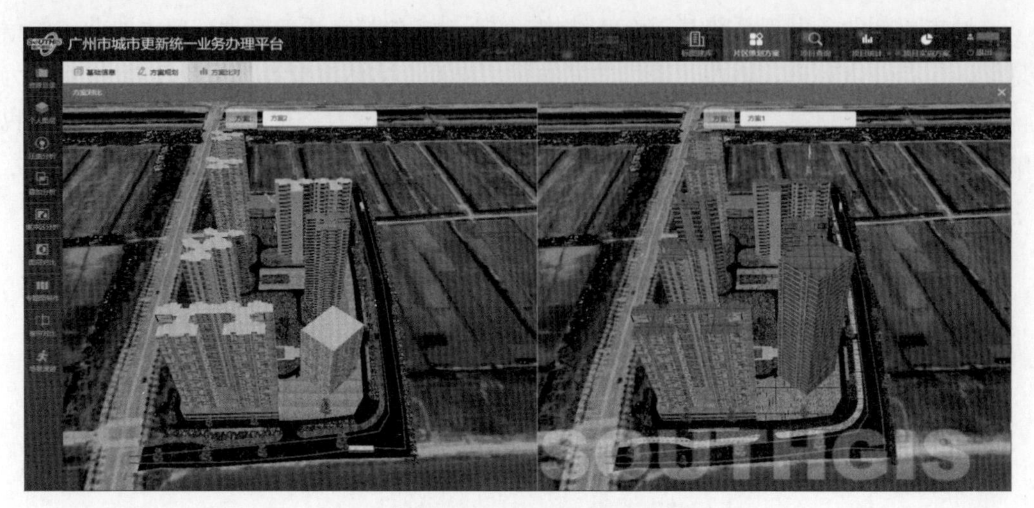

图 2　片区策划方案及规划展示系统

（1）基础数据展示

对接 CIM 平台，结合 CIM 数据，基于地理信息空间可视化展示规划和自然资源局等多个部门共享的现状数据和规划数据，直观展示全市城市更新规划和城市发展布局情况。

（2）片区策划方案综合展示

基于 CIM 底图实现城市更新片区策划专题数据的二三维可视化展示，实现项目关键指标和图层的展示，包括拆建比、容积率、节地率、绿化率、建筑密度、区域位置图、用地范围图、现状用地分析图、用地权属情况分析图、上层次规划图等。

（3）方案对比决策分析

通过同屏对比功能的开发，结合 CIM 数据，同一视角下查看不同片区策划方案的规划效果，更立体直观地展示不同方案的差别，从而实现方案的快速智能对比，辅助方案审批决策。

2.3　城市更新专题展示分析系统

城市更新专题展示分析系统基于 CIM 底图展示城市更新基础数据信息，直观反映旧城、旧厂、旧村改造前后的现状，提供改造拆建比、容积率、节地率、绿化率、建筑密度等指标展示（见图 3）。

（1）三年行动计划专题展示

基于 CIM 底图直观展示城市更新三年行动计划专题数据，主要包括旧城、旧厂、旧村项目的空间分布情况和项目详情展示。

图 3　城市更新专题展示分析系统

（2）非老旧小区实施项目展示

基于 CIM 底图展示城市更新实施项目专题相关数据，主要包括旧厂、旧村项目的空间分布情况和项目详情展示。

（3）老旧小区专题展示分析

基于 CIM 底图展示老旧小区基础数据，实现老旧小区微改造项目信息展示和分析。同时，系统支持统计分析辅助功能。通过自绘制和外部导入数据两种方式确定数据范围，叠加四标四实进行分析，提供范围内人口、房屋套栋数等信息的统计分析。

（4）改造前后现状对比

结合规划设计平面图与竣工建筑模型、施工过程的建筑模型（航拍数据）等进行数据对比展示，综合表现城市更新项目改造前后整体情况。系统支持以地图模式、三维模式来进行 BIM 数据展示、城市更新演变、更新前后对比展示等，直观反映旧城、旧厂、旧村改造前后的现状。

（5）城市更新图层叠加分析

系统提供城市更新相关图层的叠加分析功能。结合 CIM 数据，将常见 shpae 文件导入后生成图层叠加分析，统计分析并以图表的形式展示该范围内所涉及的相关城市更新专题数据，如该范围内涉及的旧村庄、旧厂房、旧城镇和片区策划项目。

2.4　城市更新综合监管系统

城市更新综合监管系统基于统一业务办理平台，结合 CIM 数据，集成和接入已建设的城市更新各信息化子系统及数据资源，构建城市更新综合监管系统，对城市更新方方面面实时状况，进行统一展示、统一管理和集中监控，并实现异常关键指标预警（见图 4）。

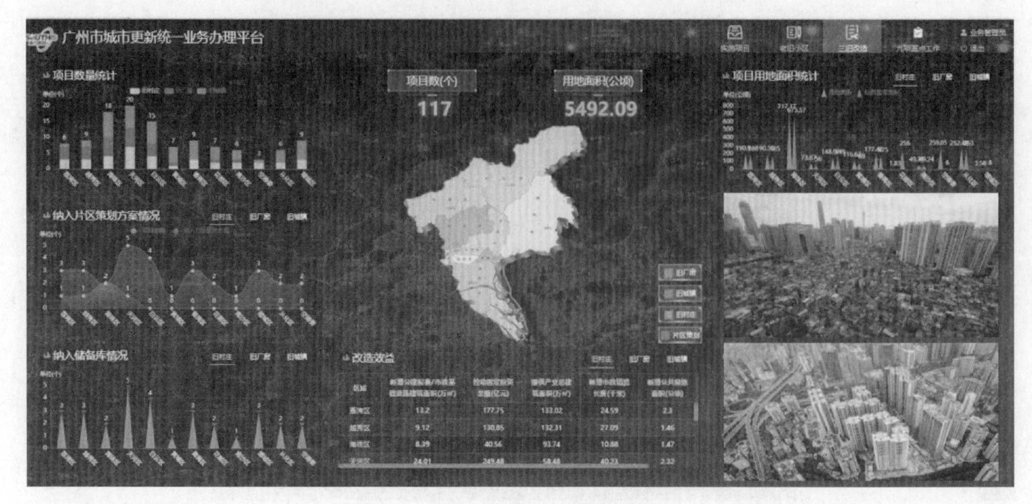

图4　城市更新综合监管系统

（1）项目进度监管

系统提供城市更新改造项目进度信息跟踪监管功能，结合 CIM 底图，基于 BIM 模型抽取并展示项目进度信息，实现城市更新项目的实施进度立体监控管理。

（2）三旧改造综合监管

结合 CIM 数据，实现三旧改造的综合分析监管信息展示、数据统计，辅助相关管理者对旧村、旧厂和旧城镇改造项目情况进行总体把控。结合项目标图建库和设计图的数据，以项目为主体，展示改造前后的变化情况，支持通过 CIM 服务接口实现三维场景的展示和操作。

通过统计图表展示三旧改造主体范围用地面积情况、项目数量，包括按区域、按入库时间等多维度的改造主体范围统计情况。

（3）老旧小区改造综合监管

结合 CIM 数据，对老旧小区用地面积、数量、资金情况等进行综合分析，实现老旧小区类改造项目的综合监管信息展示和跟踪监督，辅助相关管理者从宏观上把握老旧小区改造项目整体情况。

3　关键技术

3.1　CIM

城市信息模型（CIM，City Information Modeling）的概念将 BIM 对建筑完整信息数字化建模，用于设计、施工、使用、维护全生命周期管理的概念，扩展到了城市领域。

在空间范围和技术逻辑上，CIM 的建设是“大场景的 GIS 数据+小场景的 BIM 数据

+物联网”的有机结合。已有的BIM技术对城市中各个建筑可以做到构件尺度的数字孪生，从而将建筑物的信息数字化；GIS技术则能够对城市尺度上的地形地貌、土地利用等宏观空间环境特征和人群特征、信息资金流动等城市中无形的社会经济活动信息进行结构化、历时性的储存。而物联网技术通过城市传感器的广泛布设，一方面可以对BIM中建筑物的运营数据进行补充，更重要的是对交通流、大气水文等城市开放空间中的微观环境变化进行实时感知和收集。本项目主要是在城市更新领域应用CIM数据进行各种统计分析应用。

3.2 微服务地理信息服务技术

传统的单体应用架构中，一个应用系统包含了所有的业务功能，且应用本身作为一个庞大的部署单元直接部署，也就是将所有功能部署在同一个进程中。遇到高并发时，传统的庞大应用就面临着扩展部署的问题。因为所有的功能都部署在一起，那么即使只有其中一个功能有高并发需求，应用系统的横向扩展也必须通过在其他服务器上重新部署整个应用系统来实现。在云环境下，这种扩展部署的方式，显然不能满足按需提供、弹性伸缩的要求。

微服务架构的基本思想可以概括为：将应用封装为多个服务，服务按进程隔离。服务各自独立部署在不同的进程中，那么其横向扩展就可以通过直接在其他服务器或计算资源上按需部署服务来实现。如果某一服务有高并发需求，则直接将该服务分发至其他服务器，并按需部署N个进程。这种服务独立部署、基于服务的横向伸缩特点，更加集约地利用了资源，在同样的计算环境下，可实现更高的可用性。

基于微服务“独立部署、横向伸缩”的特点，可以很方便对各服务进行扩展，提升服务性能和响应能力。

3.3 二三维一体化技术

本项目应用二三维一体化技术实现二维与三维GIS技术的无缝融合，主要包括：二维与三维在数据模型、数据管理、符号、可视化和分析功能的一体化，提供海量数据在二三维场景中的直观地展现以及GIS分析，为城市更新行业应用提供了更为丰富的GIS管理和辅助决策的平台。

4 创新点

结合CIM数据，广州市城市更新统一业务办理平台项目进行了城市更新业务协同办理、统计分析和跟踪监管等综合应用，实现高效支撑广州市城市更新业务发展需要，有力提升城市更新工作规范化、精细化和智能化水平。本项目实施主要有以下几个亮点：

4.1 业务协同审批，实现立体带图审批

整合城市更新规划数据、基础调查数据、CIM 数据，强化城市更新顶层设计，打通信息孤岛，淡化组织、系统的边界，进行业务审批深度集成：贯穿纳入标图建库到项目实施开发施工等环节的城市更新全业务重组、全审批过程再造，统筹推进城市更新审批业务规范、应用整合。建立城市更新业务的集中与分级管控机制，从源头上消除系统隔离和信息孤岛；结合 CIM 数据，实现二三维联动带图审批，使得业务审批更简单明了、高质量、高效率，实现城市更新业务审批的科学管理。

4.2 强化监管体系，实现综合立体监管

立足于数据治理后的城市更新数据标准规范体系和全业务重组后的高效业务协同审批，对城市更新项目、片区策划方案、更新项目专题分析等制定相关标准，梳理不同业务之间的关系，整体设计各业务监管决策应用，然后建立基于大数据的城市更新态势感知、全时全域监管与决策支持信息化机制，提供综合监管、形势分析预判和宏观决策的在线服务。基于 CIM，实现立体监管，拓宽监管空间，拓展监管时间，拓张监管范围，突出重点，立足实效，着力打造“立体监管”广州模式。

5 示范效应

自从 2020 年 9 月平台正式上线以来，完成城市更新业务办理量达 2700 多件，满足了广州市各区管理部门城市更新相关业务快速办理、高效监管需求。

以“简政放权、放管结合、优化服务”为核心要求，精简审批程序、优化审批流程，同时深入推进城市更新信息共享，积极创新基于 CIM 的城市更新信息化建设模式、共享模式、服务模式、业务办理模式、项目监管模式，满足政府部门对城市更新管理的需求，深化城市更新工作，促进城市更新业务跨部门协同联动应用，打造一网统管、一网通办新模式。对于发挥城市更新信息资源的最大效益，推进各行各业的繁荣发展，促进城市建设管理信息化水平具有重大意义。

禅城数字城市基础设施大数据平台

盈嘉互联（北京）科技有限公司

1 项目背景

随着信息通信技术与3D建模、高精度地图、全球定位系统、模拟仿真、虚拟现实、智能控制等技术发展，城市地理信息、城市运行、城市三维空间等城市基础数据资源的融合与管理是智慧城市的重要组成部分。数字城市基础设施大数据平台实现城市基础数据资源的融合、管理与复用，是构建数字孪生城市的底座支撑，具有重要的基础支撑作用。

在众多报告中显示，佛山在多个领域多维度的“智慧城市”建设中都走到了全国前列。2018 年佛山的《政府工作报告》明确指出：加快建成“数字政府”“智慧佛山”，加强大数据在政府决策、社会治理、企业服务和民生事业方面的运用。禅城区作为佛山中心城区，启动建设了全省最大的社会综合治理云平台。2017 年，“禅城一张图”聚焦城市数字化精准治理，从城市管理向城市治理更广阔的空间迈进。禅城借助云计算、大数据和信息化等技术手段，让城市服务和管理更加精细化。然而，基础设施大数据的缺失一定程度上制约了禅城精细化城市治理。为此，禅城启动了数字城市基础设施大数据平台的建设，从根本上提升政府对城市的认知能力，达到习总书记指出的“城市管理要像绣花一样仔细”的城市治理能力。

2 项目内容

2.1 项目建设内容

（1）基础设施大数据平台建设

基础设施大数据平台是项目的核心平台，负责基础设施数据的管理和复用，它解决的是数据三个阶段中数据管理和数据复用的问题。

平台的管理的数据主要分为三类：

1）构筑物数据，包括构筑物的非结构化数据和结构化数据，采用BIM模型为主要的数据组织形式。

2）地理信息数据，主要包括二维底图、倾斜摄影、白模数据等，这些数据必须形成一个有效的整体，并和构筑物数据无缝连接。

3）业务数据，指的是城市管理各类业务产生的数据，以构筑物数据为锚点，链接各种业务数据，使业务数据能通过构筑物彼此形成关联。

平台通过对三类数据的收集和整理，并使三类数据融合关联，形成可供城市管治使用的基础设施大数据，并基于构筑物数据为各类业务开发具体应用，最终基础设施大数据平台由数据平台向生态平台和智能平台演进，为禅城实现智慧城市的宏大愿景打好大数据的基础。

（2）数字化交付

建筑数字化交付平台解决两个问题。第一是通过抓住规划报建和竣工验收两个重要的进度节点，最大程度地把设计施工阶段形成的构筑物数据完整地收集起来。第二是建筑数字化交付平台需要检查构筑物数据是否符合要求并给出问题报告，确定建筑物需要提交的数据内容、格式等，形成禅城区的数字化交付标准以及信息系统支撑，并把满足要求的构筑物数据导入基础设施大数据平台。

（3）既有建筑再数字化

既有建筑再数字化是完成禅城已建构筑物的数字生产环节，其成果将会通过建筑数字化交付平台导入基础设施大数据平台。本次项目对禅城区 51 处主要建筑综合体进行建筑基础建模和数字化，实现基础建筑档案工作从档案保存查看，转变为建筑基础信息的共享和利用。

2.2 项目建设方案

（1）建设原则

1）应用与基础设施数据分离。通过应用与数据分离，独立出一个建筑大数据管理平台，也可以理解为建筑产业大数据平台，以后项目的建筑数据、城市级的建筑数据都会在建筑大数据管理平台进行管理，并通过建筑大数据平台提供的统一应用开发接口（API）为具体的应用平台提供建设数据服务，从而贯通建筑行业上下游，打造精准创客平台等。

2）全生命周期的建筑数据组织模式。目前禅城区建筑物数据的载体众多，应用 BIM 技术进行统一的组织和管理，通过自主知识产权的基础设施大数据平台来具体实现，在基础设施大数据平台上建筑物数据可分解为非结构化数据、三维几何数据、属性数据、关系数据 4 个维度。这个结构能满足建筑物全生命周期数据管理的需要，包括已知应用和日后未知应用产生的数据，用这种方式把建筑数据组织好，管理好。

（2）平台总体架构

平台技术架构如图 1 所示。

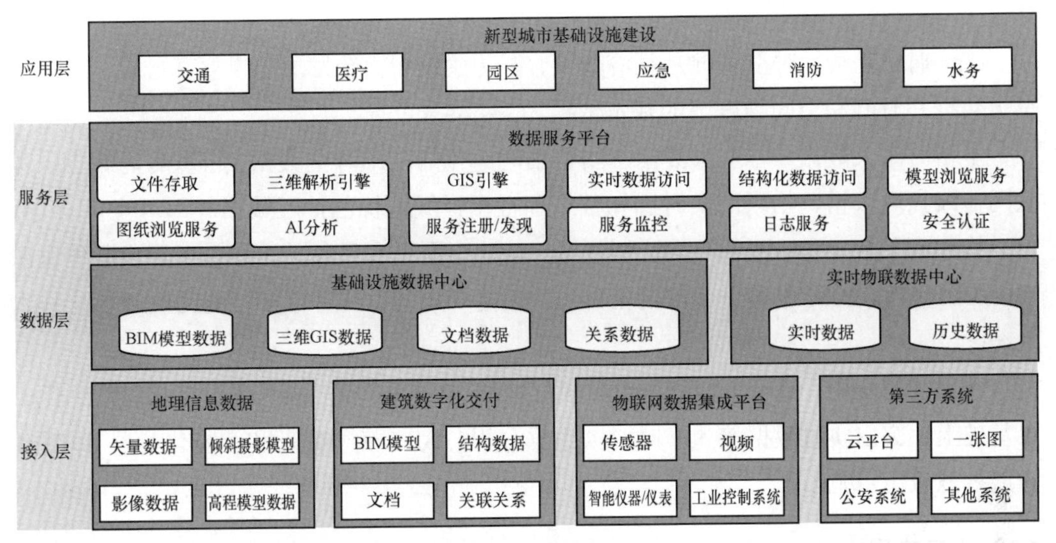

图 1　技术架构

大数据平台项目的技术架构分为 4 层，分别是接入层、数据层、服务层和应用层。

接入层：大数据平台管理 3 大类城市数据，地理信息数据、建筑物数据、公共业务数据。

数据层：通过组织融合形成基础设施数据中心，管理 BIM、GIS、实时 IOT 数据。

服务层：大数据平台通过统计数据服务接口，提供按需发布的数据服务 API，包括三维可视化引擎、GIS 引擎、AI 分析、数据图元计算、日志、安全认证等服务。

应用层：大数据平台支撑各类业务应用，支撑交通、医疗、消防和水务等领域的数字化转型、智能化管理提高行业服务、运营精细化管理。

（3）建筑物再数字化

本次对禅城区的医院、学校、交通设施等 51 处重点建筑物，约 300 万 m^2 的数据采集和三维建模，实现建筑数据数字化。

（4）数据采集与建立

针对缺失图纸的建筑，通过三维激光扫描采集点云数据，导入专业的工具软件进行逆向建模，避免了过多的人为干预造成的二次精度损失，从而提升建模速率和精度。

（5）BIM 建模

在本项目中，共需要完整建立 58 个建筑物的 BIM 模型用于支撑平台的运行。在项目建设初期，选取 5 个建筑物为试点模型开展建设。在试点建设完成后，总结试点建设经验，形成禅城整个区域层面内可复制可推广的建设应用成果，达到示范引领。为了规范本项目提交的 BIM 模型的效果，采用项目级的 BIM 建模实施标准。

（6）基础设施大数据平台建设

为保障禅城区城市基础设施大数据平台有序开展和长效运行，其建设内容涵盖五部分。

统一时空基准。时空基准是经济建设、国防建设和社会发展的重要基础设施，是时空大数据在时间和空间维度上的基本依据。

丰富时空大数据。时空大数据主要包括时序化的基础时空数据、公共专题数据、互联网在线抓取数据、物联网实时感知数据和根据禅城区特色扩展数据。

构建云平台。面向两种不同应用场景，构建桌面平台和移动平台。在形成服务资源池、应用接口、BIM 服务引擎等的基础上，创建开放的、具有自学习能力的智能化技术系统。

开展智慧应用。基于大数据平台，根据禅城区的特点和需求，在原有部门信息化成果基础上，突出实时数据接入、时空大数据分析、BIM 模型处理和智能化处置等功能，开展智慧应用示范。

2.3 业务应用

（1）桥梁安全

该业务应用负责结合桥梁模型与桥梁实时监控数据，对桥梁结构状况进行监控与评估，为桥梁在特殊气候、交通条件下或桥梁运营状况异常严重时发出预警信号，为桥梁的维护维修和管理决策提供依据与指导（见图 2）。

图 2 桥梁安全

应用价值：为桥梁养护提供基础数据，提升养护工作效率：桥梁 BIM 模型与监控系统数据对接，能实时三维展示桥梁情况：与超载监控数据、交通数据融合，实现桥梁安全的综合治理。

（2）智慧医疗（见图 3）

图 3　智慧医疗

公共医疗管理系统的不完善，医疗成本高、缺乏统一的数字化建模、仿真算法和三维显示技术基础的整合平台等问题困扰着医院运营管理，大型医院人满为患、医院建筑结构和科室分布复杂，就诊者咨询、就医难问题凸显。

应用价值：结合医院在资产管理、空间管理、室内导航漫游等业务场景数据应用，提升医院在数字化转型、资产设备、降低运营成本等方面的精细化管理。

（3）消防一张图（见图 4）

当前多数建筑物消防设施数据化程度低，建成后采集到的数据质量不高，消防设施管理与维护困难，影响救援效率。

图 4　消防一张图

应用价值：围绕鄱阳城众创小镇，将三维数字化消防设施和机电数据纳入消防一张图，实现消防设施管理，应急事故的模拟与疏散及消防救灾调度，有效提升救灾的效率，降低风险损失。

（4）管线展示（见图 5）

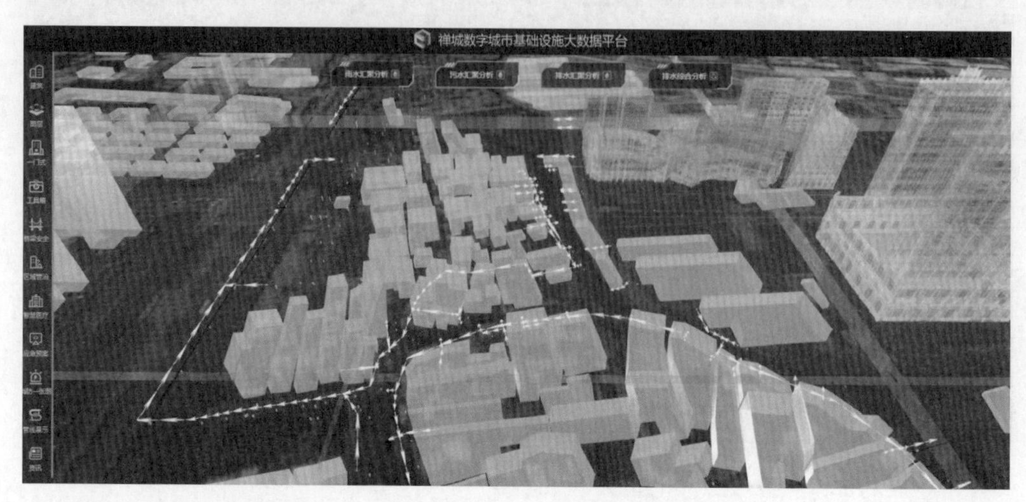

图 5　管线展示

随着城市基础设施建设的发展，各城市都建有大规模错综复杂的地上地下综合管网设施，但是管线权属、建设标准不统一，未实现信息共享、管线资源难以有效地整合利用。

应用价值：围绕鄱阳城众创小镇，根据排水管网数据以及现状设备关系，对地上地下供排水管线进行可视化管理，并对接周边十公里范围市政管线，进行排水分析和对BIM+污水回收利用方案进行三维可视化还原，实现对污水处理企业生产过程的实时控制与精细化管理，达到规范管理、节能降耗、减员增效的目的。

3　关键技术

建筑大数据的管理离不开整体的规划，尤其建筑数据存在数据量大，数据载体多，关系复杂的现况，本项目关键技术如下：

3.1　数字孪生技术

面向建筑领域的数字孪生技术（Digital Twins）是指在虚拟环境中构建一个与实体建筑物一模一样的数字建筑物，以此帮助未来在数字化环境中管理和复用建筑数据。该关键技术包含以下几个方面：

（1）多元异构 BIM 数据整合

实现数据与工具的解绑，建筑物数据是需要为各种应用和各类专业人员服务的，数据必须实现与工具的解绑。

（2）统一的建筑物数据模型

采用统一抽象的建筑物数据管理模型，任何的建筑物数据都按模型、图纸、属性数据和关联数据这四种类型进行管理。

（3）数据快速组织管理（数字化交付）

根据数字建筑物数据模型结构，依托业务编码规则和逻辑关系，在工程竣工阶段实现建筑物数据的快速梳理和组织，满足项目建设向运维移交的数字化交付要求。

3.2 BIM 解析与 web 展示技术

三维模型引擎提供从模型解析、渲染的一站式服务支持，同时提供服务层 API 和 JavaScript API 二次开发。

（1）模型解析

三维处理引擎支持国际通用的 BIM 模型格式的解析，模型经过解析后可将原始模型中的非几何信息和几何信息提取出来。

（2）自定义场景计算

自定义场景用于对场景中所有元素进行层次化的管理，支持自定义的场景树，即根据用户自定义的规则创建和维护场景树，可以按照用户的意愿来组织 BIM 数据。

（3）大模型浏览支持

三维处理引擎应通过技术手段实现三维模型的轻量化，从而支持大体量模型的流畅展示。

（4）基于 Web 的浏览

采用 B/S 模式的免插件架构，支持 PC 端和移动端的三维展示和互动操作。

3.3 按需发布数据服务接口

平台应为 BIM 提供一个标准的数据管理方式，实现建筑数据全生命周期管理，在平台已有的数据模型及数据规范基础上，通过图形化界面操作的方式，扩展自己的客户化数据模型，并且用户可通过接口访问数据驱动业务应用。

3.4 空间网格编码技术

空间网格码是指将空间大数据组织与应用的统一编码，从而将现有的各种空间大数据统一关联管理起来，是实现智慧城区精细化、网格化管理的基础之一。

4 创新点

通过大数据、模型处理、空间网格、BIM+GIS+IoT 等技术实现禅城区“1+N+X”

的现代化城市治理新模型。

4.1 基础设施大数据平台

禅城数字城市基础大数据平台通过 BIM+GIS+IoT 数据技术，整合“禅城一张图”和“禅城一门式”业务数据，融合多源异构数据，精确工程级数据，单体建筑全生命周期管理，涵盖地上、地下完整数据，形成可供城市现代化治理的基础设施数据。

4.2 管理 N 类城市数据

目前平台管理禅城区多类城市数据，包括精细化构筑物数据、地理信息数据和100多类公共专题数据。

（1）精细化构筑物数据

平台管理约 300 万 m^2、超过 TB 级数据体量的重点建筑物的 BIM 三维数据，其中包含交通、医院、学校、商业综合体等主要地上地下构筑物。

（2）地理信息数据

平台管理禅城区 154km^2 的地理信息数据，主要包括矢量、影像、白模数据、倾斜摄影等地理信息数据。

（3）100 多类公共专题数据

平台融合“禅城一张图”和“一门式”超过 100 类的公共专题数据，如城市规划、教育机构、应急资源、城市部件及企业法人办事数据等。

4.3 提供按需发布的数据服务能力

平台通过对三类数据的收集和整理，形成可供城市管治使用的基础设施大数据。平台通过统一服务接口，安全、可控的数据发布管理和权限管理，向全区各业务部门提供全要素的时空大数据和功能服务。

4.4 开展 X 种业务场景应用

禅城区数字城市基础设施大数据平台可以支撑各类业务场景，目前已经落地整合七大场景，涉及桥梁安全，区域管治、智慧医疗、应急预案、消防一张图、管线展示、数据中心。

平台通过盈嘉 BOS 系统赋能后，充实禅城构筑物数据，融合 GIS、一门式一张图，形成与实体一致的数字化孪生城市，赋能禅城“感知、认知、预知”能力，服务城市精细化管理，数据科学决策禅城精细化管理。

5　社会效益

5.1　管理效益

抓取城市基础数据，并覆盖到人民的日常生活中，提供老百姓看得懂、用得起的数据服务，科学决策。让城市更智能，让管理更精细，让生活更便利，实现用数据服务、决策管理数字禅城。

5.2　社会效益

智慧城市不仅会改变居民的生活方式，也会改变城市生产方式，保障城市可持续发展。当前推进禅城区智慧城市建设有利于推进禅城区城镇化发展；有利于培育和发展战略性新兴产业，创造新的经济增长点；有利于促进传统产业改造升级、社会节能减排，推动经济发展方式转型；有利于禅城区抢抓新一轮产业革命机遇，抢占未来国际竞争制高点。

5.3　经济效益

通过为社会提供脱敏脱密的详细的构筑物数据，开展室内导航、辅助寻车、空间租赁、物业运维等众多应用，打造基于构筑物数据的创新创客平台，推动禅城区的产业升级。

阜阳市城市管理综合运行调度中心

正元地理信息集团股份有限公司

1 项目背景

城市信息模型（CIM）是新基建政策下新型智慧城市必备的基础设施，是智慧城市建设的重要支撑，对推进城市治理能力现代化具有重要意义。为响应习近平总书记推进国家治理体系和治理能力现代化号召，紧跟未来城市发展趋势，抓住安徽省“城市大脑”建设契机，阜阳市通过打造基于 CIM 的阜阳市城市管理综合运行调度中心，全面赋能阜阳城市精细化管理与智能决策，提升城市综合监管能力和城市运行效率。

2 项目内容

项目建设内容涵盖城管监督、防汛指挥、供水调度、地下安全预测预警、桥梁监测、环境评价、视频监控、用水数据、市民中心等 9 个业务专题，通过全面接入城市案件、内涝积水、供水调度、管网运行、环境质量、交通出行、桥梁监测等实时动态数据，在宏观城市三维模型的基础上融入城市微观建筑模型（BIM），实现阜阳城市治理要素、对象、运行过程、结果等各类信息的镜像数字模拟，为城市运行管理提供数字底板，做到城市运行态势实时监管。同时平台以与民生关联较为紧密的排水、燃气管网安全等为研究对象，集成大数据、机器学习、科学分析模型等新技术，进行覆盖安全风险评估、安全运行监测预警、安全风险预测预警的技术研究及功能研发，切实提升管网设施安全运行管理和服务水平。通过整合各个业务专题，构建集城市运行态势全面感知、异常状况统一掌控、风险隐患科学预防、城市问题高效处置、应急事件决策调度于一体的阜阳城市管理综合运行调度中心。

目前，阜阳市城市管理综合运行调度中心已取得良好应用效果，项目成果主要体现在以下几个方面：

2.1 构建城管监督专题，实现案件的快速上报及高效处置

利用网格化管理理念，将所辖行政区域划分为若干个监管网格，并明确每个网格的

网格长和联系方式，实现责任到人，确保问题的及时上报处理。同时，通过对城市案件位置信息进行空间分析，直观展示案件分布密度热力图，实现案件高发区域重点监管。此外，通过对案件上报、派遣、案件处置情况、月考核评价情况进行统计分析，实现案件受理、派遣、处置、考核的闭环管理，确保案件的高效处置。城市监管–热力图如图 1 所示。

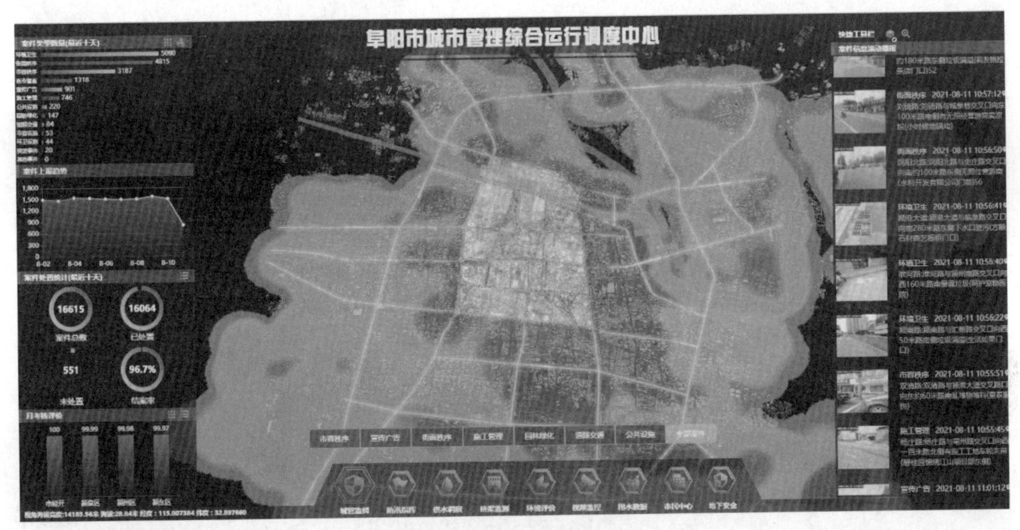

图 1　城管监督–热力图

2.2　构建防汛指挥专题，保证防汛指挥调度的科学性与有效性

通过接入下穿水位、河道水位、雨量站、河闸等物联网监测设备在线数据，实时监测排水管网的运行状况，实现异常自动报警。通过对排水管网关键运行指标的动态监管，辅助城市内涝隐患信息排查以及应急预案优化。

2.3　构建供水调度专题，实现供水管网运行动态监管

通过对水源井、加压站、管网监测点的流量、水压等运行指标进行实时在线监测，实现异常自动报警（见图 2）。同时结合日供水量、平均压力以及产销差率等供水信息概览，实现阜阳市供水的科学合理调度，确保供水安全。

2.4　构建地下安全预测预警专题，提升管网设施风险管控水平

针对排水、燃气、供水、热力四类管网，基于 CIM 全时空大数据，构建管网风险预测预警专业模型和分析模型。利用管网安全风险评估、安全运行监测预警、安全预测预警等功能，实现主动式管网风险预测，进一步降低管网运行安全风险隐患，切实提升管网设施风险管控水平（见图 3）。

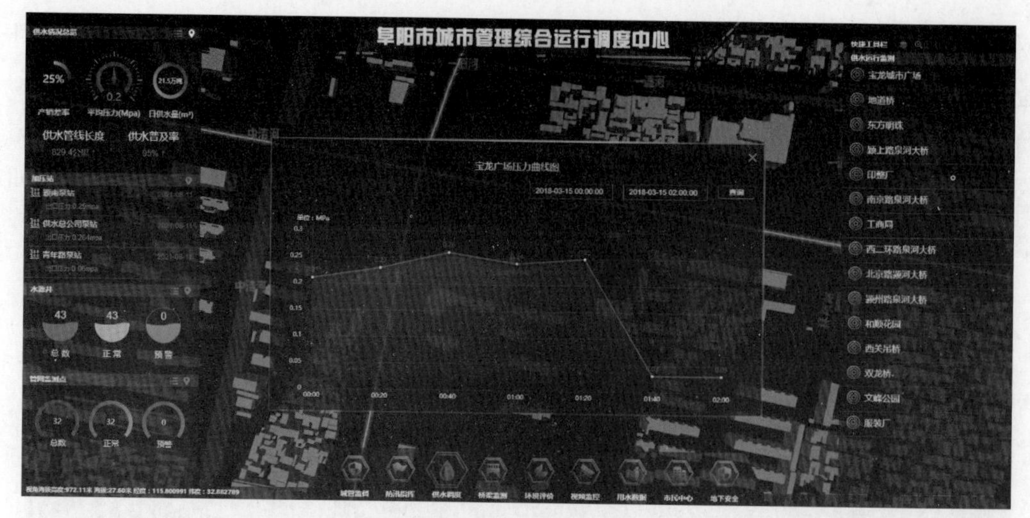

图 2　供水调度 – 供水水压异常

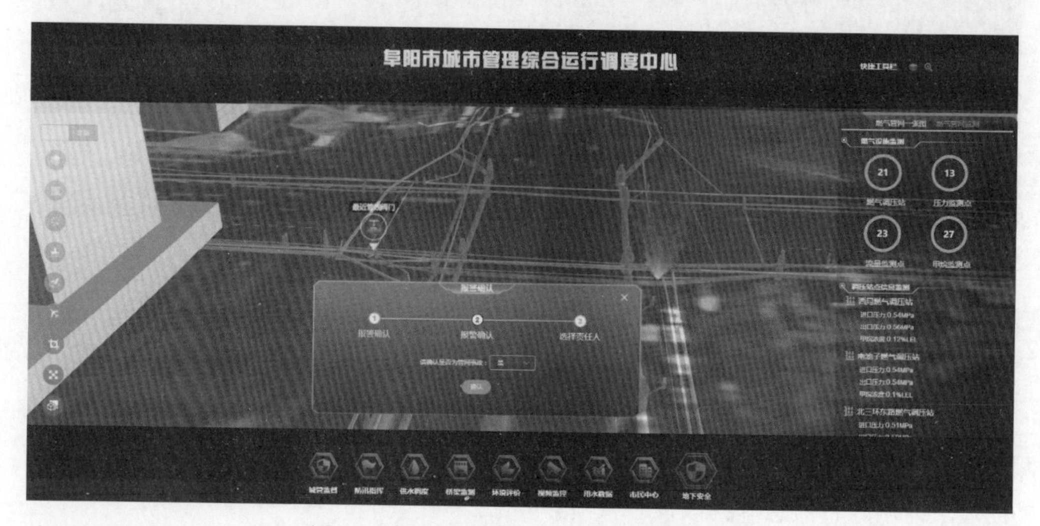

图 3　地下安全预测预警 – 燃气管网爆炸

2.5　构建桥梁监测专题，实现风险隐患的科学预防

通过接入桥梁沉降、变形等物联网动态监测数据，直观呈现桥梁运行关键体征，实现桥梁运行状况的实时感知（见图 4）。同时，通过对监测数据进行智能分析，可及时发现桥梁隐患，实现城市基础设施从传统被动的应急处置转变为主动的风险管理，保障城市基础设施运行安全。

2.6　构建环境评价专题，实现环境质量多维度动态监管

通过接入城市水质、废气、废水源、空气质量等实时在线监测数据，实时监控各类环境质量数据的关键指标，实现异常超标自动报警，辅助环境质量多维度动态监管。

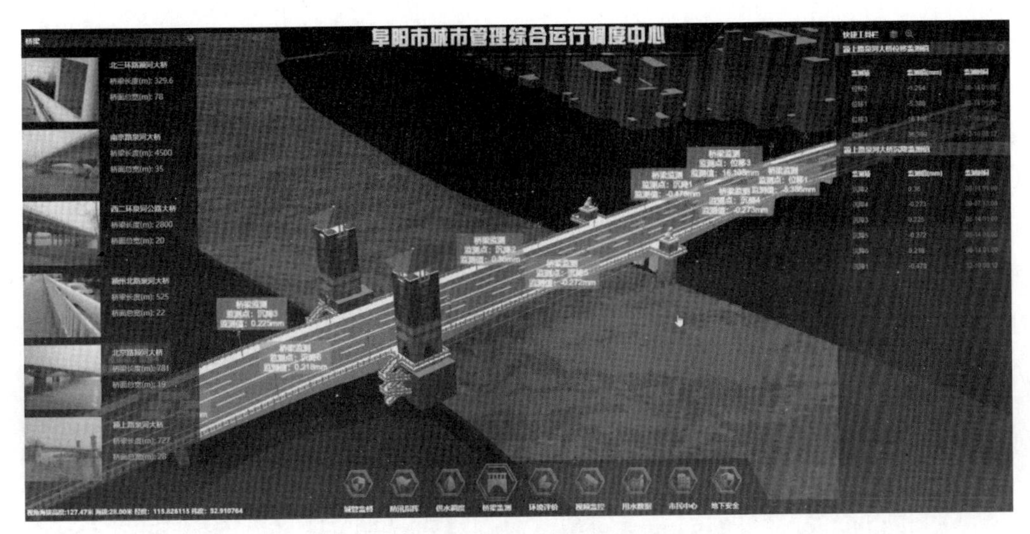

图 4　桥梁监测－位移/沉降监测

2.7　构建视频监控专题，实现重点区域整体现场全景、实时、多角度监控

通过接入城市交通、公安专题等实时监控视频，将具有位置信息的监控视频投射到三维空间场景的对应位置，实现视频数据与三维场景数据的立体融合，达到对重点区域整体场景全景、实时、多角度监控的目的（见图 5）。例如，通过对城市重要交通路口的人流量车流量监控视频分析，可综合判断交通拥堵情况，指导人员出行规划。

图 5　视频监控－交通监控视频融合

2.8　构建用水数据专题，实现水资源源头管控

通过对阜阳市自来水公司取水量监测点进行实时在线监控，实现对各区县不同维度

累计取水量的统计分析，以及各监测点取水量的年/月/周/日变化曲线绘制，可全面、准确、及时掌握取用水情况，提高水资源管理精细化水平。

2.9 构建市民中心专题，实现基于 BIM 的精细化管理

构建市民中心 BIM 模型，通过部件三维空间特征与属性信息的集成展示，逼真刻画市民中心部件细节（见图 6）。支持直观展示建筑内部每个楼层的机构单位分布、属性信息，以及建筑内部每层的基础设施分布情况，比如楼梯、洗手间、电梯等，精准服务阜阳市民中心管理。

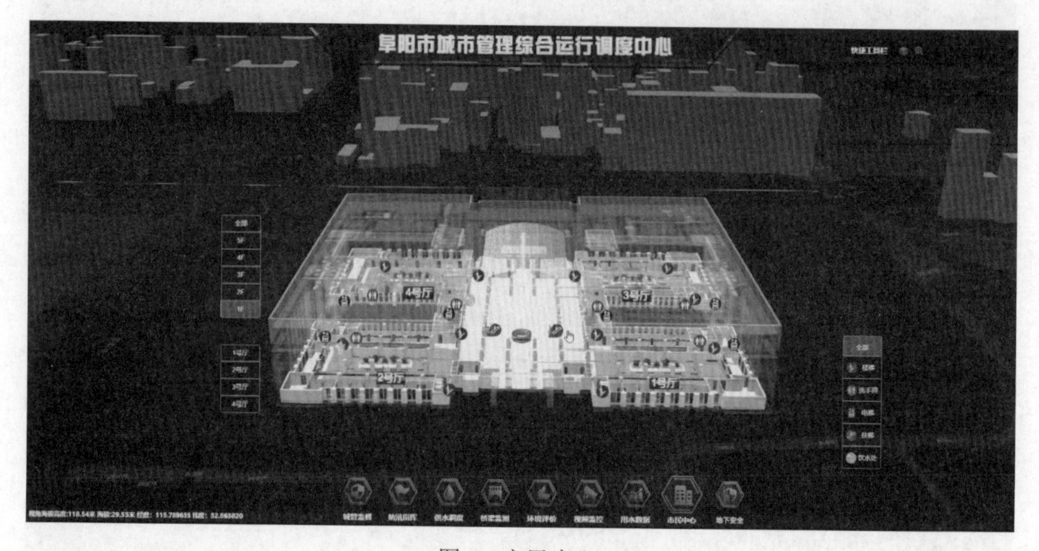

图 6　市民中心

3　关键技术

在技术攻关上，项目突破 CIM 模型快速构建、BIM 轻量化、地上地下一体化数据组织存储与融合、三维立体空间索引、燃气管网爆炸预测、城市内涝预警分析等多项关键技术，打通了构建智慧综合运营调度中心的关键技术环节。

3.1 CIM 模型快速构建技术

针对传统三维建模费时费力、模型重用度低、更新成本高、缺少语义信息等问题，利用二维建筑物矢量数据及 CAD 图纸，实现对城市级建筑外立面三维模型与三维内部模型的自动、批量生成，并能精准刻画复杂模型空间位置及其附属设施的几何、外观与语义特征，为时空数据三维模型构建提供技术支撑。

3.2 BIM 轻量化技术

通过对来源广、范围大、数据结构复杂、数据量庞大、模型几何特征丰富的 BIM 模型数据进行从源数据精简到渲染引擎优化的轻量化处理，实现在不降低展示效果且精度满足业务场景应用需求基础上，BIM 数据渲染以及大场景 BIM 模型加载效率的提升。

3.3 地上地下一体化数据组织存储与融合技术

研发地上地下一体化数据融合技术，在影像、地形、倾斜摄影三维模型、传统手工三维模型、管线三维模型、三维矢量模型、三维地质模型等宏观三维模型基础上，融入微观 BIM 模型，并将其按照统一坐标系、统一比例尺进行模型装载与融合，实现地上地下数据的高精度融合，同时为静态模型关联动态物联网监测信息，实现三维城市信息的动静一体化表达。

3.4 三维立体空间索引技术

针对海量地上地下全空间数据查询检索效率不高的问题，研发三维立体空间索引技术，在传统主流的二维空间索引算法－Geohash 算法的基础上加入高程剖分，将三维立体空间剖分为多级、多精度的三维立体空间网格，实现全时空数据统一编码，并建立三维立体空间下的索引方式，从而将传统经纬度浮点数运算转化为空间一维编码的匹配，极大提高地上地下全空间数据查询检索的效率。

3.5 燃气管网爆炸预测技术

构建可燃气体泄漏扩散浓度与时间、距离关系模型，当发生可燃气体泄漏预警时，自动分析预测爆炸时间，确定爆炸损伤范围。并通过 CIM 获取爆炸损伤范围内危险源、重点防护目标、窨井位置数据，分析受影响的地上地下设施，如医院、学校及容易二次诱爆的加油站等，为相关部门进行可燃气体泄漏应急处置提供辅助决策，防止事态进一步发展。

3.6 城市内涝预警分析

采用数字高程模型（DEM）汇流思想，通过 CIM 获取城市地形特征及建筑分布情况，构建管网系统管点溢流量的地表蔓延扩散分析模型，获取不同时间点地表积水深度，根据积水淹没情况，结合相关标准规范划分积涝等级，提高城市内涝预警水平。

4 创新点

4.1 形成基于地上地下全空间数据协同的地下管网实时大数据安全预警技术

在传统地下管网安全监测预警技术体系下，通过 CIM 平台获取基础时空数据、公共专题数据、物联网实时感知数据等城市时空大数据，利用精细化全息要素为管网安全预测预警提供丰富数据支撑。在此基础上，综合应用大数据、机器学习、科学分析模型等新技术，构建管网风险预测预警专业模型和分析模型，实现管网安全从传统被动的应急处置转变为主动的风险管理，进一步降低管网运行安全风险隐患，从多维度保障管网运行安全。

4.2 三维立体网格剖分技术，实现部件级（内部细微结构）模型区位标识、融合共享及高效计算

汇集地上地下空间数据和动态信息，基于 GeoHash 算法，利用立体网格剖分技术，在高程维度按设定规则剖分并编码，形成超精细立体空间网格剖分与编码体系，实现部件级模型的区域标识。通过将地上地下全空间剖分为足够精细的三维立体网格，构建统一空间编码作为空间唯一身份证，以映射城市数字空间和实体空间的对应关系，覆盖“城市—社区—邻里—街坊—街块—地块—建筑—构件”不同空间粒度，实现城市级多元、多尺度、多语义、多模态的超大规模数据的一体化组织存储，同时可服务于部件级数据的可视化、检索统计和分析计算等全流程应用，将部件级空间数据查询检索效率提升 10 倍以上；采用 BIM 数据轻量化技术、LOD 技术、实例化技术、动态调度技术等多项重要技术，保证快速渲染和高效调度能力，实现超精细城市模型的真实感可视化与高效调度。

5 示范效应

基于 CIM 的城市管理综合运营调度中心平台已成功应用于阜阳项目，取得了良好的应用效果，通过对 9 大业务专题进行集中管理，为阜阳打造了一个地上地下一体化智慧综合运行调度中心，提升了阜阳市城市综合监管能力和城市运行效率，并形成了可复制、可推广的城市运营管理经验和模式。该项目的顺利实施验证了平台的普适性和可移植性，项目的样板性和可推广性将为后续类似项目建设提供示范和参考。

5.1 形成基于 CIM 平台创新城市综合监管经验模式

将监测预警、综合调度决策及其融合应用功能作为重点，在与民生关联较为紧密的

城管监督、地下安全预测预警等核心业务需求指引下将CIM、智能感知、视频融合、科学分析模型等先进技术有效地应用到业务流程中，改变了现有各个业务专题分散工作的局面，为城市管理综合运行调度开创了一种全新的管理理念与模式。具体如下：一是基于海量物联感知数据实现城市运行体征实时呈现，夯实城市案件处置、供水调度、地下空间安全运行管理、桥梁监测等城市态势分析研判的数据基础；二是结合市民中心等BIM 模型实现城市的部件级精细化管理，通过部件三维空间特征与属性信息的集成展示，逼真刻画各类城市要素内部结构细节，升级城市市民中心、管网等基础设施管理维度到组件级、部件级，精准服务城市全生命周期管理；三是在基于全息要素的城市信息模型基础上强化管网专业分析模型、专项监测预警评估模型的算法支撑，挖掘管网不同样本特征，实现管网的精细化管理、安全风险评估、安全监测报警、运行安全预测预警，形成一套适用阜阳本地管理需求且具有可移植性的城市综合监管模式。

5.2 打造地上地下一体化城市综合运行管理调度样板工程

项目汇聚融合基础地理信息数据、三维模型数据、BIM 模型数据等各类城市基础空间信息资源，同时接入管网运行、视频监控等超大规模体量的物联网实时监测数据，实现结构化与非结构化数据、二维与三维数据、地上与地下数据、宏观与微观数据、地理时空数据与实时感知大数据的地上地下全空间三维全息呈现与管理，同时将城市管理者重点关注的城管、内涝、桥梁、供水、地下安全等痛点问题形成业务专题进行融合集成，打造了一个具有普适性和可移植性的地上地下一体化智慧综合运行调度中心。项目在城市综合运行调度管理层面，可为类似项目建设提供通用基础业务应用框架，通过将平台通用部分进行抽取，根据不同业务场景进行定制开发，实现通用模块、核心功能的沉淀、共享和复用。项目的样板性和可复制性将为后续新项目尝试和旧项目升级提供示范和参考。

5.3 丰富城市信息模型应用场景

基于 CIM 的城市管理综合运行调度中心为阜阳市城市管理提供了供水调度、地下安全等多个场景应用，通过将城市信息关联到精细的三维对象上，为9个业务专题提供了更加宏观、立体、精细、动态的场景服务。在应用维度上，阜阳市城市管理综合运行调度需要整合多个行业信息的综合业务，该项目将 CIM 应用场景从单个应用向跨业务的综合应用转变，实现了 CIM 场景在应用维度上的升级。

CIM公共服务平台应用

中设数字技术股份有限公司

1 项目背景

“数字中国、智慧社会”战略要求的核心目标是增强国家治理能力，其基本建设单元是数字城市、智慧城市。数字化的城市空间数据和社会经济活动数据的集成是实现城市数字化建设与管理的技术基础，BIM（Building Information Modeling，建筑信息模型）与CIM（City Information Modeling，城市信息模型）技术是形成数字城市空间数据的重要技术支撑与必要条件。可以说，BIM与CIM技术是践行“数字中国、智慧社会”的重要底层技术支撑。

本项目完善了基于BIM和CIM的公共服务平台顶层框架体系，建立了系统的数据和标准体系，搭建了CIM平台和基于CIM平台的应用系统，并在厦门市、武汉市、长沙市、沈阳市、北京城市副中心开展城市级的示范应用，在中交建和中建八局开展企业级的示范应用。本文以在武汉市、北京城市副中心、中交建和中建八局的示范应用为主要内容，介绍项目的基本情况。

2 项目内容

2.1 CIM平台数据治理与建库

数据是CIM平台的重要核心之一，但是CIM平台数据具有类型多、数据量大、数据来源多等特点，因此CIM平台的数据治理和建库不仅是CIM平台建立的重要基础工作，也是一项较为复杂的工作。本项目通过对数据梳理，建了一套比较完整的数据处理、建库流程，大致如下：数据汇集→数据融合→数据质检→数据入库→数据服务→数据管理。

1）数据汇集。将多元异构的数据汇集，并把数据转换为通用的格式。

2）数据融合。包含坐标转换、坐标校正/配准、拓扑问题检查修复、数据融合、类型转换（点线面互转）、属性信息标准化、格式转换等一系列操作，将数据标准统一。

3）数据质检。利用数据质检工具，对数据质检。

4）数据入库。根据数据分类，将数据存放到指定的库里，主要包括空间数据库、文件资源库、基础数据库、业务库和平台衍生库等，如图 1 所示。其中空间数据库包括用于存储空间矢量数据，如停车场数据、物联网设备的位置数据、园区内道路数据等；文件数据库用于存储文件格式数据，比如 BIM 模型文件、底图栅格切片数据；基础数据库用于存储平台基础数据，比如用户数据、配置数据；业务数据库用于存储相关业务数据，比如 IoT 设备基本信息（设备信息、故障信息、异常状态等）。

平台衍生资源用于存储平台生成的数据，比如日志等；然后通过平台，将数据发布成基础服务，供 CIM 平台和基于 CIM 平台的开发的系统使用。

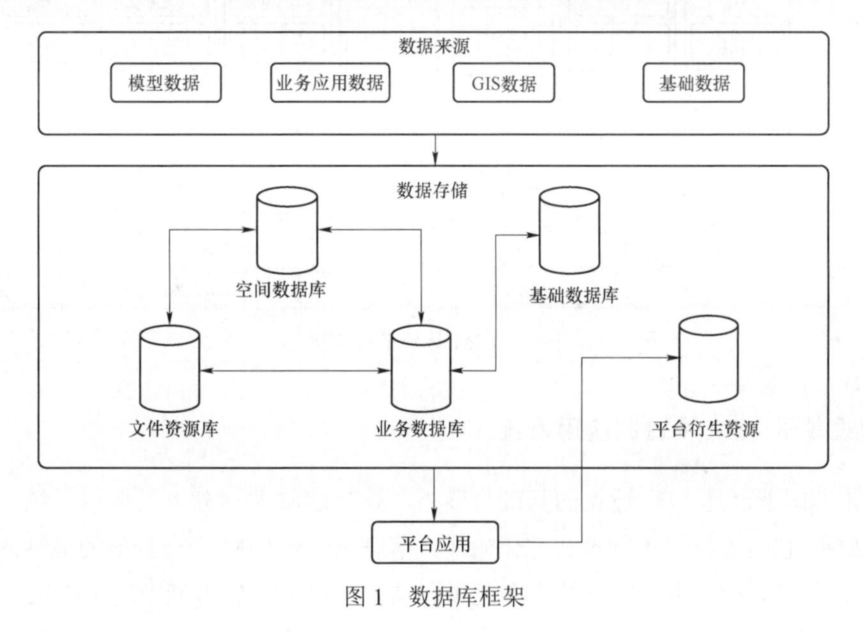

图 1　数据库框架

2.2　建设 CIM 基础平台

采用云计算、大数据、人工智能、图形技术和 GIS 技术、物联网传感等技术，按照一标准、一库、一平台建设思路，建设可支撑城市级、企业级应用的基础支撑平台。平台建设内容包括 CIM 数据治理模块、CIM 性能图形引擎、CIM－AI（人工智能）数据分析引擎和 CIM 应用二次开发程序包。CIM 基础平台架构如图 2 所示。

CIM 基础平台架构包括基础设施层、平台层、应用系统层、展现层、用户层。基础设施层主要集中支撑 CIM 平台的软硬件环境；CIM 平台层包含了 CIM 平台的基本功能，包括数据汇聚、数据治理与融合、数据管理与应用场景配置、图层功能、模型渲染与可视化、数据分析与模拟推演、二次开发与平台运维等功能；应用系统层主要是 CIM 平台支撑的业务系统，包括城市体检、智慧园区等系统；展现层主要是 CIM 平台支持不同的客户端；用户层为 CIM 平台可提供的服务单位。左右两侧的安全保障体系和标准体系为CIM平台的政策性文件支持和CIM平台建设中应当遵循的标准体系内容。

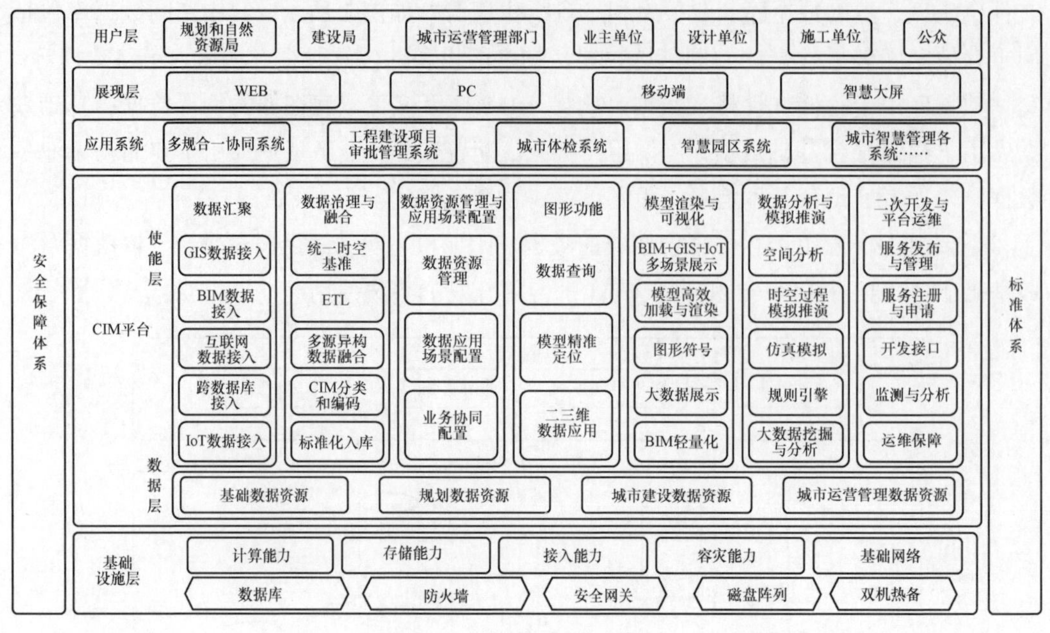

图 2　CIM 基础平台架构

2.3　建设基于 CIM 平台的应用系统

CIM 基础平台是 CIM 建设的基础与核心，基于 CIM 平台建立的应用系统，我们称之为 CIM+，它是支撑城市管理智慧化的最终落脚点，是 CIM 平台价值的最终体现。本项目考虑了 CIM 平台和 CIM+的内在逻辑，结合武汉市、北京城市副中心试点城市以及中建八局和中交建示范企业的实际需求，建设了机器审图系统、工程建设项目审批管理系统、智慧园区系统、居民出行系统和城市体检系统。CIM 和 CIM+关系如图 3 所示。

（1）机器审图系统

机器审图是属于北京城市副中心的城市级示范应用，系统基于自主研发的 BIM 技术图形平台，按照有关法律法规、工程建设技术标准与规范、消防、人防、气象、城市规划与管理以及相关的技术要点，借助互联网和信息技术，建立施工图等图件联合审查的工具，实现规划报建阶段和施工阶段的 BIM 模型审查，大幅提升了工作效率和准确性，提高行业信息化水平。

（2）工程建设项目审批管理系统

工程建设项目审批管理系统是北京城市副中心的城市级示范应用，针对城市工程建设“多规合一”、全流程审批和事中事后监管等应用场景，面向工程建设项目审批相关

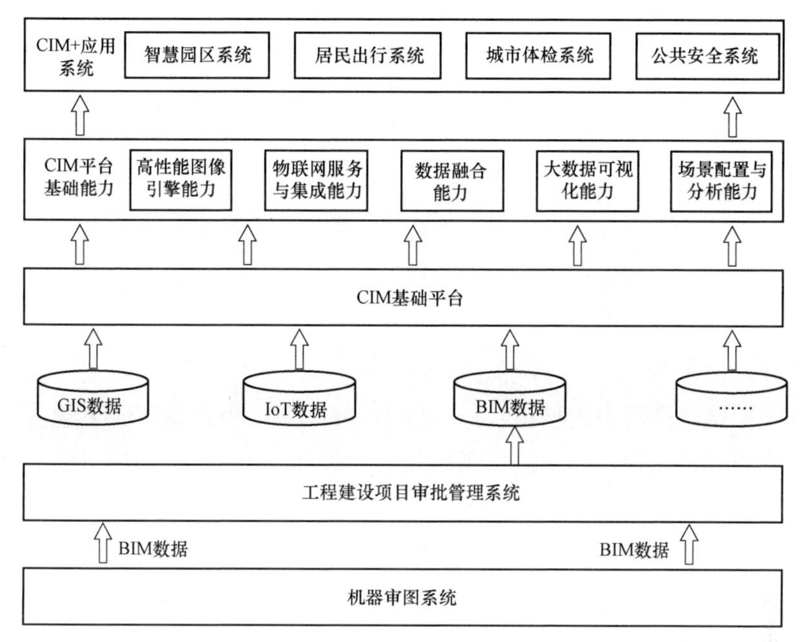

图 3　CIM 与 CIM+

部门、企事业单位、社会公众提供应用服务。通过建构“多规合一”业务协同子系统，实现工程项目库管理，为工程建设项目审批提供数据基础；构建在线并联审批审查子系统，实现立项用地规划许可、工程建设许可、施工许可、竣工验收各部门的联合审批。最终实现营商环境优化、治理能力提升的目标。

（3）智慧园区系统

智慧园区系统为中交建和中建八局的企业级示范应用。在充分满足“BIM 软件与 CIM 平台集成开发公共服务平台”项目研究基础上，基于已有 CIM 基础平台的建设，开发一套全新的智慧园区运营管理系统。利用移动互联网、物联网、人工智能、云计算、大数据等技术手段，推进智慧园区建设；对园区建筑、市政设施、企业设施、管线、机电设备设施等三维建模，真实还原园区整体环境；以三维场景为依托，结合物联网、多源数据融合、大数据分析等技术，实现园区智能化管理。系统主要包括设备设施管理子系统、综合安防子系统、能耗分析子系统、停车管理子系统、码头泊位管理子系统、IOC 中心六个功能模块。

（4）居民出行系统

居民出行管理系统属于武汉市的城市级示范应用。系统主要基于多源数据分析，结合城市产业发展趋势研判，识别区域交通主要联系方向与需求规模，辅助城市交通体系规划、重大交通设施建设决策，同时依托相关算法和技术，进行城市交通现状监测、评估与问题识别，辅助城区交通系统空间优化，提高居民出行效率的同时，优化城市空间形态，辅助城市精细化治理。

（5）城市体检系统

城市体检系统是武汉市的城市级示范应用。城市体检评估基于本项目建设的 CIM 公共服务平台，结合城市已有的“多规合一”协同信息平台、工程建设项目审批管理系统、数字化城市相关管理平台的资源，按照“数字城市”“智慧城市”的要求来建立统一收集、管理和报送的城市体检评估信息系统。系统建设内容包括体检评估指标体系管理、模型算法管理、统计展示模板管理、体检指标设置、指标数据收集、体检指标计算、体检数据可视化等。

（6）公共安全系统

公共安全系统是武汉市的城市级示范应用，系统主要包含消防应急救援子系统和疫情防控管理子系统两大模块。消防应急救援子系统采用互联网+物联网技术手段，对消防设施、器材、人员、消防站等状态进行智能化感知、识别、定位与跟踪，实现实时、动态、互动、融合的消防信息采集、传递和处理。通过信息处理、数据挖掘和态势分析，为防火监督管理和灭火救援提供信息支撑，提高社会化消防监督与管理水平，增强消防灭火救援能力。疫情防控管理子系统整合当地疫情防控上报信息，充分运用大数据、人工智能、移动互联网等技术，对疫情期间数据的实时采集、处理、分析、挖掘，加强疫情溯源和监测，更为有效地促进信息透明，实时发布权威信息，解决信息不对称的问题，同时为基层疫情分布情况、重点人员行动轨迹等进行数据分析和可视化管理。

3　关键技术

3.1　BIM 引擎与 GIS 融合的技术

支持 RVT、Rhino、Bentley MicroStation、SketchUp、3DMax、CATIA、Tekla 数据文件轻量化及互联互通（CIM－BIMHub）。通过研发内嵌轻量化工具，可以把原生的 BIM 文件转换为中间格式（例如 CIM）；文件通过校对审查，符合 CIM 平台规范后，进一步执行模数分离，几何模型进入 CIM 平台文件数据库；特征属性和参数信息存入到 CIM 数据库，支持应用层的提取、交互、分析和可视化操作。轻量化 BIM 模型可以在 CIM 平台上的各个应用系统中使用，做到一套数据，多方使用，高效便捷、互联互通。轻量化数据应用如图 4 所示。

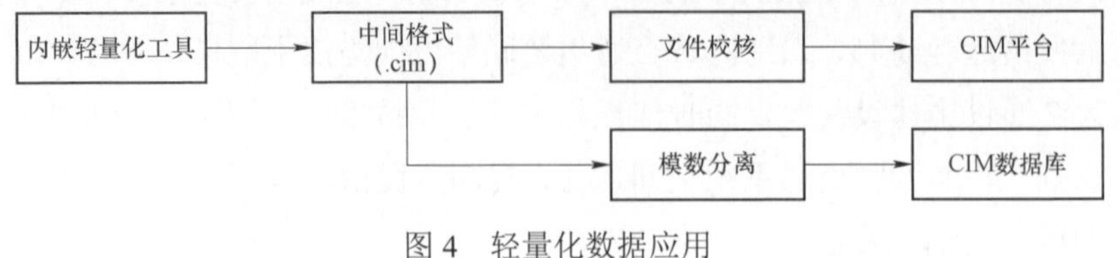

图 4　轻量化数据应用

3.2 综合图形引擎优化技术

实现 BIM、GIS 和 CIM 的一体化引擎（CIM－HDRender），高性能和大体量；支持地理坐标系统，支持基础设计建设，如根据道路路径拉线一键生成路网桥梁等。支持 LOD 瓦片，支持倾斜摄影 OSGB，支持二三维联动效果，支持 CIM 平台的特定需求。同时，面向多场景对图像引擎进行优化，支持轻客户端，如 Web、手机、平板、PC 客户端等。

研发途径是改造现有 BIM 图形引擎，增强数据和显示能力，同时通过后端技术研发，把重计算过程放到后端服务器计算，然后把计算结果返回给客户端和前端，将减轻客户端的计算压力。无论是手机还是低配置客户端，都可以实现所见即所得的图像交互体验。

3.3 CIM 服务编排与服务接口技术

微服务架构是一种将单应用程序作为一套小型服务开发的方法，每种应用程序都在其自己的进程中运行，并与轻量级机制（通常是 HTTP 资源的 API）进行通信。这些服务是围绕业务功能构建的，可以通过全自动部署机制进行独立部署。这些服务的集中化管理已经是最少的，它们可以用不同的编程语言编写，并使用不同的数据存储技术。微服务框架允许用户通过服务来完成功能，服务是进程外的组件，通过网络服务请求（web service request）或者远程函数调用之类的机制来使用里面的功能。

CIM 服务接口设计采用微服务架构，创新型地采用内侧和外侧编排方式，增加对外服务接口的稳定性、可靠性和扩展性。通过内外服务接口的灵活组合配置，可以快速满足新需求和应用，方便快速开发新的 CIM 应用，支持 AI 数据分析、AR 效果呈现、数据转换和分析，支持 IoT 数据提取、检索、演示及分析。

3.4 业务引擎技术

业务逻辑模块建设的主要目的是支撑上层应用系统，如多规合一、联合审批、城市体检、智慧园区及运营管理等。其中公共的部分提取出来作为业务引擎的主要建设内容，例如审批规则库、规则匹配；城市体检应用系统的指标体系，数据的统计、分析、查询和检索等。

其中，规则库建设包括模型审批规则、多规合一校审规则和城市监测、分析和评价的指标体系。规则匹配引擎在审校、规划和体检中起到关键作用。根据需求，系统根据体检和审校的细项目标，从规则库和知识库中提取对应的规则和知识条目，检查验证指标项是否在特定范围或者符合规范，形成分析结果，反馈给应用系统的用户，辅助决策和评价。

4 创新点

BIM+GIS 是 BIM 多维度应用的一个重要方向。传统的 GIS 厂商已经解决了 GIS 平台中 BIM 和 GIS 数据融合的问题，融合后 GIS 平台提供了专业空间查询分析能力及宏观地理环境基础，可深度挖掘 BIM 的应用价值。BIM 数据则弥补三维 GIS 缺乏精准建筑模型的空白，是三维 GIS 的一个重要的数据来源，能够让其从宏观走向微观，从室外进入室内，同时可以实现精细化管理。但是在 GIS 平台中加载大量的 BIM 数据，容易出现浏览卡顿、页面卡死等现象。

因此在本项目中，除了利用 GIS 平台显示 BIM 数据之外，还利用 BIM 轻量化技术，降低 BIM 的数据量，然后基于云渲染引擎，对 BIM 数据进行显示，解决了 BIM 数据显示对客户端和服务端压力较大的问题。并在 BIM 和 GIS 的融合问题上，另辟蹊径，以 BIM 为中心将 BIM 数据和 GIS 数据融合在 BIM 图像引擎上，而不是将 BIM 数据融合在 GIS 的图形引擎上，从一定程度上解决 BIM 和 GIS 数据融合的问题。

5 示范效应

5.1 助力工程建设项目审批制度改革的必然趋势

工程建设项目审批制度改革是党中央、国务院在新形势下做出的重大决策，是推进政府职能转变和深化“放管服”改革、优化营商环境的重要内容。

BIM、CIM 技术是工程建设行业形成新数字经济的驱动力，不但将极大地提升工程决策、规划、设计、施工和运营的管理水平，还将增加建设工程信息的透明度和可追溯性。基于 BIM 软件和 CIM 平台的集成开发公共服务平台将同时具备“多规合一”业务协同、在线并联审批、统计分析、监督管理等功能，在“一张蓝图”基础上开展审批，实现统一受理、并联审批、实时流转、跟踪督办。国家、省级及地方工程建设项目审批管理系统将以应用为导向，打破“信息孤岛”，实现审批数据实时共享。

5.2 匹配城市体检实现精准治理的现实需求

我国快速的城镇化进程导致人口高度集聚、环境污染、交通拥堵、资源紧张、安全风险增加等“大城市病”日益严重。“大城市病”已成为当前城市发展必须面对和解决的问题，迫切需要以 BIM、CIM 为代表的信息技术驱动城市发展活力，加快新旧动能转换，强化城市精准治理的新手段，提高城市治理新效率。因此，针对“大城市病”提出的“城市体检”应时而生。

构建基于BIM软件和CIM平台集成开发公共服务平台，借助信息化的手段，针对城市发展过程中一系列公共服务问题进行分析和评价，发现现状中存在的问题和不足，对城市进行全方位的“体检”，找到“大城市病”根源，进而对城市中一些发展不足和缺陷之处进行把控，通过科学手段得出的体检报告可以为政府决策做参考，实现城市科学规划、高效建设和优质运营，提高政府管理软实力，为新型智慧城市提供基础支撑。

5.3 协调城镇化滞后和信息化加速发展的突出矛盾

信息技术正在席卷经济社会各个领域，成为重塑经济竞争力、重构经济秩序的重要力量，各产业的信息化进程逐渐加快，信息化在“四化”同步发展中的支撑作用越发明显。

“推动新型工业化、信息化、城镇化、农业现代化同步发展”是自十八大起就确立的发展战略，而在推进过程中，目前仍面临着“融合不够、互动不足、协调不力、同步水平不高、区域差异较大”的问题。2018年我国城镇化率达到59.58%，与发达国家80%左右的城镇化率相比，未来还有10%～20%上涨空间。在城镇化进入高质量发展阶段之后，“摊大饼”式粗放的城市发展模式难以为继，新型城镇化强调“以人为核心、以提高质量为目标”，通过实现新旧动能的转换，推动我国新型城镇化可持续健康发展。而BIM与CIM技术既是信息化+城镇化融合发展的着力点，也是实现城镇化高质量发展的新动力。

未来，信息化是核心引领，通过加快网络强国和数字中国建设，增强“四化”同步发展的提升力；城镇化是载体和平台，通过建设新型智慧城市和宜居城市，提高“四化”同步发展的承载力。推进信息化与城镇化协调发展，用信息化提升城镇化发展水平，发展城镇化推进信息化，对于又好又快地推进城镇化进程、提高信息化水平乃至不断提高国家竞争力有着十分重要的现实意义。

基于BIM的工程建设项目审查审批建设试点——南京

中设数字技术股份有限公司

1 项目背景

根据2018年11月《住房城乡建设部关于开展运用建筑信息模型系统进行工程建设项目审查审批和城市信息模型平台建设试点工作的函》的要求，北京城市副中心、广州、南京、厦门、雄安新区一同被列为运用BIM系统和CIM平台建设的试点。试点城市要求完成“运用BIM系统实现工程建设项目电子化审批审查”，政府要以工程建设项目三维电子报建为切入点，在“多规合一”的基础上，建设具有规划审查、建筑设计方案审查、施工图审查、竣工验收备案等功能的CIM平台，精简和改革工程建设项目审批程序，减少审批时间，探索建设智慧城市基础平台。

根据文件要求，广州市、南京市和北京城市副中心相继开始进行BIM规划报建和施工审查的相关工作，广州市更是作为全国首个城市构建了基于BIM施工图三维数字化审查系统开展三维技术应用，探索施工图三维数字化审查，建立三维数字化施工图审查系统。

北京城市副中心也响应城市试点要求，开展北京城市副中心“规建管一体化”，并以审查审批为切入口，完善新一代“规建管”平台建设，构建数字规划审查标准体系，制定审查审批相关政策，开展BIM应用试点。

南京作为国家确立的“双试点”城市，以落实部委试点任务为核心，以提升城市治理、行业管理能力和民生服务为重点，以体制机制创新为保障，开展基于BIM技术的标准制定和软件系统研究工作。

2 项目内容

2.1 完成BIM系列标准

为提升工程建设项目报建审批信息化水平，实现工程项目建筑信息模型技术的规划报建，而制定了与之配套的一系列 BIM 相关标准。制定的标准原则为满足 BIM 规划审批业务应用需求，符合国家、南京市发展规划，顺应国际 BIM 技术趋势。标准的适用范围为建设工程报批项目和 BIM 报建项目。

制定的相关标准如下：

《南京市建设项目 BIM 规划报建交付标准》

适用对象：设计院；

编写内容：建筑工程篇、轨道交通篇、交通市政工程篇；

意义：规范了 BIM 设计成果，为设计院提供依据。

《南京市工程建设项目 BIM 规划报建数据标准》

适用对象：设计院、软件服务商；

参编内容：建筑工程篇、轨道交通篇、交通市政工程篇；

意义：通过报建工具规整报建信息模型，以符合统一的数据规范要求，为设计院、软件商提供依据。

《南京市工程建设项目 BIM 规划技术审查规范》

适用对象：行政审批人员；

编写内容：建筑工程篇、交通市政工程篇；

意义：为审批经办人提供 BIM 报建审查技术规范。

《南京市工程建设项目建筑功能分类和编码标准》

适用对象：设计院；

编写内容：建筑工程篇、轨道交通篇；

意义：结构化、标准化建筑信息，为 BIM\CIM 的数据融合、共享、统计等多维度应用打下基础，通过软件引用编码标准，为各方提供价值应用。

BIM 系列标准如图 1 所示。

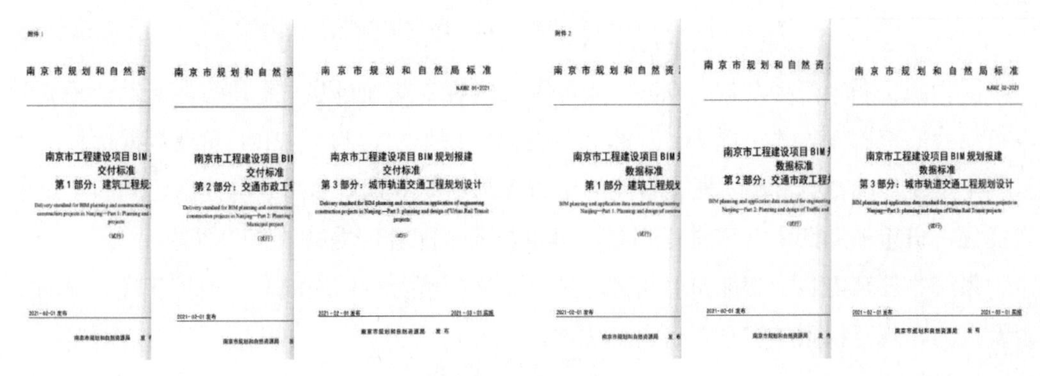

图 1　BIM 系列标准

2.2 研发规划报建审查系统

围绕工程建设项目（建筑类、市政类）的规划报建、审查审批，开发了“工程建设项目规划报建辅助设计软件”和“工程建设项目规划报建智能审查审批系统”。辅助设计软件基于主流的 BIM 软件开发了市政交通、轨道交通专业的插件，辅助进行 BIM 的相关设计，并可以导出轻量化的模型，然后上传到智能规划报建系统，通过云端进行显示和自动审查。通过两个软件引导和辅助建设单位、设计单位更加便捷、规范地开展设计和 BIM 应用，支撑和保障规划管理部门更加科学、高效地进行规划管理和审批，统筹解决工程建设项目规划审批过程中“能不能”和“好不好”的问题，努力实现工程建设项目“受理前服务最优、受理后时间最短、审批中结果最准、审批后监管最好”，形成改革新亮点、新突破。

2.3 研发施工图审查系统

在施工图审查阶段，项目首先优化了原有的审批流程。系统未建立前，原流程为纸质材料提交、审核和发件，系统建立后提交 BIM 模型数据即可。优化后的 BIM 施工报批流程如图 2 所示。

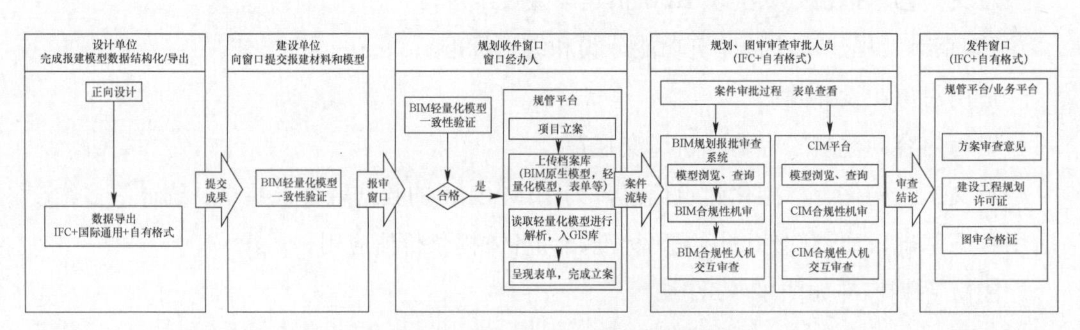

图 2　优化后的 BIM 施工图报批流程

因为施工图审查涉及规范众多，规范条文内容专业性极强，需具备丰富设计经验和审查经验的审图专家才可以进行审查。为提高审图效率，利用 BIM 模型数据优势，项目制定了统一的数据标准，建立智能的审查图形引擎和规则引擎，用数据驱动审查过程智能化，机审辅助图审专家进行判断，机审与人审配合，提高效率和质量。

系统主要功能包括智能审查引擎、规范条文拆解及规则库编写、项目管理、辅助审查及批注、规范检索、审查报告自动生成。

3 关键技术

3.1 BIM 模型的轻量化技术

三维模型数据轻量化需要在确保轻量化数据不存在结构丢失、轻量化数据纹理显示正常，无马赛克模型等情况、轻量化成果数据 LOD 分级清晰的情况下，实现 BIM 模型的轻量化，让 BIM 模型能够更快地被加载和使用。轻量化引擎处理 BIM 模型技术流程图如图 3 所示。

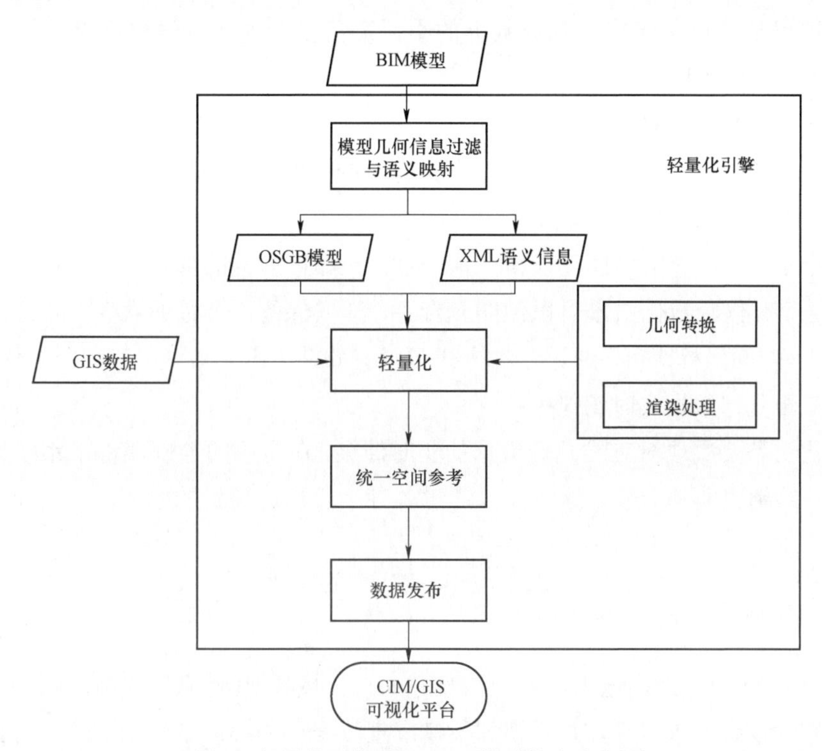

图 3 轻量化引擎处理 BIM 模型技术流程图

轻量化引擎处理 BIM 模型，可以分为以下几步：

（1）数模分离

BIM 模型包含几何数据和非几何数据两部分。几何数据就是我们能看到的二维、三维模型数据，非几何数据通常指 BIM 模型所包含的分部分项结构数据、构件属性数据等相关业务数据。

首先，轻量化图形引擎会将几何数据和非几何数据进行拆分。通过这样的处理，BIM 模型文件中约 20%–50%的非几何数据被剥离出去，导出为 xml 文件或 JSON 数据，供 BIM 应用开发使用。

（2）几何数据轻量化处理

轻量化引擎剥离了非几何数据后剩下的三维几何数据，还需要进一步的优化，以降低几何数据的体量和后期客户端电脑的渲染计算量，从而提高 BIM 模型下载和渲染的速度。

在几何数据优化方面，一般采取的方案包括：

（1）参数化或三角化几何描述

通过采用参数化或三角化的描述手段来降低三维几何数据的数据文件大小，让模型数据变得更小。

一般来说采用参数化的描述，几何数据文件肯定是要小于三角化描述的，但模型的轻量化不仅仅是简单考虑模型几何数据的小，还需要考虑在三维渲染时，客户端电脑 GPU 计算所需的时间。

轻量化图形平台的轻量化产品则侧重于三角化描述，在牺牲一点点数据大小的基础上，大大降低客户端渲染时的 GPU 计算时间，提高加载和渲染速率。

（2）相似性算法减少图元数量

在一个工程中，有很多图元长得一模一样，比如很多桩的形状一模一样，只是位置不一样，这个时候轻量化引擎可以做图元合并，即只保留一个桩的数据，其他桩我们记录一个引用+空间坐标即可。通过这种方式可以有效减少图元数量，达到轻量化的目的。

（3）三维几何数据实时渲染

轻量化引擎要实现对三维几何数据的实时渲染，在常规的绘制流程下系统无法装载整个数据，绘制也非常卡顿，这时需要通过各种手段加速场景的绘制，并精简、控制内存的开销。

3.2 基于 Hash 算法的一致性验证

原生的 BIM 模型数据量大，若窗口收件人直接接收 BIM 原生模型，则对收件人、经办人的硬件设备要求很高，并且规划报建审查数据只关心模型数据的一部分，也没有对 BIM 数据全部接收的必要，因此本项目通过 BIM 模型轻量化技术，保留必要的信息，降低模型数据量，提升审查效率。轻量化之后，如何确保其与原生模型是否一致，答案就是 Hash 验证。

轻量化文件上传后需进行 Hash 验证，验证轻量化文件是否和模型文件匹配，是否经过修改。只有模型合规性检测通过后，才可入库做进一步处理。在模型合规性检测及生成表单后记录 Hash 码和检查结果，当轻量化导出时，检测是否有这些结果，并给予用户提示。Hash 验证算法和流程图如图 4 所示。

经过本 Hash 验证，可以确保模型文件和轻量化文件严格一对一。不管哪个文件发生修改都可导致 Hash 验证失败。

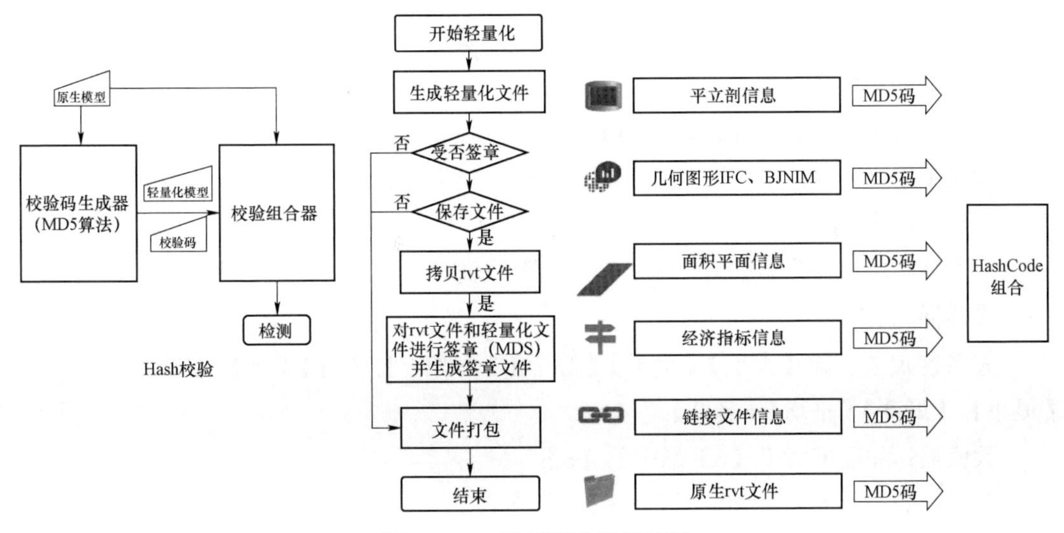

图 4　Hash 验证算法和流程图

3.3　指标计算规则库和智能审查规则库

此规则库作为指标计算与数据验证，依据相关标准及规定为基础，与目前 BIM 设计应用技术相结合，所形成的一套支撑 BIM 报建及审查审批软件工作的规则库。

规则库的建立旨在实现 BIM 报建及审查审批软件投入使用过程中，在不改变软件程序源代码的前提下，满足用户实现部分规则的可配置，增强软件自身对规则库的兼容性。为达到这一目的，在软件的设计上需要与规则库完成一定程度上的剥离，本规则库以“Excel”或“Access”文件作为数据的存储载体，实现用户对具体规则的管理和软件程序对规则数据的依赖支持。

对于一条规则库中的规则，存在可配置内容和不可配置的内容，可独立配置的规则涉及以下方面：

（1）【分类编码】的可配置

满足【分类编码】的可配置，其中包含：【用地性质】【建筑类型】【分区名称】三种分类中的“类别代号（分级）”和“类别名称”。

（2）【计算规则】的可配置

满足【建筑面积计算规则】的可配置是指在一条计算规则中，如果涉及以下各项内容，可进行配置。其中包含：

类别名称类：如分类编码中【用地性质】分类中的【一类居住用地】、【建筑类型】分类中的【居住建筑】【分区名称】分类中的【阳台】；

关系判定类：如【大于】【小于】【等于】【不等于】；【包含】【不包含】；【有】【无】；

数值类：如层高【2.2】米进行【1】倍计算中的【2.2】和【1】；

属性参数类：如为准确判断“场馆看台下建筑空间”的面积，软件增加了【场馆看台下建筑空间】参数名称，取值范围【是/否】，允许用户修改参数名称；

高度设置类：【层高】【结构净高】等已知高度设置类型的可选配置；

满足【建筑高度计算规则】的可配置是指在一条计算规则中，如果涉及以下各项内容，可进行配置。其中包含：

类别名称类：如分类编码中【用地性质】分类中的【机场用地】、【分区名称】分类中的【楼梯间】；

关系判定类：如【大于】【小于】【等于】【不等于】；【有】【无】；【最大】【平均】【最小】；【最高】【平均】【最低】；

数值类：如高度大于【6】米中的【6】；

逻辑运算类：如满足条件 1【且】【或】条件 2；

满足【住宅户型面积计算规则】的可配置是指在一条计算规则中，如果涉及以下各项内容，可进行配置。其中包含：

类别名称类：如【分区名称】分类中的【楼梯间、管道井】。

3.4 BIM 项目中 GIS 大地坐标计算

工程建设项目审查审批汇集了大量的 BIM 数据，它是 CIM 平台的重要数据来源，但是由于 BIM 模型是不具备空间参考的，无法为 CIM 平台直接使用，因此需借助带有坐标值的 DWG 文件，对 BIM 模型进行坐标计算。

坐标计算过程分为 2 个阶段：

（1）算法计算前的准备：将 DWG 坐标传递到 Revit 模型中，使 Revit 中模型的坐标和 DWG 保持一致。

（2）获得区域坐标（DWG 中坐标）和地图坐标两两匹配的一些坐标。

BIM 坐标转换流程如图 5 所示。

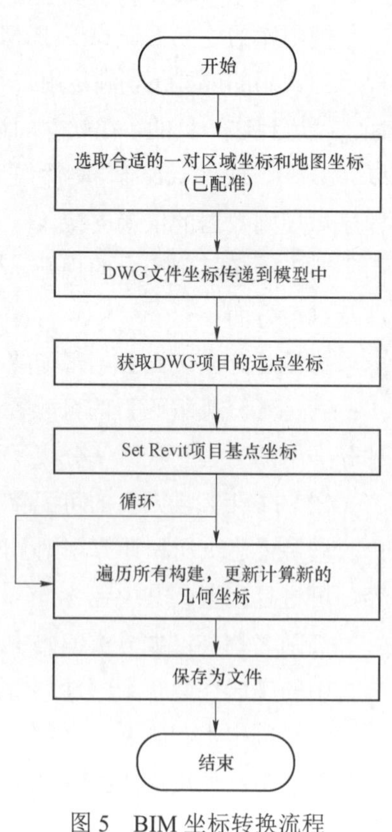

图 5 BIM 坐标转换流程

3.5 多 BIM 模型自由装载技术

针对市政交通工程线路长、多专业协同等应用特点，系统研发了多 BIM 模型自由组合装载技术，实现不同事项 BIM 模型的集成加载，或同一事项的不同内容（轨道交通车站、区间线路）的组合加载，提升模型浏览效率，提高协同审查效果。BIM 模型自动装载如图 6 所示。

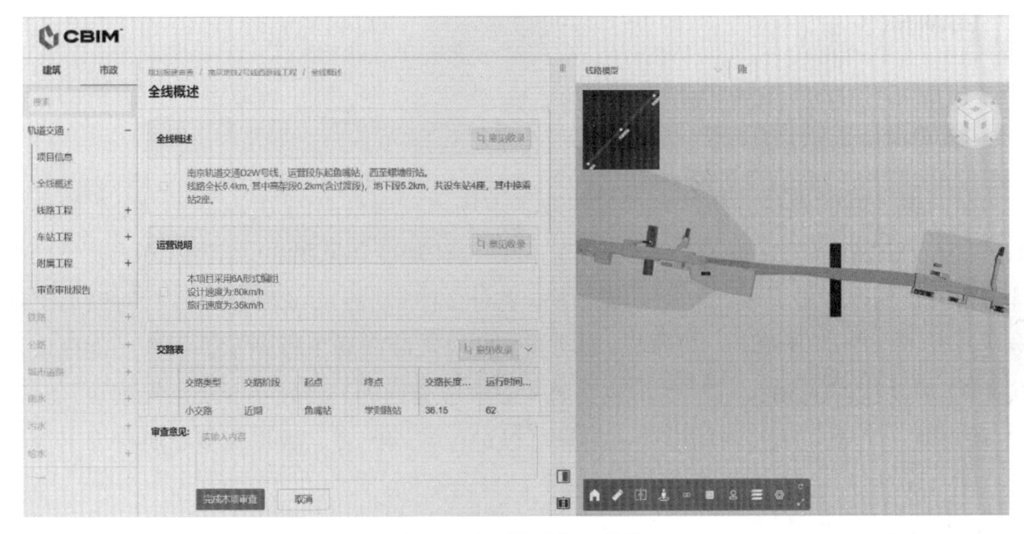

图 6　BIM 模型自动装载

3.6　审查控制要素（规划条件图）三维化集成

市政工程审查过程中，需要与周边地块建筑轮廓进行分析，查看间距、退让等信息。通过规划条件图二维图纸的自动三维化，直观展示周边建筑地块的轮廓、高度，审查更立体、更高效。控制要素三维化审查如图 7 所示。

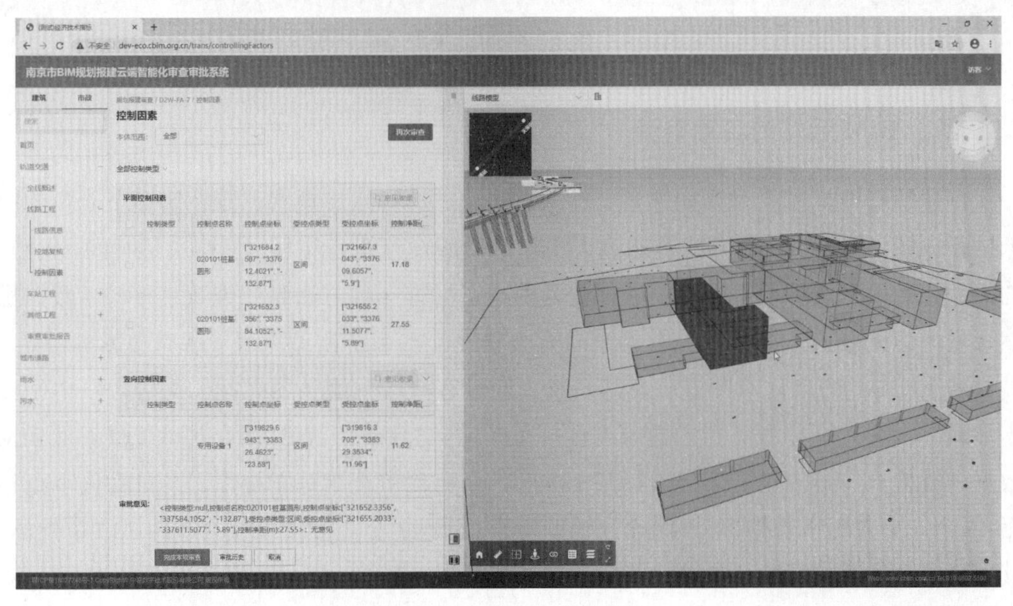

图 7　控制要素三维化审查

4 创新点

4.1 辅助设计多端适配

面向设计院的调研分析，本项目选取了市场占有率最高的 3 款基础 BIM 软件—Revit、ArchiCAD 和 Bentley，做了相应的辅助设计功能（见图 8）。其中，Revit 设计端针对市政交通全专业开发了 7 个功能模块，共计 24 项功能。ArchiCAD 端针对轨道交通专业开发了 7 个功能模块，共计 27 项功能；针对市政交通工程开发了 3 个功能模块，共计 32 项功能。Bentley 端针对市政交通（除轨道交通外）开发了 3 个功能模块，共计 32 项功能。基于多端的辅助设计，用户可以进行基础配置、数据规整和质检导出等功能，在 BIM 软件选择了给予设计用户较大的自由空间。

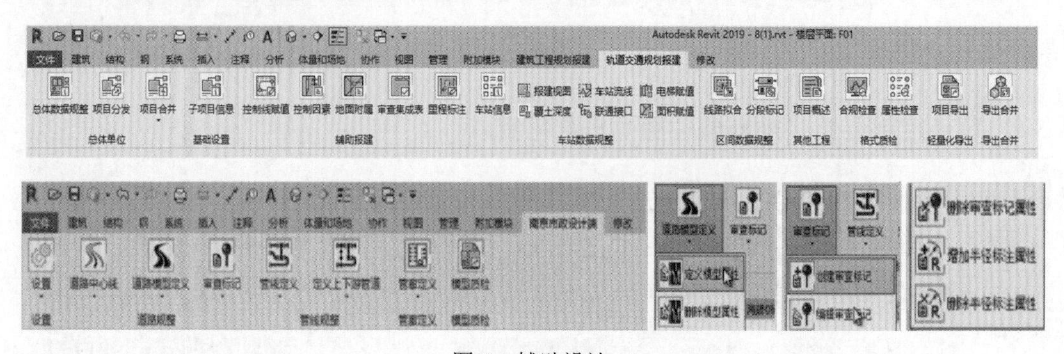

图 8 辅助设计

4.2 基于 BIM 云端的自动审查

在建筑行业，需要对诸如建筑、结构、暖通、给排水、电气、园林等多个专业的图纸进行审核，传统的审核方式是通过人工对纸质版图纸进行审核，浪费大量时间、人力、物力，而且效率低下，存档和归档都较为困难。另有一种方法是二维数字审核，数据虽然合规，但无城市三维数据，数据之间无关联性。本系统建设克服了现有技术的不足，提供基于 BIM 的自动审图方法及其系统，通过客户端—服务器之间的配合，以电子文本形式导入客户端和服务器的建筑设计规范条文，对建筑工程 BIM 数据和市政工程 BIM 数据进行检查，其中建筑工程指标共 189 个，全自动审查指标 102 个，半自动化审查指标 46 个，全人工审查指标共 41 个，辅助审查工具 27 个。市政工程共审计 333 个指标，其中全自动审查指标共 266 个，半自动审查指标共 22 个，全人工审查指标共 45 个。对检查出不符合规范要求的部分进行自动标记。通过自动化审查，提高了审图效率，减低审图成本，摆脱传统图形软件对计算机高性能的要求。

4.3 研发自主模式的 BIM 格式

基于国际通用的 BIM 数据标准（IFC）创建了南京自主 BIM 格式“宁建模”（*.NJM），寓意“南京模型”或“南京建设模型”，实现数据模型自主可控的同时，更为未来国产设计段预留接口，并组织推动建设单位、设计单位共同参与南京 BIM 的应用推广，支撑用地、选址、规划许可、施工图审查、竣工等工程建设项目审批全过程各个阶段的数据存储和数据组织。“宁建模”NJM 数据格式如图 9 所示。

图 9 “宁建模”NJM 数据格式

5 示范效应

5.1 通过积极投身智慧城市发展浪潮，提升区域竞争力

当前，各种数字科技的创新应用已深刻改变着这个时代的产业发展模式，产业新生态在“大破大立”中逐渐形成，行业“颠覆洗牌”的风潮已被深刻感知。未来，每个人、每个企业、每个行业都将裹挟在其中。在此背景下，新型智慧城市正是党中央、国务院立足于国家战略型发展和我国信息化和新型城镇化发展实际而做出的重大决策，是提升城市管理和资源利用效率的首选手段。而南京作为国家五个试点之一，积极投身智慧城市的发展浪潮，对于南京市抢占这一领域的发展高地，尽早收获技术变革红利，有着巨

大作用和深远意义。

5.2 提供智慧的管理支撑，实现政务服务提升，优化营商环境

工程建设行业目前面临着信息化程度低下、附加值低、劳动力远期供给不足的问题，信息化改革是行业发展的必由之路。同时，在工程建设行业项目审批问题上，也存在着程序烦琐、效率低、文件来往占据大量时间、文件管理困难等问题，导致政府和建设单位都不得不投入大量的人力物力。BIM 审查审批系统的推进，使得工程建设行业的信息化水平获得巨大提升，从而为未来的智慧工地、智慧运营打下了良好的基础，为工程建设行业彻底迎来巨大的信息化变革，让信息化改变行业面貌提供了一条清晰的路径。而通过智能化、电子化审查审批，大幅度提升了政府部门在审查审批环节的工作效率，减少了材料提报次数，简化了审批环节，让少跑腿、一次办成等人民群众最渴望的办事模式成为可能，也减少了政府和建设单位双方的人力、物力、时间成本付出，为政府向服务型政府的转变助力良多。

5.3 促进南京规管建一体化建设，形成全国领先的 BIM/CIM 试点城市

在本项目实施过程中，充分考虑了设计方、建设方、图审中心、政府方的使用需求和痛点，为设计方提供了 BIM 正向设计，将审查规则融合于设计过程，在设计过程中实时自校，提升设计质量，且设计全流程模型数据统一，软件工具统一；建设方通过该项目提升了设计质量，降低项目成本，减少后期发现问题导致的损失；图审中心利用 AI 智能审图，充分发挥图审人员的经验优势，将重复工作交给计算机，解放了生产力，提高了生产效率；由政府方牵头制定了统一的标准体系、统一的审查平台、统一的数据格式，真正的落地层面促进工改主力行业升级。通过各方的参与，促进规管建一体化建设，并探索了技术、标准、政策、资金投入模式、保障机制、部门联动机制等重要问题，形成了全国领先的 BIM/CIM 试点城市。

成都市成华区杉板桥数字孪生社区建设

四川川大智胜系统集成有限公司

1 项目背景

杉板桥社区位于成都市中心城区成华区内，是成都市文明社区，成华区首批十佳“和谐社区”，成都市数字孪生社区重要试点之一。辖区面积 1.1km^2，居民 3.6 万余人，是一个地域、人口数量超大的社区。在新型城市化进程和推进智慧城市社区试点建设过程中，传统的管理和服务模式难以维系，杉板桥社区面临社会精准治理、民生普惠服务、产业转型升级等诸多挑战，亟需提升城市承载力。杉板桥社区地理平面图如图 1 所示。

图 1　杉板桥社区地理平面图

为推进智慧城市建设发展，落实《关于促进智慧城市健康发展的指导意见》《成都市国际化社区建设政策措施》等相关政策文件要求，以及区委区政府作出《成华区 2020 年党建引领社区发展治理工作要点》等有关工作具体安排要求，围绕成都市发展新一线城市战略目标，针对性开展国际化社区顶层设计，拓展智慧服务手段，确保智慧社区建设的创新型和引领性。按照试点工作的要求，运用数字孪生技术，依托物联网技术，通过 CIM 模型、数据全域标识、状态精准感知、数据实时分析、模型科学决策、智能精准执行，打造国际化杉板桥社区、提升社区现代化品质和治理能力。

2 项目内容

成都市成华区杉板桥社区的总体定位为“社区微脑”，按照“一个中心、二个支撑、五个平台”的总体路径进行建设。依托数字孪生技术构建三维数字底座，实现杉板桥社区重点区域精细化 BIM 构建，通过对社区基础数据采集、汇聚、处理、展示，形成 CIM 基础平台。同时，基于 CIM 基础平台为杉板桥社区在智慧党建、智慧共治、智慧安全、智慧服务、智慧管理 5 方面进行赋能，强化数据挖掘和分析应用，建设社区日常运行风险监测、综合分析研判等治理能力的数字孪生社区平台。

2.1 建设社区治理中心

一个中心即打造一个社区治理中心。将杉板桥社区中心展示大厅作为数字孪生社区平台的对外展示窗口，同时搭建沉浸式全息投影区域对建设成果进行全息投影展示，实现系统的各方面管理数据的总体呈现。以社区内的人、房、车、事件等信息数据作为蓝本，通过技术手段转化为信息图，展示多维数值，使社区更高效地接收数据，提升直观数据影响力。数字孪生社区平台多维展示图如图 2 所示。

另外将社区治理中心与公安指挥中心、政府服务中心、城市管理中心、信访信息平台横向打通，纵向连接驿站、街道分中心、社区服务站、小区服务站，健全“社区微脑”联动工作机制，推动数据一网归集、事件联动处置、民生精准化服务，建立高效智能的社区现代化治理体系，开辟新型智慧社区的建设和治理新模式。

图 2 数字孪生社区平台多维展示图

2.2 打造两个支撑

（1）三维数字底座支撑

三维数字底座是 CIM 基础平台的数据承载底层。本次建设三维数字底座，主要分为两步。首先搭建 L2 精度的成华区 108km^2 的城市骨架（见图 3）。将地理信息数据导入到自动化建模工具中，生成大规模的数字孪生城市地图，使其可以从宏观视角观看整个城市，为后续在场景中叠加数据奠定基础。

图 3　L2 精度成华区城市骨架效果图

然后在城市骨架的基础上打造杉板桥社区（1.1km^2）L3 精度重点建设区域（见图 4），包含 4 个商业体、4 个小区院落、2 个公园等区域，并 1:1 还原 L3 精度院落建筑外立面、室内结构以及院落内环境，为智慧社区物联网业务层展示提供三维可视化场景支持。

图 4　L3 精度重点区域建筑效果图

（2）基础数据支撑

作为两个支撑之一的基础数据支撑，主要工作是统一采集管理人、房、地、事、物、组织等基础数据，包括人口信息数据、建筑信息数据、房屋信息数据、法人单位信息数据、机动车信息数据、群防群治力量信息数据、部件设施信息数据、地理信息数据、组织机构信息数据等数据，建立各类基础数据库建设标准，为各类应用场景建设、数据规范应用以及共享交换奠定扎实基础。并通过数据的有效汇聚，实现各类基础数据的采集、加工、存储、交换功能，为整个数字孪生社区平台提供空间分析、统计分析的数据基础，为日常社区监管调度、发生应急事件后的应急管理联动指挥及有效信息发布提供数据支撑。

2.3 建设五个智慧平台

（1）社区党建智慧平台

智慧党建即构建社区党委、党支部、小区院落党小组、业委会、社团党组织+X 的组织矩阵。根据杉板桥社区的党建需求，运用数字孪生技术打造 1:1 的真实三维党建地图（见图 5），能更为直观地感受党建场景、党建地点周围环境，形成三维空间党建虚拟环境；按照需要呈现的党建信息，打破传统的文字、图片展示，承载更多党建数据，为在社区、居民小区开展常态化党建工作提供平台；为小区（院落）党建工作“五步工作法”落地，提供科学智慧、便捷高效、实时互动的网络化手段，建成集党务之家、组织阵地、先锋引领为一体的智慧化党建平台。

图 5　智慧党建三维党建地图

（2）社区共治智慧平台

搭建居民民主协商议事“舞台”，发掘、培育、引导居民自愿、自觉、自主参与社区公共事务决策。支持议题征集、发布功能，通过短信、系统消息等形式通知相关人员参与议事，各参与人员看到议题后，可选择匿名或实名发表意见，并进行投票。支持线下议事、结论上传功能，议题形成决策后，执行人员持续填报反馈议题决策执行情况，为居民参事、议事、监事提供有效渠道。智慧共治通过打造社区和群众共同治理为目标，实现社区智慧化治理、群众便捷化监督（见图6）。

图6　社区共治智慧平台

（3）社区安全智慧平台

智慧安全主要是通过打造物联网感知检测体系，实现社区内部人脸感知、开门感知、过车感知、WiFi 感知、消防感知、视频感知、位移感知等，实时掌控社区内部各类信息，并通过精细数据挖掘、科学决策以及指挥调度指令和公共决策，实现动态、科学、高效、安全的城市管理（见图7）。

特殊人群管理方面：根据当前杉板桥社区流动人口较大、老年人口占比高的现状特点，以大数据、人脸识别、人工智能等技术为依托，实现对特殊人群（矫正人员、老人、吸毒人员等）的管理以及人群事件的预告警，形成事前预警、事中告警、事后结果分析，打造安全监管科技化、智慧化的系统。

公共安全预警方面：火灾，洪水和其他紧急情况，依靠数字孪生社区平台进行实时在线监测和调度，实现“一点触发，多方联动，有序调度，合理划分劳动和反馈”。

图 7　社区安全智慧平台

（4）社区服务智慧平台

社区智慧服务包含四大板块：产业经济、人才服务、政务服务及生活服务（见图 8）。

产业经济模块利用数据图表、产业结构分布和区域产业图层，直观的展示杉板桥社区的整体产业分布、产业趋势、产业类型等情况。

人才服务板块提供企业展示信息和企业发布招聘职位信息功能。为社区人才提供一个就业、择业服务的自由平台，同时也为企业搭建一个招聘人才的信息发布平台，最终实现人才与企业的需求对接。

政务服务板块从技术角度为政务服务、便民惠民创造条件。政务服务改进一小步，便民惠民迈出一大步。系统不但涉及各种事件办理流程和政策资讯查询、服务引导等惠民利民的功能模块。同时，通过大数据的技术能够实现个性化的向居民个体推送所需要的政策信息、办事指南等信息。

生活服务模块以当前停车为例，通过对停车场信息打通来实现车辆引流，有效提升车位使用率，同时通过停车车位引导、反向寻车诱导等手段减少找车与徘徊时间、加快停车与找车速度，从而节约大量社会时间成本。

（5）社区管理智慧平台

智慧管理是孪生社区平台信息化建设的最终应用。它全面汇聚社区的物业信息、居民信息、能耗信息，包含了居民的日常办事、生活能耗以及行为轨迹信息，实现社区各种信息数据的统一管控，以便社区管理人员通过查看信息数据的最终统计分析结果，有针对性地对社区进行相应的管理。实现各个管理系统的高度协同，事前、事中、事后一体化管控（见图 9）。

图 8　社会服务智慧平台

物业管理模块将杉板桥社区各小区、商超、写字楼等的物业管理系统的数据进行一一集成，统一提取物业数据，形成全面的数据分析展示。在数据的提取、分析、展示过程中，在数字底座上对相应的三维地图模型进行物业地点标注，形成数字底座+应用系统的无缝对接。

能耗监测管理模块支持管理人员查询水、电、气能源实时能耗情况，开展能耗对比、对标分析，各建筑物能耗计算等工作，实时反馈设备运行状态，提供能耗数据、设备状态预警。

图 9　社区管理智慧平台

3 关键技术

3.1 三维数字底座

本次建设的三维数字底座是 CIM 平台的数据承载底层，通过杉板桥社区建筑、管网、线路等设计图纸，结合人工采集、摄像头、航拍数据参考卫片数据、GIS（地理信息系统）数据、CAD 数据、高度图，基于城市 GIS 地图，利用影像多视匹配技术、点云构 TIN 技术、纹理映射技术、三维模型创建存储优化技术等建模技术，对社区陆地面积以及附近水域进行数字社区底板构建，1:1 还原重点建筑外立面以及室内结构，院落内环境，使各场景相对位置与现实场景同步，并为上层业务展示提供三维可视化场景支持。

3.2 CIM 基础平台

在三维数字底座的基础上，基于基础数据支撑汇聚的智慧管理、智慧党建、智慧共治、智慧服务、智慧安全层面的 5 大类数据，实现社区的还原、模拟、监控、诊断、预测和控制，解决社区安全、治理、服务闭环过程中的复杂性和不确定性问题，全面提高社区物质资源、信息资源配置效率和运转状态，实现社区动态数据整合与共享，形成全域覆盖、动静结合、三维立体的规范化、智能化、全连接的感知布局，实现物理社区在数字孪生社区的精准映射，全面提升数字社区在线监测、分析预测和智能决策能力。

3.3 物联网平台

通过物联网平台打造感知监测体系。通过建设各类感知设备，实现社区内部人脸感知、开门感知、过车感知、WiFi 感知、消防感知、视频感知、位移感知等，实时掌控小区内部各类信息，做到人过留脸、车过留牌、物过留痕，对出现的异常情况进行预警，并将告警感知推送给指挥中心和相关部门人员，提高社区管理事前防控、事中处置、事后追踪能力。整合感知体系，在社区人防、物防、技防等传统安防基础上，依托“小区微脑”、物联网系统搭建智慧社区安全防御系统。

3.4 模拟仿真技术

在 CIM 基础平台基础上，场景进行物理属性增强，比如重力仿真、光效仿真、流体仿真、空气动力仿真等物理特性，使场景适用于漫游展示、无人驾驶以及突发应急仿真训练、AI 人工智能训练场等前沿应用。

4 创新点

4.1 CIM 建模实时镜像社区

作为“新基建”中的数字核心基建，智慧城市建设的核心基础，CIM 基础技术平台是 CIM 集成、管理、应用、共享服务的支撑平台，也是智慧城市的基础平台。通过 BIM 数据转化并进行 1:1 空间还原场景构建，下至地下室桩基底部，上至屋顶，内部的功能空间，管网、设备、家电、家具、门框等社区内部的附属物，道路、建筑、公园等社区周边的环境进行真实的还原，且可任意调取漫游和查看；通过数字孪生城市的技术，在虚拟空间塑造城市的一个复制品，作为现实城市的镜像、映射、仿真与辅助，为智慧城市规划、建设、运行管理提供统一基础支撑。

4.2 拓展党建阵地，构建数字化党建格局

通过 CIM 基础平台，搭建党建地图、承载党建数据、强化党建引领，创新“服务”形式。通过三维模型展示当前党建地图和党建数据，包含组织定位，党组织基本信息，党建活动成果，党内重要政策、精神，党组织图谱等党建数据。同时直观地感受党建场景、党建地点周围环境，打造三维空间党建虚拟环境。在智慧城市加速推进过程中，实现党建有形有效覆盖，顺应城市发展新时空，拓展党建工作的内涵和外延，同时还要强化党建统领，打造“党建高地”，构筑起联手共治的良好格局，让党组织发挥作用、引领治理。

4.3 特殊人群的精准管理

通过人脸数据、门禁通行数据和案件数据进行关联分析，提供多种特殊人群精准化管理，强化“一标三实”数据采集，建立精细化社区网格，提升社区网格化管理水平。针对老人、矫正对象、吸毒人员等特殊人群，建立特殊人群信息库并采用定期预警。例如：老人三天未出房门，矫正对象异常出入小区，有吸毒历史人员多天未出房门等，系统会发出预警，实现对特殊人群管理，多种场景的预警、告警机制。

另外建设移动端虚拟客服，智能识别用户语音，理解用户释义，根据相应释义进行下一步流程操作。通过虚拟客服的方式，减少社区客服人员工作密度与强度。

4.4 突发应急状况模拟仿真

应急仿真演练是以三维模拟场景替代传统场景，以开放式演习方式替代传统表演性演习方式，通过对各类灾害数值模拟、重大事故模拟和人员行为数值模拟的仿真，在数

字孪生平台虚拟空间中最大限度模拟真实情况的发生、发展过程，以及人们在灾害环境中可能做出的各种反应。如模拟某栋楼出现火灾，楼宇的消防系统立即启动应急处理，同时指挥中心、消防部门等会立即接到火警通知，指挥中心与各部门可第一时间响应、互相配合，实施灭火、疏散人员、医护救援等。

4.5 物联网社区应用落地

系统在打造感知监测体系过程中，不仅实现社区人防、物防、技防的传统安防感知，还进一步增强智慧社区的实际应用。如在社区内的小区、商业综合体加装高空抛物探头，对小区楼栋四面墙体进行视频监控，对高空抛物现象进行实时识别和预警并准确定位到楼层房号，随后可通知相关物业单位进行记录和家访，对其进行批评教育。在消防通道通过障碍物识别摄像头，实时监测消防通道畅通情况，保证其实时无阻挡，以防止出现火灾险情时，消防车无法进入的情况。依托“小区微脑”对物联网感知系统进行智慧社区应用落地，全面建成智慧社区安全防御系统。

5 示范效应

5.1 推进成华区综治立体化防控工作从粗放型管理转变为精细型管理

现代城市的发展根本方向是以人为本，城市管理的一切工作也应当从以人为本的角度出发。“问题发现靠投诉、问题解决靠批示”这种被动的、滞后的粗放型城市管理模式已经不适应现代城市的发展。现代城市需要的是主动的、经常性的、持续性的精细型城市管理模式。杉板桥数字孪生社区的实施，通过对管理对象的精确管控以及音视频信息的及时传输，能够将过去的突击式管理转变为经常性、常态化管理，促进综治管理工作从静态变为动态、从滞后变为及时，从被动变为主动，实现出现问题做到“及时发现、及时处理、及时反馈、提前预防”。

5.2 整合社区周边资源、提高城市管理效率

社区是人口聚集的单位，在传统社区管理过程中，往往涉及街道、公安、政法委、工商、电力、水务、燃气等多个部门之间的交叉与业务协同工作，协调起来非常困难。杉板桥数字孪生社区的实施，可以将与社区街道相关的部门进行统一联动、统一管理、统一协调、统一整合，减少不必要的手续，实现一个平台管理，对整个城市管理效率的提升有重大意义。

深超总片区开发建设信息化统筹平台（C 塔模块）项目

深圳湾区城市建设发展有限公司
腾讯云计算（北京）有限责任公司
北京飞渡科技有限公司

1 项目背景

深圳湾超级总部基地总用地面积 117 万 m^2，总开发面积约 520 万 m^2，就业人口约 30 万。片区重点引进国内外知名企业、创新龙头企业及国际组织与机构等，以服务全球经济产业链的高端总部办公功能为主导，配套国际会议、文化艺术及高端商业等功能，是总部经济、文化和国际交流的复合舞台。

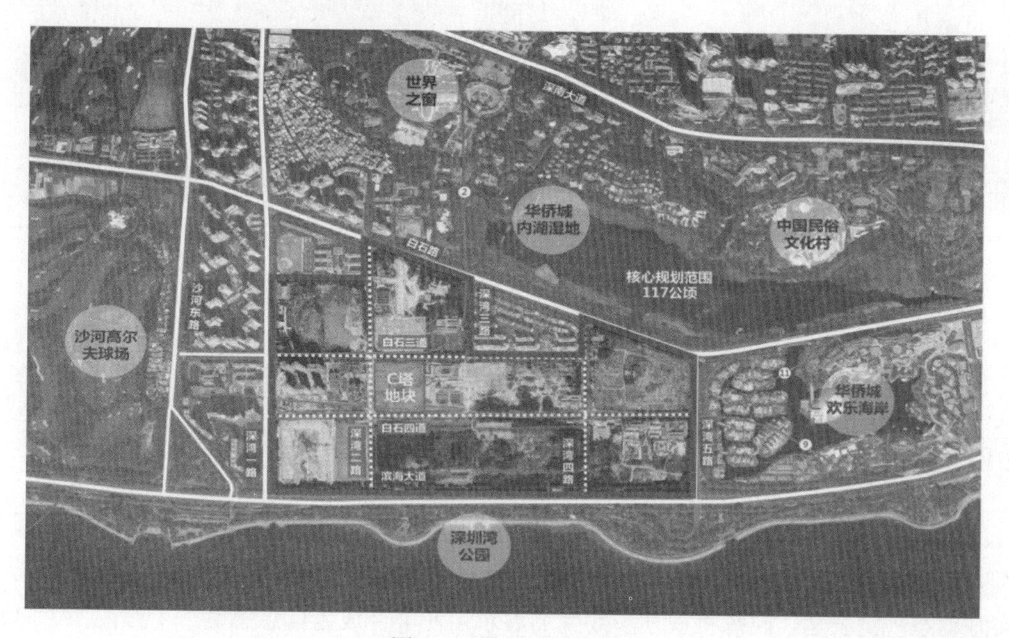

图 1　C 塔项目区位图

C 塔项目位于深超总片区核心位置，由两个地块及其区间路组成，东临深湾公园路，南临白石四道，西、北两侧分别为深湾二路与白石三道，地块南北长约 200m，东西长约 180m。C 塔项目总用地面积 36268m^2，包含 DU01－04/05 地块。主要有商务办公，配套商业、酒店、商务公寓、公交车场站、出租车场站、乘客集散区、面向公众开放的文化艺术和城市服务等功能。地块规划双塔布局，两座塔楼规划建筑高度不超过 400m，总建筑面积 44 万 m^2。地下交汇多条城市及城际轨道线路，与地面交通设施共同形成片区 TOD 交通枢纽。C 塔项目区位图如图 1 所示。

2 应用内容

深超总片区开发建设信息化统筹平台（C 塔模块）项目服务于深湾发展片区 C 塔项目开发建设可视化展示工作，其开发聚焦于规划设计可视化、现场实景模型与信息汇集，全面展现项目规划设计风貌及工程项目推进状态，注重决策统筹可视化辅助能力。基于互联网与物联网深度结合 3D、GIS 可视化技术，构建先进软件架构的数字化开发建设可视化管理系统。项目功能应用汇总图如图 2 所示。

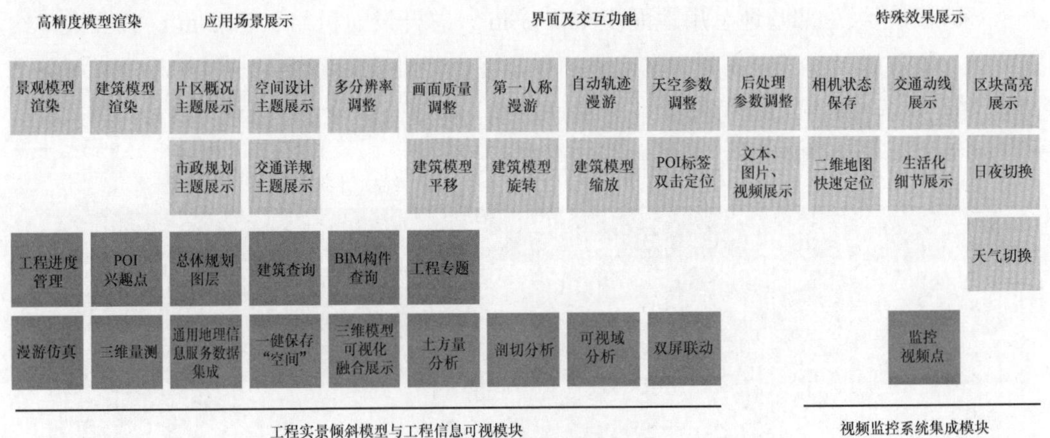

图 2　项目功能应用汇总图

2.1 规划设计模型与信息可视功能

通过三维可视化手段，将 C 塔的设计方案、项目定位、功能分区、周边区域建筑形态、配套设施、交通区位、周边建筑、自然环境、人文景观等通过模型方式进行影视级实时动态视觉表达，同时将规划参数叠加展示，使平台成为信息总览、工作汇报、问题讨论、管理决策等活动的底图和看板。同时，具备良好的拓展性与快速响应多变需求特性，为项目全生命周期数字孪生提供可靠支撑。其功能包括：一是功能模块通过高清高仿真游戏级可视化渲染引擎在 Web 端呈现高精细规划设计模型，支持模型细颗粒度模块化管理，支持在场景中灵活加载多建筑模型方案、多光效设置；二是以动态或静态多种呈现方式叠加项目的各类信息，如城市规划设计及建设信息、控规信息、建设进度信息、重点工作安排、设计理念呈现等；三是支持多种脚本功能，支持步行漫游、全景飞行等，同时根据场景触发兴趣点及相关信息；四是具备通过版本迭代，实现模型更新的能力。

2.2 工程实景倾斜模型与工程信息可视功能

构建C塔及周边区域工程实景倾斜模型与工程信息可视模块，响应工程实际管理可视化需求并定制开发相应管理功能，支撑工程现场及地下空间可视需求。其功能包括：一是对倾斜摄影实景模型进行时空管理，实景模型按照时间轴进行加载；二是建立兴趣点添加与信息录入等功能，辅助项目管理者对项目各项里程碑节点进行合理的工序穿插、时序安排等策划工作；三是针对项目工程重难点位置灵活挂接视频，辅助工程管理工作；四是结合现场监控对项目的安全、质量、成本、进度的信息可视；五是结合工程管理需求进行C塔施工现场场地平面管理、周边地下空间工程可视、施工现场布置分析和优化、空间分析展示等辅助施工现场统筹管理；六是具备强大的高程和几何尺寸测量与剖切功能，实现对已完成工程量的几何测量、标准、视图导出等辅助项目；七是支持大规模可视化数据的展示与应用，支持大范围片区级地下管网、地形、地貌等地理数据与模型的真实性表达；八是提供深超总片区多模态地理信息数据管理，包括提供面向卫星底图、倾斜摄影、地理影像数据、物联感知数据等50余种数据管理；九是提供面向规划设计与工程建设管理的各项功能开发接口（API），提供多层级协同深超总片区规划建设复杂业务功能开发接口，从技术层实现地理信息数据应用、三维模型数据应用、地下空间建设管理应用、数据分析与可视化应用、业务场景与技术工具应用，提供丰富/低代码功能开发集成接口，覆盖现场功能需要；十是具备模型更新能力。

2.3 视频监控系统集成功能

形成视频资源中台，实时接入多路视频流，灵活嵌入智能识别模型，按照现场管理需求将视频与实景模型进行融合展示。其功能包括：一是管理所有视频链接，形成流数据处理体系；二是对于视频参数进行管理，可手动调整参数；三是可对视频融合进行查看，并具备自动及手动矫正功能；四是视频结合三维模型进行融合及展示，支持视频定位及搜索、图像分析；五是使用硬件辅助，摄像头批量标定，可准确快速获取所有相机的空间位置与姿态，为相机的管理与维护奠定了基础。

2.4 数据管理与信息安全功能

根据平台顶层设计及详细设计建立项目数据底座，秉持“一个系统，底层复用，多个功能模块并行开发”的方式，基于同样的数据与物联网底座具备良好的拓展性与平台全生命周期兼容性。数据底座根据统筹对接多种数据源（实时或离线），根据各业务主题进行数据 ETL、多维数据整理、简化调用流程与效率，为平台建设打下了面向敏捷业务需求的数据基础。在信息安全方面，根据实际功能需求设计权限管理模式，实现了根据账号及角色定义的功能模块级、数据级细颗粒度权限管控体系；平台软硬件具备被动防御到事前、事中及事后全流程的安全可信、动态感知和全面审计等能力，实现了对信息网络、云计算、大数据、物联网等保护对象的覆盖，确保了系统信息安全可控。

3 应用效果

3.1 规划设计高渲染展示

紧密围绕深超总的规划设计业务，重点针对片区概况、空间设计、景观规划、交通规划、市政规划等规划设计方案，以高质量游戏级三维可视化技术为载体，通过多种人机交互方式、多种交互效果，实现了对深超总片区的规划理念、规划亮点的精细化展示。主要表现在：一是实时渲染高精度规划模型；二是通过交互方式展现规划场景；三是支持手动、自动等多种场景漫游方式；四是支持日照变化、天气变化等多种模拟效果；五是展现真实的海洋、天空、云彩等自然景观效果。

3.2 工程现状全流程监测

基于业界领先的数据轻量化和三维可视化技术，以及简单易用的功能操作，紧密围绕深超总的工程建设业务，深度结合 3D、GIS 可视化技术和先进软件架构，聚焦于现场实景模型与信息汇集，全面展现工程项目推进状态，注重决策统筹可视化辅助能力，实现片区工程信息可视业务功能，并结合视频监控与三维场景融合技术，搭建了片区建设信息化统筹平台。主要表现在：一是接入和融合超总片区多源二三维数据；二是有效轻量化各种大体量模型；三是在 Web 端进行流畅展示，实现各种三维效果展示、查询和空间分析；四是多类型场景标注，并支持一键分享；五是多类型用户权限管理，适配多种场合与业务部门应用。

3.3 运营管理高效率实施

系统具备良好的扩展性，能够快速响应业务需求的变化，以满足今后部门业务发展需要，同时满足业务的展示需求与工程管理人员的日常管理需求。根据决策和管理的需要，自动化生成各种视图、成果图表；系统重要参数灵活设计配置，支持通过可视化界面修改系统配置、系统数据，记录审计日志，系统日志分级，具备完整的备份和归档策略；通过符合工程管理的评分策略对整体情况进行总体态势的评估，展示治理状态，并提供与上月指标的对比以及近半年评分指数的走势情况，方便及时总结和预判。

3.4 保障系统多维度维护

为保证各项业务应用，平台具有高可靠性，可避免系统的单点故障。在网络结构、网络设备、服务器设备等各个方面有高可靠性的设计和建设。在采用硬件备份、冗余等可靠性技术的基础上，保证接入用户身份的合法性；采用相关技术，提供了较强的管理机制、控制手段和事故监控与网络安全保密等技术措施，提高了整个网络系统的安全可靠性，确保了系统架构健壮、运行稳定、功能可靠。支持通过容错、热备、故障恢复等方式，实现在系统发生故障时仍能保持正常工作。对于规范要求以外的输入能够及时作出判断，并具备合理的处理方式。平台可保持系统运行稳定，确保数据不因意外情况丢失或损坏。

4 创新点

4.1 规划设计展示模块先进性

规划设计展示模块如图 3 所示。

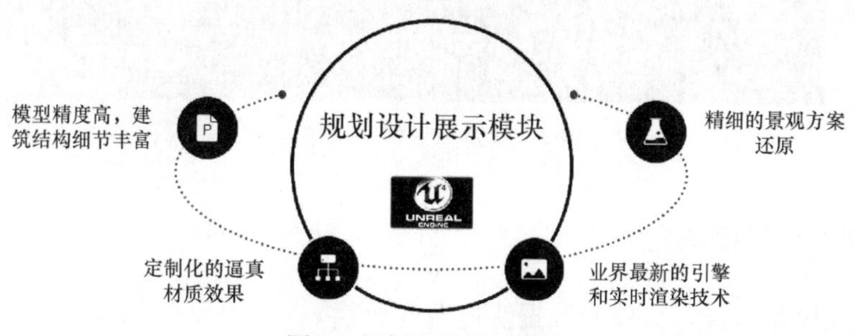

图 3 规划设计展示模块

（1）模型精度高清，建筑结构细节丰富

实现核心建筑模型面数在百万面以上，建筑中的曲面结构表达能够做到精细准确，建筑结构每个细节部分也得到了细致的还原，使建筑模型的精度远远超出其他产品。

（2）模型效果逼真，建筑材质高度还原

平台中建筑的主要材质均为玻璃，针对多种不同的玻璃分别制作了定制化的高级材质；模拟玻璃的反射率、折射率、厚度、粗糙度等多种物理属性以及漫反射、菲尼尔反射等多种物理现象，使本平台中的幕墙建筑的真实感和还原度远高于其他产品。建筑模型精细化还原如图 4 所示。

C 塔模型的仿石纹铝板、水晶山丘的 ETFE 材质，根据真实世界的物理材质制作而成，模拟了材质的反射率、折射率、粗糙度、金属度等十余种物理属性。

（3）模型建筑精细，场景规划精准定位

在园林植被方面构建了乔木、灌木、藤本、草本、花卉等绿色植物；在景观小品方面构建了艺术小品、公交车场站、乘客集散区、雕塑、道路等场景；在自然环境方面构建了自然环境下的大海、岩石、湖泊、山脉等自然现象，总体达到了室外真实还原人文自然景观，具备日常生活化气息的水平。

在建筑外立面上构建了幕墙、石材面、金属配件、广告屏幕、外立面贴图等建筑外立面的精细化表达（见图 4）；在建筑内装上构建了家具、家电、灯饰摆设、墙纸等内部装饰内容；在建筑空间表达上构建了商场大厅、办公楼大堂，酒店主要房型、办公室、会议室、机电设备间、餐厅/食堂等典型室内空间的可视化表达。

图 4　建筑模型精细化还原

4.2　工程现状可视模块先进性

（1）多源模型融合，大体量数据快速调度加载

支持各种主流模型格式，并提供在线数据转换功能；支持跨平台和跨浏览器功能，实现了三维展示、交互的“零”客户端；强大的加载性能提升，降低对用户的硬件设备需求；操作简单易上手，无需学习成本。

（2）多期倾斜实景模型展示，工程进度实时监测

以时间序列展示倾斜模型，有助于施工部门直观把控工程整体进度，比传统方式更加直观有效地还原 C 塔片区的真实建设过程及样貌，降低了三维模型数据采集的经济代价和时间代价。

（3）用户分权限控制，部门沟通协调顺畅

支持多种用户角色设置，常用的系统用户角色分高级用户、普通用户、游客等，每

种用户在管理后台进行系统模块权限分配，操作对应权限的模块功能。以部门为单位，进行功能权限划分，有助于工作的协调以及跨部门沟通。

（4）图层由指定权限编辑，图层信息准确统一

工程现状可视化渲染平台不仅支持图层浏览，还可对不同权限用户进行图层显示或隐藏，很大程度上解决了用户部门中多人协同工作难、管理混乱的问题，避免了图层数据信息多人操作的情况。图层权限指定分配，专人专用，确保了图层信息的准确性、统一性。

（5）标注功能角色划分，项目管理合理流畅

工程现状可视化渲染平台会根据用户的角色，将标注分为全局标注和私人标注。按照用户的角色划分给兴趣点选择绑定不同属性，建立相关的兴趣点。在对应的 POI 兴趣点上进行信息录入等功能，辅助项目管理者对项目各项里程碑节点进行合理的工序穿插、时序安排等策划工作。

（6）指定内容一键分享，游客浏览全面高效

工程现状可视化渲染平台是行业中首次实现一键分享指定内容，具备游客浏览功能的平台。"一键"保存当前的视角、工程进度、图层开启情况、当前显示标注等信息，导出至 url，任何用户/角色点击此 url 即能够快速打开对应视图。通过链接邀请他人进入系统，无需注册、登录、认证，快速获取空间效果与工程进度。在三维场景下，一键保存分享功能所能展现的效果更加全面，大大提升交流效率。

工程现状可视模块具备先进性如图 5 所示。

多期倾斜模型展示变化过程

多种标注信息

图层自定义编辑

一键分享指定内容

图 5　工程现状可视模块具备先进性

5 示范效应

深超总片区开发建设信息化统筹平台（C 塔模块）项目是深湾发展公司针对深超总片区 C 塔项目开发建设并实施统筹管理，探索以数字化的预建、预判、预防与信息化管理支撑项目高质量建设的统筹管理模式，重点实现了业务的强关联、项目的统筹规划管理，进一步成为支撑全生命周期的展现多维城市空间的片区数字化管理示范系统。

5.1 项目规划可视化

项目通过合理的数字化规范统筹，实现了项目规划的可视化和全面化发展。一是利用三维模型可视化与融合展示，实现大规模多源三维数据的融合展示及可视化，增强用户使用感，反映真实地貌，从而获取 C 塔及周边区域的地块信息，便于施工计划的安排与工作开展；二是使用漫游仿真功能，将工业、商业以及住宅等地产项目的整体规划蓝图、建筑外观、功能、配套设施以及未来建成的场景进行提前演绎和展示，使工作人员直观地了解项目的整体规划；三是使用模型编辑功能，在三维场景中直接改变建筑物的位置、朝向、高度等信息，使设计人员能够更直观地感受到建筑方案调整之后对整体效果产生的影响，为设计人员提供局部布局改动的实时可视化反馈。

5.2 场景设计真实化

项目通过前期在设计方面的精准定位和精细规划，实现了场景设计的真实化发展。一是为设计部门的建筑和景观设计师们提供了更直观、精确、完整的立体效果参考，便于及时发现平时检查效果图和渲染动画时不易发现的潜在问题。二是平台具有多种自然景观、植物景观、景观小品等内容，大致还原景观规划方案中关于地标设计、植被绿化等方面的规划。同时，平台模拟呈现出片区的自然环境，展示了细节丰富的片区道路，营造出超总片区的景观设计氛围，为设计师们对片区景观规划进行展示和研讨提供支撑。三是使用渲染参数及相机参数保存功能，保存每栋建筑的最佳视角和整体环境的最佳色彩效果。在设计人员查看每栋建筑的表现效果时，直接加载到保存好的视图和渲染状态下，展示令各设计师和各位领导专家满意的建筑效果。

5.3 工程管理精细化

项目在施工工程中打破了规、建、管各自独立的局面，实现了工程管理的精细化，保障项目运行更加规范安全。一是采用系统三维量测功能，无需技术人员到达工地现场，便可以采集到各种重要的工地面积、体积、长度等信息，保障人员安全，提高工作效率；二是使用倾斜模型，以时间为序列，将三维模型按时间轴排列，直观把控工程整体，展示工程进度，了解不同时间段的施工过程与施工效果，有助于工程部合理安排施工计划；三是通过建立兴趣点添加与信息录入等功能，辅助项目管理者对项目各项里程碑节点进行合理的工序穿插、时序安排等策划工作；四是快速获取C塔及周边区域的地块信息、地块状态、地块详情，提高部门之间的沟通效率，增强跨部门协作。

5.4 部门决策智能化

项目面向领导的智能决策中心，通过全域感知、闭环管控、智能决策、主动服务，实现了部门决策的智能化管理。一是通过一键保存当前空间信息功能，点击链接邀请他人进入系统，快速获取空间效果与工程进度，有助于跨部门沟通；二是利用项目总览功能快速获取项目多个工地施工状况的信息汇总，方便管理与应用，增加了施工管理的便捷性及操作性，为深湾发展智慧城市部决策者提供数据分析；三是通过动态和静态（如区块高亮、交通线路高亮、退线动画、文本、图片、视频展示等）多种呈现方式叠加显示项目的各类规划信息，如控规信息、交通规划、景观规划等，使平台成为信息总览、工作汇报等活动的底图和看板。

广州市人工智能与数字经济试验区 CIM+应用平台

广州市城市规划勘测设计研究院

1 项目背景

按照《国务院办公厅关于全面开展工程建设项目审批制度改革的实施意见》(2019 年 11 号)、《住房和城乡建设部办公厅关于开展城市信息模型（CIM）平台建设试点工作的函》(2019 年 6 月)、中共广州市委全面深化改革委员会关于转发《中共广东省委全面深化改革委员会关于印发广州市推动“四个出新出彩”行动方案的通知》的通知（穗改委发〔2019〕8 号）和《广州市“数字政府”改革建设工作领导小组办公室关于印发广州市“数字政府”建设总体规划（2020—2022 年）的通知》的相关要求，我院在广州市开展城市信息模型（CIM）平台建设试点工作。

2 项目内容

2.1 CIM 产业经济场景专题实体数据库建设

在广州人工智能与数字经济试验区 $81km^2$ 范围内建设地上地下二三维一体化 CIM 实体专题实体数据（见表 1），包括地形地貌、建筑物白模、三维实景单体模型、互联网区与总部区在建项目模型、试点项目 BIM 模型、试点不动产分层分户模型、地下空间模型、地下管线三维模型；二维专题数据库包括大比例电子政务地图与 POI、国土规划专题、四标四实专题、企业及产业园区经济专题、不动产管理专题、重点项目专题等空间数据。

表 1　　CIM 产业经济场景专题实体数据库概况

数据类型	数据来源	数据概况
三维城市模型地形地貌（政务版）	以城市基础测绘成果 DEM、DOM 为数据源建立	广州范围 $7434km^2$，模型精度与 2019 政务版 DEM、DOM 一致
建筑物白模（政务版）	以琶洲核心片区房屋测绘数据为数据源建立	试验区 $81km^2$，CIM 精细度 LODI 级

续表

数据类型	数据来源	数据概况
建筑单体化模型	数据转换整理	试验区 81km^2，CIM 精细度 LODII 级
互联网区与总部区在建 33 个项目模型	以设计 skp 模型为数据源建立	以设计 skp 模型为数据源，CIM 精细度 LODII 级
试点 2～5 个项目 BIM 模型	以设计施工 BIM 模型为数据源建立	以设计施工 BIM 模型为数据源，CIM 精细度 LODIV 级
试点 5～10 幢，不动产分层分户模型	以楼盘表、房屋平面图为数据源建立	以楼盘表、房屋平面图为数据源，CIM 精细度 LODIII 级
地下空间模型	以地下空间普查测绘成果为数据源建立	试验区 81km^2，以地下空间普查测绘成果为数据源，建立包括建筑地下室、地铁站台站厅与轨道区间、地下人防工程等，CIM 精细度 LODI 级
地下管线模型	以地下管线普查成果为数据源建立	试验区 81km^2，含电力、给水、排水、燃气、通信 5 大类
市、区、镇、村行政区划	数据转换整理	全市域范围
大比例尺电子政务地图与 POI	数据转换整理	试验区 81km^2
国土规划数据	数据转换整理	试验区 81km^2，包括土地利用现状数据、城市总体规划、土地利用总体规划、控规专题数据、村庄规划数据、三区三线数据、控制线数据
局委办数据	数据转换整理	试验区 81km^2，包括区公安局、农林局、发改局、城管局、文广新局、科工商信局、安监局、市场监管局、环保局、住建局、水务局、计卫局、来穗局、旅游局等部门的空间数据
四标四实数据	数据转换整理	试验区 81km^2，包括标准地址、标准建筑物、标准网格、实有人口、实有单位、实有房屋，与单体建筑模型挂接
企业及产业园区经济数据	数据转换整理	试验区 81km^2，包括产业园基本信息、落户企业基本信息、企业营收、纳税等经济指标信息
不动产管理数据	数据转换整理	试验区 81km^2，包括：地、楼、房；其中选择 5－10 幢不同类型的房屋试点不动产信息三维落房
重点项目管理数据	数据转换整理	试验区 81km^2，包括重点项目基本信息、项目建设无人机采集实景等

2.2 数字化产业经济 CIM+应用示范建设

在智慧广州时空信息云平台支撑下，围绕试验区 81km^2，建立广州人工智能与数字经济试验区的地上地下一体化三维模型，实现地、楼、房、企业、人口和经济数据的全面融合挂接；建立范围内资源及建筑物分布、人口分析、基础设施配套、经济及产业分析、企业名片、重点项目统计、权属分布统计、储备土地分布等大数据模型及人机交互功能，形成 CIM 示范应用，实现琶洲的园区、产业、经济、企业、税收区间、重点企业总部、招商引资、重点项目建设等分层分级分类显示和统计分析功能，达到对试验区整体把控的要求。系统首页如图 1 所示。

图 1　系统首页

（1）基础地图应用

实现基础地图应用，包括图层控制、地下模式、透明控制、指北、顶视、水平测距、垂直测距、空间测距、面积量算、坐标获取等基础地图操作。实现通用地图查询，包括兴趣点查询定位、地址查询定位、道路查询定位、点选数据查询、多边形查询等。实现统一运维管理，包括用户权限、功能权限、角色权限等后台管理功能。

（2）招商引资

整合了试验区范围内规划设计方案三维模型、占地范围、功能布局、重点产业，交通设施、土地供应、公服设施、空气质量等数据，以最吸引眼球的方式向投资者介绍琶洲地区未来发展的方向（见图 2）。

图 2　产业创新集聚区

（3）经济分析

汇聚试验区范围内入驻企业、企业税收区间、企业营收区间、商务载体等经济数据，实现试验区范围内各片区产业结构分析，并依托三维模型对重点楼宇进行分层分户分析（见图 3）。此外，在这些基础经济分析功能上，针对人工智能与数字经济试验区区域发展定位，设计园区统计图及总部大楼可视化分析功能，为琶洲地区各楼宇提供精细化的信息化管理方案。

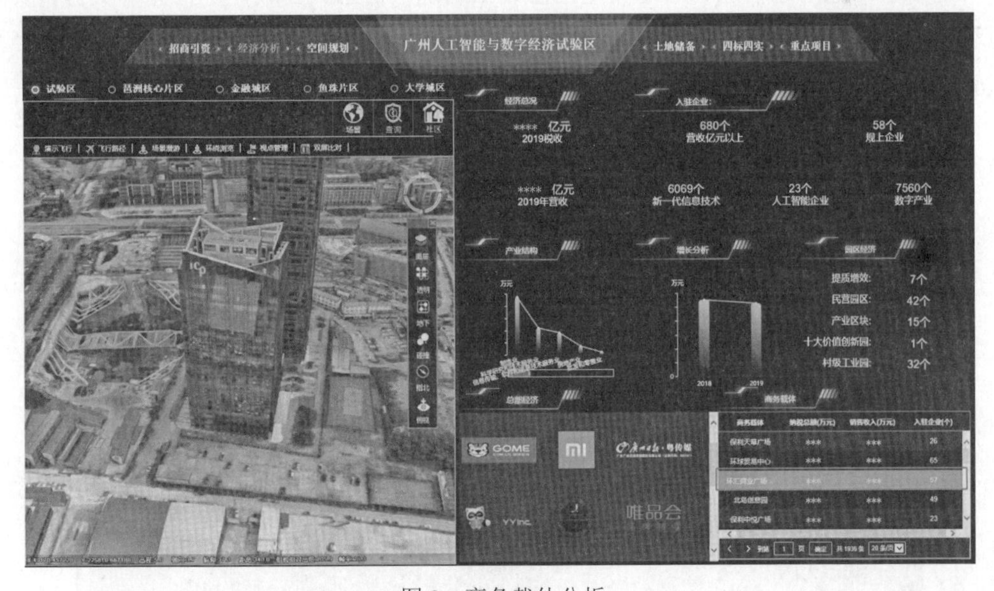

图 3　商务载体分析

（4）空间规划

整合生态保护红线、永久基本农田、城镇开发边界、城市总体规划、控制性详细规划等各类规划专题数据，以及道路、轨道交通、现状与规划建筑量等现状专题数据。此外，在这些基础经济分析功能上，针对人工智能与数字经济试验区区域发展定位，设计城市设计与城市更新模块，为试验区城市规划与建设提供有力支撑（见图 4）。

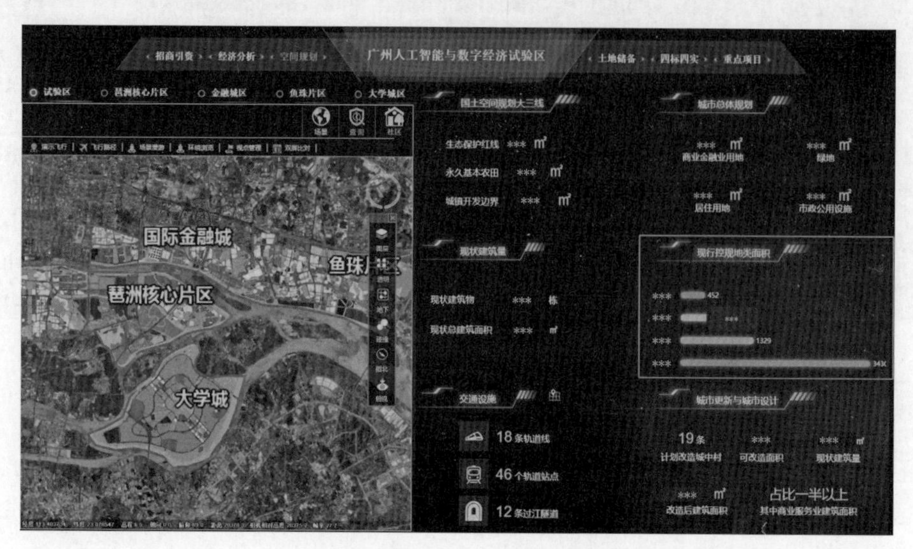

图 4　现行控规地类面积分析

（5）土地储备

囊括了土地出让信息、用地类型信息、土地现状信息、公服设施信息等数据，实现地块综合分析，能有效为项目进驻提供土地使用方面的支撑，支撑人工智能与数字经济试验区招商引资（见图 5）。

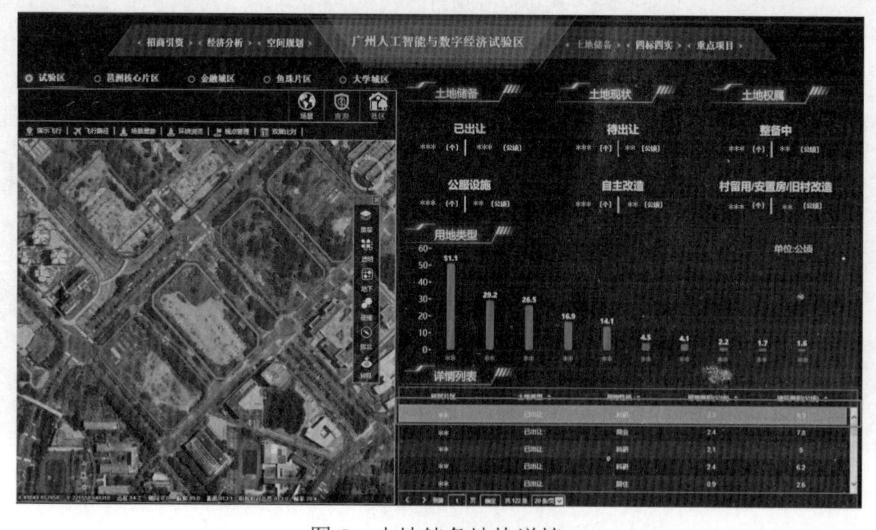

图 5　土地储备地块详情

（6）四标四实

实现试验区范围内人口、房屋和网格的上图，并对试验区范围内人口性别比例、年龄构成和人员类型（流动人口、户籍人口和境外人员）进行统计分析。形成“人–地–房–网格”管理模式，进一步支撑拆迁分析，自动生成任意拆迁范围内涉及的人口、土地和楼房等情况分析报告，支撑城市综合管理和整治（见图6）。

图6　实有人口详情

（7）重点项目

整合试验区范围内重点项目数据，实现项目阶段、项目建设性质、总投资额分布和年度GDP贡献等重点项目指标统计。接入720度全景影像，实现规划效果和施工现状对比分析（见图7）。

图7　重点项目测绘监控

3 关键技术

3.1 WebGL 三维渲染技术

WebGL（Web Graphics Library）是一种 3D 绘图协议，这种绘图技术标准允许把 JavaScript 和 OpenGL ES 2.0 结合在一起，通过增加 OpenGL ES 2.0 的一个 JavaScript 绑定，WebGL 可以为 HTML5 Canvas 提供硬件 3D 加速渲染，以便 Web 开发人员可以借助系统显卡在浏览器里更流畅地展示 3D 场景和模型，还能创建复杂的导航和数据视觉化。显然，WebGL 技术标准免去了开发网页专用渲染插件的麻烦，可被用于创建具有复杂 3D 地理场景。

相比于传统的 FLASH、微软的 Silverlight 技术，WebGL 由 HTML 原生支持，用户无需安装浏览插件，支持 Chrome、FireFox 等主流浏览器。WebGL 完美地解决了现有的 Web 交互式三维动画的两个问题：第一，它通过 HTML 脚本本身实现 Web 交互式三维动画的制作，无需任何浏览器插件支持；第二，它利用底层的图形硬件加速功能进行的图形渲染，是通过统一的、标准的、跨平台的 OpenGL 接口实现的。

3.2 应用服务 ServicesGIS

ServiceGIS（服务式 GIS）是将 SOA 架构、Web Services 等相关理念和技术应用到 GIS 中：服务端将 GIS 数据和功能以 OGC 标准服务对外发布；客户端按 OGC 的协议标准发送请求，通过调用服务端发布的服务，获取所需要的结果。ServiceGIS 屏蔽了服务端、客户端的软硬件差异，不仅能共享 GIS 数据，还能共享 GIS 功能。ServiceGIS 为解决国土、规划、发改等不同部门间的信息共享与交换提供了解决方案。本项目充分利用 Service GIS 技术的优点，将各类部门不同 GIS Server 服务器发布的各种服务如 WMS、WMTS、WFS、WCS、KML、GeoRSS，进行集成并支持多种终端的调用。

3.3 CIM 数据库金字塔技术

CIM 数据库金字塔构建对多源数据融合起着至关重要的支撑，其中数据应用端的 DOM、DEM、倾斜摄影、C3S 模型数据及 WMTS 的地图服务都应用瓦片地图金字塔构建模式，保障了在浏览端分层渲染展示的流畅度。

瓦片地图金字塔模型是一种多分辨率层次模型，从瓦片金字塔的底层到顶层，分辨率越来越低，但表示的地理范围不变。该技术优化了浏览数据中物体渲染的资源分配，降低非重要物体的面数和细节度，从而获得高效率的渲染运算。

4 创新点

4.1 建立基于 NLP 的企业标签模型体系

基于分类模型、分类模型评价指标、文本关键词提取、词性标注等数据挖掘及自然语言处理技术，标签化企业信息，建立企业标签模型体系，实现自动识别僵尸企业，定位龙头企业，有助于针对不同企业制定个性化举措。

具体而言，该系统通过文本分类技术及关键词提取技术，开发了招商楼宇和企业画像模块。首先收集企业及招商楼宇相关信息，从指标、特征及应用领域三大维度来刻画其标签模型体系，并在其基础上定义了经营范围、行业、规模、创新力等企业及产业园区标签。随后，依据已构建的标签模型体系通过关系图、树图等可视化形式将人物和企业间关系及企业属性之间关系进行可视化展示，为企业自身的成长、楼宇招商引资、招商楼宇企业政府监管等方面提供坚实的数据支撑。

4.2 建立数据驱动的产业园区智能管理新模式

以“数据—知识—决策”为主线，通过企业标签绘制、产业结构分析、企业产业画像分析等业务相关模块，实现楼宇及总部管理数字化、精细化和智能化。

基于规划专题、产业专题、企业专题等信息资源，利用空间大数据、人工智能模型、图像视频识别、深度学习与数据挖掘等技术方法，构建楼宇经济智能管理体系。通过对上述数据属性信息、空间位置与地理环境的精准感知与信息获取，解决“数据从哪里来”的基础问题；集成上述技术方法，构建招商楼宇及企业画像描绘、产业区块智能划定等专有模型和算法，实现招商楼宇的实时监测与精准管理，解决“数据怎么用”的关键问题。

5 示范效应

人工智能与数字经济试验区，是广州科技创新轴里“一区三城十三节点”的重要“一区”。试验区建设是广州抢抓全球新一轮科技革命和产业变革机遇，是做好“六稳”工作、完成“六保”任务，推进经济转型升级、实现高质量发展的重大载体和重要抓手，是落实 2020 年 2 月广东省出台的《广州人工智能与数字经济试验区建设总体方案》，加快推动试验区建设驶上快车道、迈上新台阶的重要举措。

为积极贯彻落实广州作为国家重要中心城市、粤港澳大湾区核心城市等发展定位，我院整理广州人工智能与数字经济试验区范围内相关数据，建立覆盖“地上－地表－地下”、二三维一体化联动的时空大数据基础数据库。充分利用城市信息模型平台建设成果，基于智慧广州时空信息云平台，构建专题图形化、可视化界面，提供大数据决策工具。以上工作为试验区管理部门加强社会沟通、改进管理服务提供了现代科技抓手，从而探索落地数据驱动、人机协同、跨界融合、共创分享的区域智能化治理新模式，并最终为深化城市信息模型平台成果在地区产业经济管理和发展方面的推广应用奠定基础。

雄安新区大数据与物联网应用项目

河北雄安市民服务中心有限公司

1　项目背景

2017年4月1日，中共中央、国务院决定设立国家级新区——雄安新区。设立河北雄安新区，是以习近平同志为核心的党中央作出的一项重大的历史性战略选择，是继深圳经济特区和上海浦东新区之后又一具有全国意义的新区，是千年大计、国家大事。对于集中疏解北京非首都功能，探索人口经济密集地区优化开发新模式，调整优化京津冀城市布局和空间结构，培育创新驱动发展新引擎，具有重大现实意义和深远历史意义。

雄安市民服务中心由雄安集团与中海地产、中建三局、中建设计、中建基金组成的中建联合体，共同构成联合投资人进行投资、建设及运营。该项目于2017年12月7日开工建设，2018年3月28日完工交付，历时112天，具备公建、住宅、酒店、会议、展览、影院等多种业态。项目于2019年12月10日正式获得2018～2019年度第二批中国建设工程鲁班奖（国家优质工程）。本项目是雄安新区成立后第一个鲁班奖工程，意义重大。从“深圳速度”到“雄安质量”，是雄安新区启动项目的完美呈现。雄安市民服务中心作为雄安新区的首个标杆项目，不仅是数字化智慧城市的雏形和缩影，同时也是国际领先、中国特色的智慧生态示范园区。雄安市民服务中心的智慧园区应用包括智慧生活、智慧企办、智慧政办、智慧物管、智慧运营五大场景。

本项目全程贯穿和突出“绿色、现代、智慧”理念。在现代、智慧方面，全生命周期的BIM辅助设计原则，基于雄安云的大数据引领，通过SOP－BIM运维管理平台的技术支撑，真正实现了从设计、施工到运营管理及数据分析的全过程智能建筑模型，做到“数字孪生”的建筑镜像；结合IBMS智慧管理平台，实现园区21大智能化子系统信息集成。综合管廊运营管理平台结合BIM应用和GIS技术等，更是进一步引领从实体建筑走向虚拟空间，虚实结合，实现基于雄安云、大数据等，将未来雄安打造成城市管理的虚实结合的城市。雄安市民服务中心俯视图如图1所示。

图 1　雄安市民服务中心俯视图

2　项目内容

2.1　大数据智慧运营管理

（1）SOP－BIM 智慧园区运维平台（见图 2）

大数据智慧运营管理平台基于 BIM 模型和项目运维的实时运行数据相互集成，实现项目全生命周期的 BIM、图档、业务数据的智慧管理。智慧运营管理平台面向园区消控中心大屏，整合园区现有信息系统的数据资源，凭借先进的人机交互方式，实现园区安防、环境、能源、管廊、物业等可视化管理，三维空间实时动态监控管理，运营数据分析驾驶舱，可视化应急指挥调度等功能，用以提高园景区管理者的指挥决策效率，为雄安市民服务中心提供更好的智慧运维管理方案。

图 2　SOP－BIM 智慧园区运维平台

（2）雄安市民服务中心综合管廊运维平台（见图 3）

雄安市民服务中心地下综合管廊项目全长 3.3km，形成“五横五纵”网络结构，包含复杂节点 120 多个，对运营管理系统构建提出很高要求。该管廊项目的智慧运营管理平台由中建地下空间有限公司负责建设，建立了管廊运维 BIM 模型建模标准和管廊构件标准化族库，整体建模深度达到 LOD300，附属设施设备部分建模深度达到 LOD400。平台基于 BIM 和 GIS 技术完美整合了视频监控、门禁消防、风机、照明、排水控制、温湿度、氧气、甲烷等多种 IoT 设备，实现管廊运行状态的三维可视化监控，有效满足日常运营管理工作。廊内还引入了智能巡检机器人系统，可代替管理人员完成管廊内部 24 小时不间断巡查和危险报警。

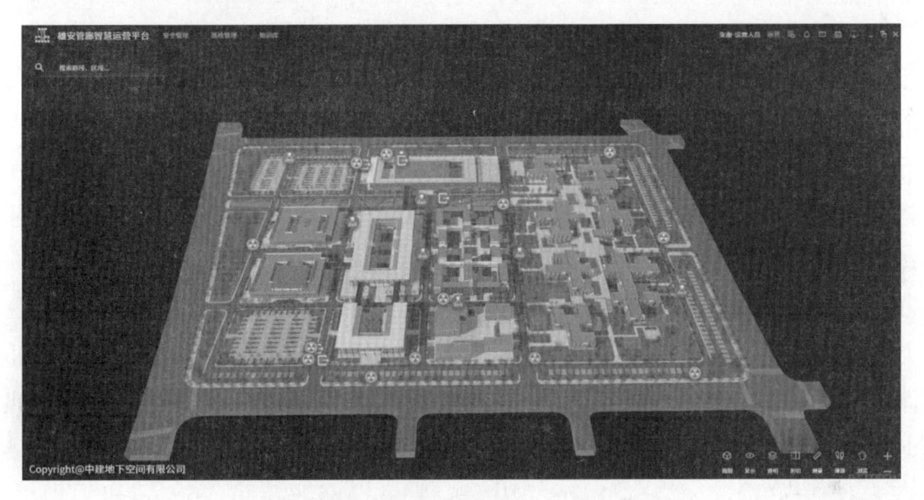

图 3　雄安市民服务中心综合管廊运维平台

（3）雄安市民服务中心 IBMS 运维平台（见图 4）

IBMS 综合管理通过集成园区内 21 个智能化子系统，以及多达 25000 个实时监测控制点位，实现对全园区、全专业、全时态的深度覆盖，从而达到自动化监管与控制的目

图 4　雄安市民服务中心 IBMS 运维平台

的。同时，通过 IBMS 系统和智慧云平台对接，实现基于雄安云的智慧应用。主要内容包括通信系统、综合安防系统、建筑设备监控系统、多媒体系统、机房工程等，通过一个平台 21 个系统全接入，提高设备管控效率。

2.2 大数据智慧运营管理平台

大数据智慧运营管理平台将实现项目全生命周期的 BIM、图档、业务数据的智慧管理。借助自主开发的、支持大体量模型的 BIM 引擎，无需任何第三方软件，即可在桌面和移动设备的浏览器中展现、操作、管理 BIM 数据，实现 BIM、二维和三维、模型和业务的多维关联；结合项目管理及业务功能模块，建立起以 BIM 为核心的多方协作平台。

大数据智慧运营管理平台面向园区指控中心大屏环境，支持整合园区现有信息系统的数据资源，凭借先进的人机交互方式，实现园区安防、环境、能源、管廊、物业等可视化管理，三维空间实时动态监控管理，运营数据分析驾驶舱，可视化应急指挥调度等功能，用以提高园景区管理者的指挥决策效率，实现园区的智慧化管理和运营。

（1）大数据智慧运营管理平台技术架构（见图 5）

大数据智慧运营管理平台的框架结构分为用户层、终端平台层、应用层、数据及服务支撑层、计算与存储层、网络通信层、物联感知层、执行层、事物层，以及标准规范体系、安全保障体系、运营管理体系。

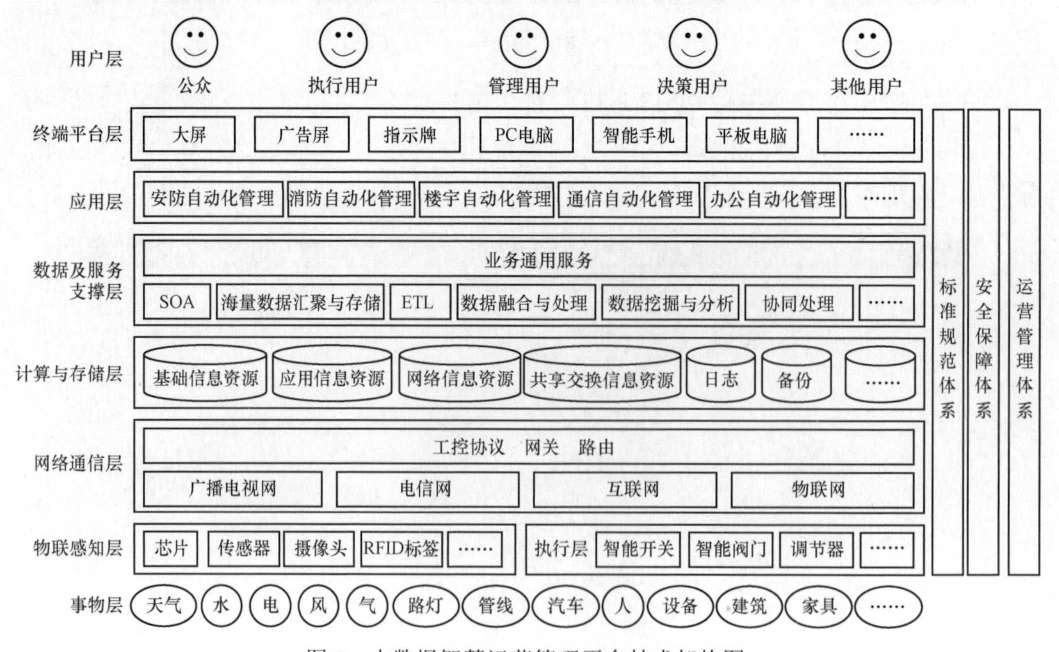

图 5 大数据智慧运营管理平台技术架构图

（2）大数据动态分析（见图 6）

大数据智慧运营管理平台能通过网络实时的连接大数据中心，同时使用预置规则和智能算法，读取其中将要使用的资源数据，再经过一系列计算之后，将结果数据以动态数字、动态图表、实时监控声画、动态三维图形、动态图标、动态光效等相结合的形式，同时展现在特定的大屏上，各级管理员可以实时大数据分析了解各模块数据态势及各个方面的运行情况。大数据动态分析能展现园区级、区县级、城市级、国家级、世界级，甚至更广级别的数据。

图 6　大数据动态分析展示图

（3）IBMS 系统集成（见图 7）

IBMS 是建立在 5A［主要指通信自动化（CA），楼宇自动化（BA），办公自动化（OA），消防自动化（FA）和保安自动化（SA），简称 5A］集成和物联网技术之上的建

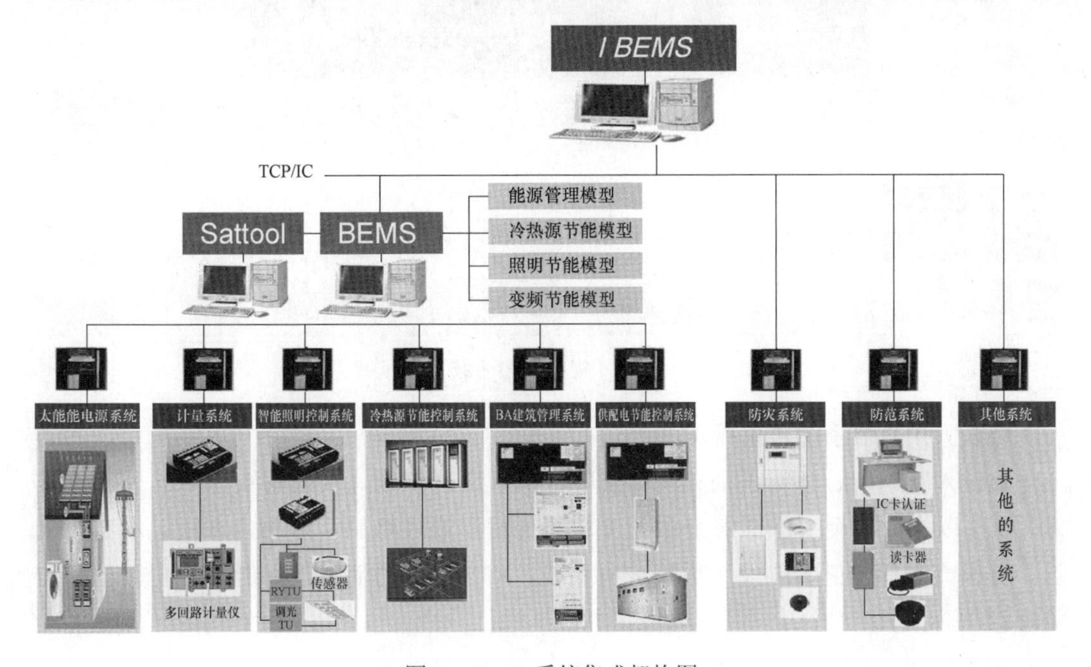

图 7　IBMS 系统集成架构图

筑集成管理系统，由 Web 集成化监视平台、监控服务器和协议转换网关三部分组成。

IBMS 能将各种子系统集成为一个“有机”的统一系统，并将其接口和协议标准化、规范化，完成各子系统的信息采集、交换和通讯协议转换，实现五个方面的功能集成：所有子系统信息的集成和综合管理，对所有子系统的集中监视和控制，全局事件的管理，流程自动化管理。最终实现集中监视控制与综合管理的功能。

（4）保安与消防管理（见图 8）

保安与消防管理是大数据智慧运营管理平台的重要组成部分之一，智能化保安系统具有较高的自动化技术水平及完善的功能，安全性、可靠性高。每个楼宇房间的防盗、防灾报警装置通过网络系统与园区控制中心的监控计算机连接起来，实现不间断监控。安防报警包括：门禁系统、红外门磁报警、火灾报警、煤气泄漏报警、紧急求助、闭路电视监控、周边防越报警、对讲防盗门系统等。

图 8　视频监控系统

（5）安全防盗系统（见图 9）

通过人脸识别、车牌识别、人群密度分析、语音识别，及公安数据对比分析等技术，80%以上的安全工作能够交由人工智能处理；通过烟感、热感、水压、水温、气温、有害气体等传感器，及大数据分析系统，80%以上的消防工作能够交由人工智能处理。

设备名称	设备区域	设备状态	设备位置	设备名称	设备区域	设备状态	设备位置
NOSTR.NOCOT.HZ101	规划展示中心1F	● 报警	查看	NOSTR.NOCOT.HZ100	规划展示中心1F	● 报警	查看
NOSTR.NOCOT.HZ102	规划展示中心1F	● 报警	查看	火灾19	规划展示中心1F	● 正常	查看
火灾57	规划展示中心2F	● 正常	查看	火灾80	规划展示中心2F	● 正常	查看
火灾9	规划展示中心1F	● 正常	查看	火灾25	规划展示中心1F	● 正常	查看
火灾35	规划展示中心1F	● 正常	查看	火灾21	规划展示中心1F	● 正常	查看
火灾108	规划展示中心2F	● 正常	查看	火灾112	规划展示中心2F	● 正常	查看
火灾37	规划展示中心1F	● 正常	查看	火灾75	规划展示中心2F	● 正常	查看
火灾89	规划展示中心2F	● 正常	查看	火灾67	规划展示中心2F	● 正常	查看
火灾115	规划展示中心2F	● 正常	查看	火灾55	规划展示中心2F	● 正常	查看
火灾42	规划展示中心1F	● 正常	查看	火灾97	规划展示中心2F	● 正常	查看
火灾72	规划展示中心2F	● 正常	查看	火灾51	规划展示中心1F	● 正常	查看
火灾26	规划展示中心1F	● 正常	查看	火灾4	规划展示中心1F	● 正常	查看
火灾5	规划展示中心1F	● 正常	查看	火灾98	规划展示中心2F	● 正常	查看

图 9　安全防盗系统

（6）能源管理与能耗监测（见图 10）

能源管理与能耗监测系统采用分层分布式系统体系结构，对建筑的电力、燃气、水等各分类能耗数据进行采集、处理，并分析建筑能耗状况，实现建筑节能应用等。

可以根据每个房间的温湿度，智能调整空调、暖气的供给量，实现利用最少的能耗达到合适温湿度的目的；可以通过传感器得知房间内是否有人，同时智能关闭灯光或其他电器；可以通过水、电、油、气等能源，在一段时间内的使用频率和用量，分析出最佳供给策略。

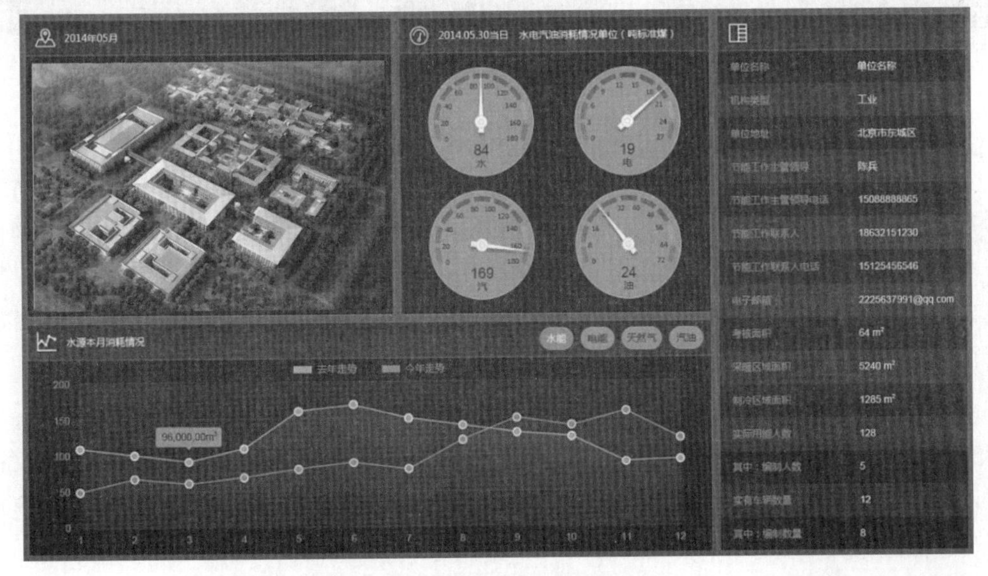

图 10　能源管理及能耗检测平台

（7）综合管廊监控（见图 11）

基于大数据智慧运营管理平台的可视化综合集成平台，是园区综合管廊核心应用系统的重要组成部分，该系统能够及时对管廊内环境及各种主管线运行的数据进行显示、分析、更新、维护、统计，为地下综合管廊内环境情况、各种主管线的运行情况提供准确的运维信息，为管廊的动态管理提供数据依据。

通过传感器和控制，能够实现管线滴漏，管廊积水等事件的及时提醒；通过巡逻机器人替代人工巡逻，减轻劳动强度，同时，利用机器人的传感器和图像智能分析功能，发现肉眼难以察觉的安全隐患；利用消防机器人替代人工，进入有毒有害区域，及时有效的控制险情。

图 11　地下综合管廊

（8）设备运行自检与设备管理（见图 12）

设备运行自检与设备管理系统是大数据智慧运营管理平台基于云计算的物联网综合管控云服务平台。平台可适配于各种物联网应用系统，实时监控管理接入设备的状态与运行情况，并对设备进行远程操作，通过云平台对接物联网设备，做到精确感知、精准操作、精细管理，提供稳定、可靠、低成本维护的一站式云端数据库。

大数据智慧运营管理平台对园区的给排水、配电系统以及电梯等设备的工作状况进行实时检测和控制，实现公共设备的最优化管理，降低系统故障率。通过软件控制设备，使设备运行于最经济合理模式中。当设备发生故障时，管理中心发出声光报警并由值班人员通知维修人员处理现场事故。

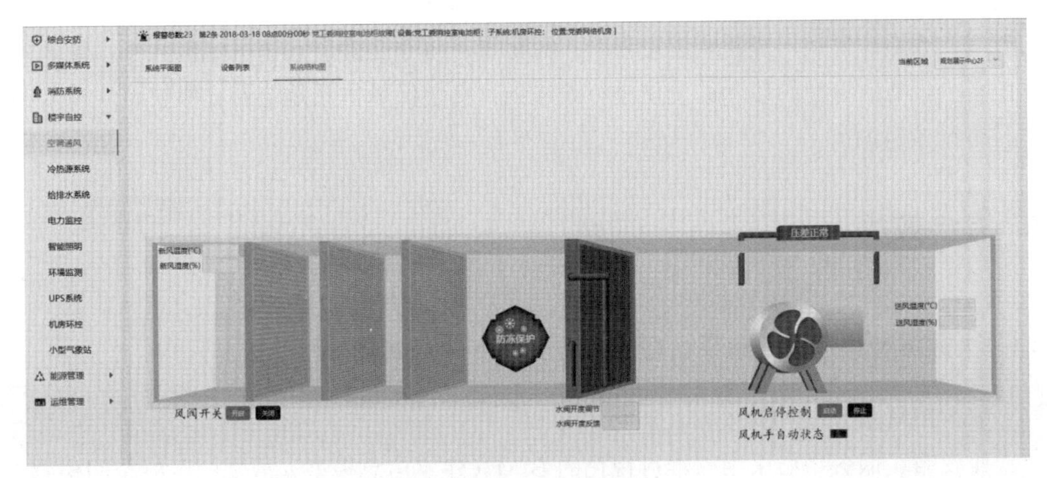

图 12　IBMS 设备运行及管理

3　创新点

3.1　不断迭代更新

大数据智慧运营管理平台会利用成熟的新科技，完善系统功能，提升管理效率，改善用户体验。最初的大数据智慧运营管理平台一定不是一个非常完善的系统，需要通过持续的迭代更新来逐步完善。信息系统的迭代需要经过应用、反馈、改进与再应用的循环过程，这个过程是持续的，会一直持续到不再需要这个系统为止。

3.2　不断提高利旧率与复用率

大数据智慧运营管理平台在最初的时候就可以集成和兼容许多软硬件，这能让管理工作者提高工作效率，不过，仍然有多种软硬件还无法正确接入。解决这个问题，需要从规范接口标准、数据传输协议、数据安全等多方面考虑，并且需要多方配合，这需要一个持续跟进的过程。

大数据智慧运营管理平台在一开始就进行了可复用性的设计，使每个子系统、功能模块都像一个单独的软件一样，可以独立升级、改造，甚至增加或删除功能模块，并且不影响其他子系统和功能模块的正常使用。

3.3　不断改进的管理体系

大数据智慧运营管理平台只是工具，真正驱动它有效运行的是其背后的管理体系，包括标准规范体系、运营管理体系、安全保障体系等。其中标准规范体系是随着软硬件的升级、改造、替换，不断跟进完善的；运营管理体系是随着运营区域的大小，管理方面的多少，高效管理的理念的变化进行改进的；安全保障体系是随着安保软硬件技术的更替进行改进的。

4 社会效益

4.1 大数据智慧运营管理平台在雄安市民服务中心的落实

（1）BIM 展现透明雄安市民服务中心

雄安市民服务中心采用三维可视化的 BIM（建筑信息模型）展现园区的空间位置、相关属性、数据信息、运营状态等信息。BIM 通过平台和大数据中心，间接的连接了园区内部署的 2 万多个物联网数据采集设备，使得园区内所有的人、物件、事件、建筑、道路、设施等，在数字世界都有虚拟映像，让信息可见、轨迹可循、状态可查，实现物理园区与虚拟园区的同生共长，形成雄安新区“数字孪生城市”的微缩雏形。

（2）BIM 数据可视化安全管理

1200 路高清摄像机实现了全园区的无死角监控。视频、门禁等全部实现自动联动报警，自动检测到摄像机和门禁点，同时将点位信息标注在 BIM 中。安保人员可以通过 BIM 点位和图表状态，快速识别异常情况，同时系统也在根据预设条件智能辨别异常情况，一旦发现问题，就会立即进行告警，安保人员能在最短的时间内进行处置，最大程度地消除了园区的安防隐患。

4.2 大数据智慧运营管理平台在新区的效益分析

（1）基于 BIM 的运维管理是最佳方案

采用三维可视化的 BIM 展现新区的空间位置、相关属性、数据信息、运营状态等信息，是其他技术无法比拟的。BIM 可以展现新区内所有事物的虚拟映像，结合数据可视化图表，能以最快的速度正确掌握几乎所有正在发生的事件，运维人员能以最快的速度进行响应，有效提高工作效能，减少信息遗漏、误判，避免错过最佳处置时机。

（2）可复制的模块化设计方案

虽然大数据智慧运营管理平台中的系统复杂，但其中的每个系统和功能模块都是相对独立的，可拆分组合或独立运行的应用程序。在新区中应用，能根据不同的运营需求，进行定制化的组合搭配。如果需要新增功能，也可以定制化开发，并像 U 盘一样方便地接入大系统中。

济南城区四维地质环境可视化信息系统平台

武汉中地数码科技有限公司

1 项目背景

“十三五”规划以来，国家高度重视地下空间开发与保护工作。济南是泉水历史文化名城，泉文化是济南的标志性符号，如何处理好泉水与地铁的关系，实现泉水与地铁的共融共生是泉城地铁人避不开的终生话题。在泉城富水、复杂地层环境下修建轨道交通工程，并无成熟的经验可借鉴，因此，济南轨道交通建设对水文地质勘测提出了更高要求。

为引领城市发展，改善交通拥堵和空气质量，以“十三五”规划为指引，在信息化、数字化趋势下，本着保护泉水原则，提高工程建设效率、安全性，实现指导轨道交通线网规划、泉水保护，服务地铁建设期及运营期等，形象展示地铁建设与泉水保护的关系，用智慧的方法开展轨道交通建设，构建四维地质环境可视化信息系统平台是具有必要性的。济南地铁从规划以来便开展了多年、多轮、多层次的泉水保护技术论证，仅院士级别达十余次。2017 年 4 月 14 日，二轮建设规划保泉专项评审专家建议建立可视化四维信息平台，为城市轨道交通的智能化运营奠定基础。

2 项目内容

项目基于 MapGIS CIM 平台，以四维地质环境数据库为数据基础，面向系统管理员、轨道集团专业技术人员、轨道集团管理层和社会公众等，采用 C/S 与 B/S 相结合的架构，搭建地学数据管理与维护平台、四维建模与可视化平台、四维地质环境决策服务平台和四维地质环境公共信息平台，同时基于四维地质环境可视化信息系统平台建立地下三维地质结构模型，实现地上景观（3ds）、建筑物模型（3ds）、地下三维地质结构模型、地下管线模型、地铁模型（BIM）、地下水流模型、地下水位模型等模型的融合，实现地上、地下一体化展示。

2.1 地学数据管理与维护平台

地学数据管理与维护平台所承载的应用功能是对轨道交通建设过程中产生的工勘

钻孔、保泉报告、地下水监测等各类数据的统一管理。平台面向数据管理人员提供基础地理空间、工勘钻孔、地质环境图件、保泉相关报告等各类资料的建库、管理与维护工具。

地学数据管理与维护平台主要实现轨道交通建设与泉水保护相关城市地理空间数据、属性数据一体化的组织管理。借助关系型数据库，提供完整的文件数据（文档、表格、图片、视频等）的管理方案，从而实现对空间数据和非空间数据的一体化组织。主要包括数据导入、数据录入、数据导出、数据检查和权限管理等功能。

2.2 四维建模与可视化平台

该平台主要实现城市二三维一体化的地质数据分析应用。在 2D GIS 基础上，以地图、表格为主的城市地质数据二维可视化界面，为地质专家和非地质人员提供观察、处理和分析城市地质多源、异构数据，进行知识探析的二维可视化工作空间和基本工具。在 3D GIS 基础上，采用自动、半自动的方式逐步建立各专业三维地质模型，并把这种结果保存起来，作为今后运行、显示的模型数据。各种三维地质结构模型均要求能与平面二维要素进行一体化展示和交互分析。可重建地下地质体三维空间形态及其组合关系，实现地下复杂空间结构与关系的分析和过程的虚拟再现；可基于地质体三维结构模型进行任意切割、开挖、虚拟钻探等可视化模拟和分析。主要包括二维展示与查询、地质成图与编辑、工程地质计算、三维建模、模型展示、四维可视化分析等功能。

2.3 四维地质环境决策服务平台（B/S）

四维地质环境决策服务平台（管理版）采用 B/S 架构，基于 GIS 技术、BIM 技术及三维可视化技术，提供地铁及周边地质环境信息快速查询与检索，实现地学模型与 BIM 模型、地上模型等的一体化展示与分析，展现地铁与泉水的关系，并提供与保泉工作相关政策法规、保泉报告、专家评审等相关资料的在线浏览与下载。

2.4 四维地质环境公共信息平台（B/S）

四维地质环境公共信息平台（公众版）采用浏览器/服务器架构体系，面向社会公众提供公开地质环境信息检索、地铁与泉水关系三维可视化展示及地质科普宣传等功能，满足社会公众对轨道交通建设信息获取需求。在妥善处理系统中涉密信息之后，通过 Internet 网络及时向社会公众发布轨道交通规划设计、工程建设、环境监测、泉水地质等方面的信息。能够对地下地质结构、地面三维空间信息进行浏览、查询、检索、分析，可以高效率地获得相关的信息服务，从而实现轨道交通建设与泉水保护地学知识的科普宣传。

3 关键技术

项目在建设过程中突破了多源异构数据集成管理、BIM 与 GIS 融合技术研究及轻量化导入、基于剖面的交互式地层结构建模、基于虚拟孔的模型更新技术、全空间三维数据高效渲染和 Web 端全空间轻量级三维数据交换格式等关键技术。

3.1 多源异构数据集成管理

针对项目建设过程中涉及的来源多、格式复杂的数据，系统采用了混合数据引擎，针对 IoT、BIM、倾斜摄影、激光点云、水文地质等不同类型的数据使用不同的数据引擎进行入库和管理。使用了 MapGIS DataStore、Oracle、MongoDB 等多种存储介质，并且在数据引擎之间根据数据特点建立关联关系，实现了多源数据的自动关联（见图 1）。

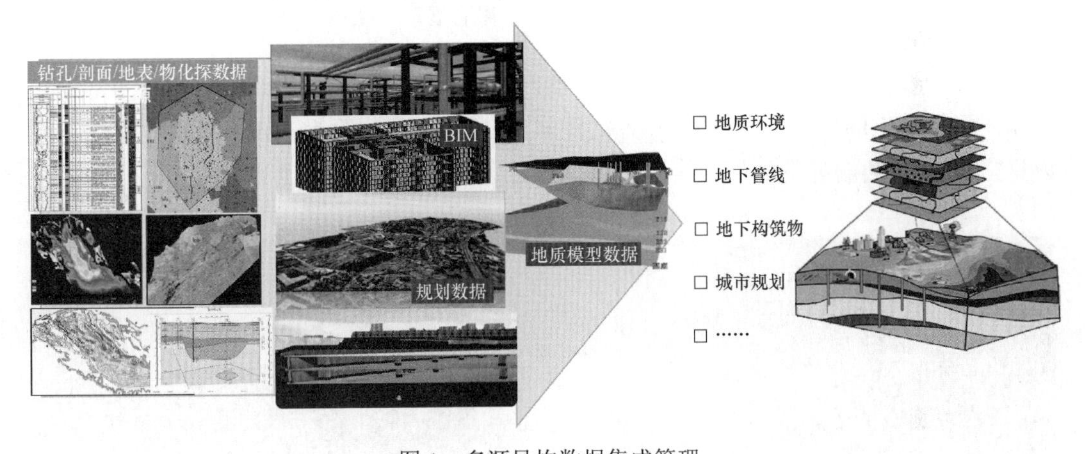

图 1 多源异构数据集成管理

3.2 BIM 与 GIS 融合及轻量化导入

BIM 以建筑工程项目的各项相关信息数据作为模型基础，详细、准确记录了建筑物构件的几何、属性信息，并以三维模型方式展示。本项目收集了轨道沿线地铁线路及站点 BIM 模型，直观展示了地铁站点的几何结构。GIS 技术则可以对地铁沿线宏观的地质环境信息进行可视化表达，通过 BIM 与 GIS 融合技术研究，有助于实现地铁 BIM 模型与沿线地质环境信息的深度融合和三维可视化表达，将真三维的地下三维地质结构模型与地铁 BIM 模型进行融合与集成，可满足查询、分析宏观与微观地理空间信息的各类需求。BIM 研究的是单体精细化模型，而 GIS 研究的是宏观地理环境。将 BIM 融入 GIS 平台，在数据管理、可视化表达、空间分析等层面对 BIM 进行深度融合，构建一个区域完整的城市系统模型，实现宏观地理环境与精细地铁场景的一体化集成与综合应用。BIM 与 GIS 融合展示如图 2 所示。

图 2 BIM 与 GIS 融合展示

另外针对 BIM 模型数据量大的特点，还开发了 BIM 模型轻量化导入功能（见图 3）。在保证整体效果的情况下，支持在导入 BIM 模型时进行化简操作，可以自定义化简系数。5.4G BIM 数据轻量化处理后可以简化为 258M，数据简化了近 21 倍。

图 3 BIM 模型轻量化导入

3.3 基于剖面的交互式地层结构建模

地质剖面图勾勒出了剖面与地下的地质体的交线，直接表现为剖面上长短不一的轮廓线族，这些轮廓线族包括由线段组成的开放轮廓线和由线环组成的闭合轮廓线，它们所代表的是具有不规则边界的地下地质体或地质界面。要做的工作就是利用地质剖面上的地质体截面形态重构地下地质体，即在一系列开放轮廓线或闭合轮廓线之间建立起曲面片，进而确定区域内所有地质体的空间几何形态（见图 4）。除剖面数据外，钻孔和等值线图也是重要的三维地质建模数据，在两个剖面之间的空白区域，如果有钻孔、等值线数据能够揭示地下地质体或地质构造的部分信息，那么这些信息将给地质人员构建区域地质模型以十分有益的启发，从而大大增加了模型的准确性。

图 4　基于剖面的交互式地层机构建模

3.4　基于虚拟孔的模型更新技术

随着城市的发展，城市建设过程中将会新产生大量的钻孔数据，如何在已有地质结构模型基础上利用新的钻孔数据实现地质模型的局部自动更新也是本项目需要研究的重难点。项目建设过程中拟在不改变地质模型主体框架结构的基础上，采用模型离散化－加入新钻孔－地质体重构的思路，首先通过模型离散的方式，按照一定的采样间隔将地质结构模型离散化为虚拟钻孔，然后加入新收集的标准化工勘钻孔，综合利用虚拟钻孔和标准化工勘钻孔进行模型的重构，最终得到更新的地质结构模型。模型更新效果如图 5 所示。

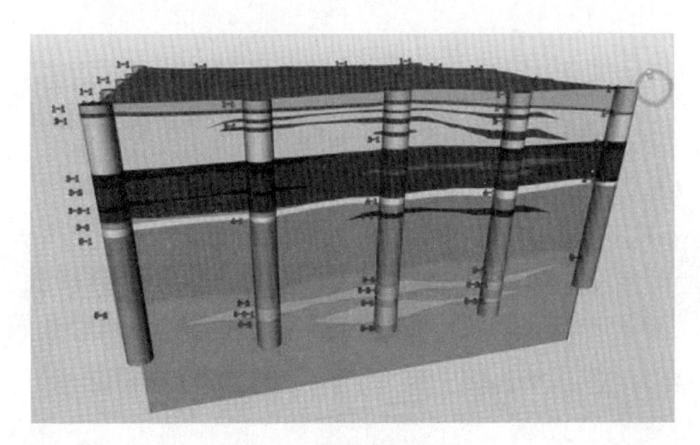

图 5　模型更新效果

3.5　地质结构模型与场模型构建融合技术

在水位水流建模方面，针对场模型的构建，使用一维纹理技术、多线程、双缓冲技术等来保证场模型与地质结构模型的融合展示效果，提升显示效率。使用了 GPU 渲染技术，直观动态地将地下水的各种变化趋势表现出来；结合一维纹理技术，实现了相关模型的变化趋势的快速平滑表达；使用多线程，双缓冲等技术手段，提升动画的流畅性。地质模型与场模型融合如图 6 所示。

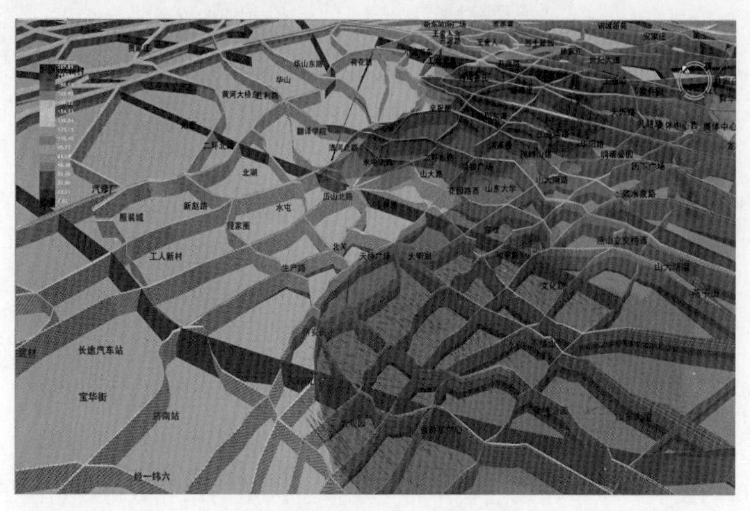

图 6　地质模型与场模型融合

3.6　全空间三维数据高效渲染

项目进行了全空间三维数据高效渲染技术的研究，基于 LOD（层次细节模型）、视锥体裁剪、场景渲染索引、数据分页等手段，优化了地上精模建筑物等模型的渲染效率（见图 7）。

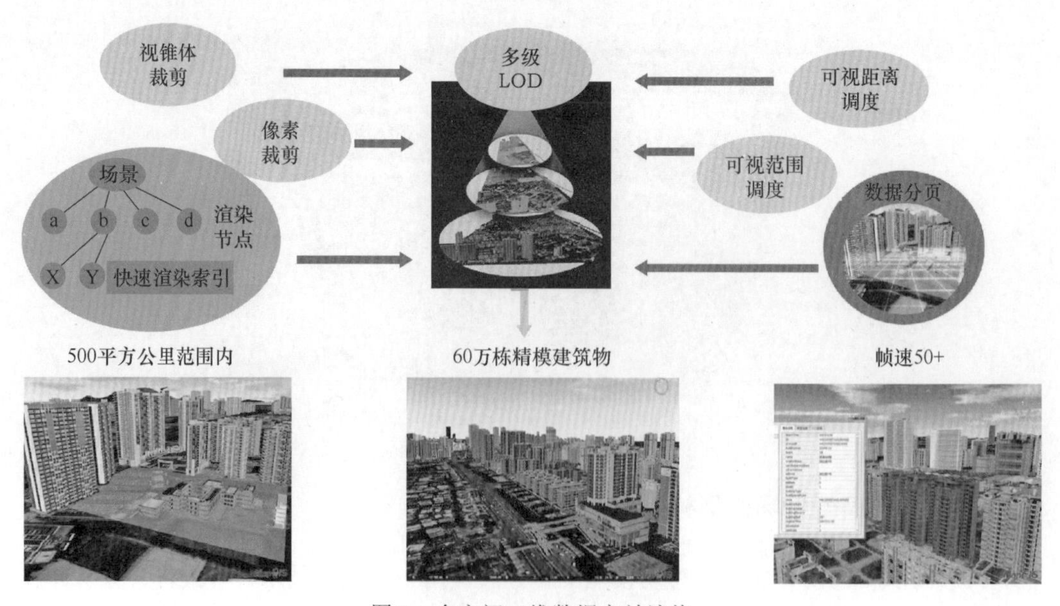

图 7　全空间三维数据高效渲染

3.7　Web端全空间轻量级三维数据交换格式

针对管理版和公众版提出的基于网页端实现三维模型高效共享的要求，采用 Web 端全空间轻量级三维数据交换格式 M3D 技术，它是 MapGIS 定义的针对多端应用的三维数据交换格式，对海量三维数据进行网格划分与分层组织，采用流式传输模式，实现多端一体的高效解析和渲染，可极大提升全空间数据共享与服务能力。M3D 轻量级三维数据交换格式如图 8 所示。

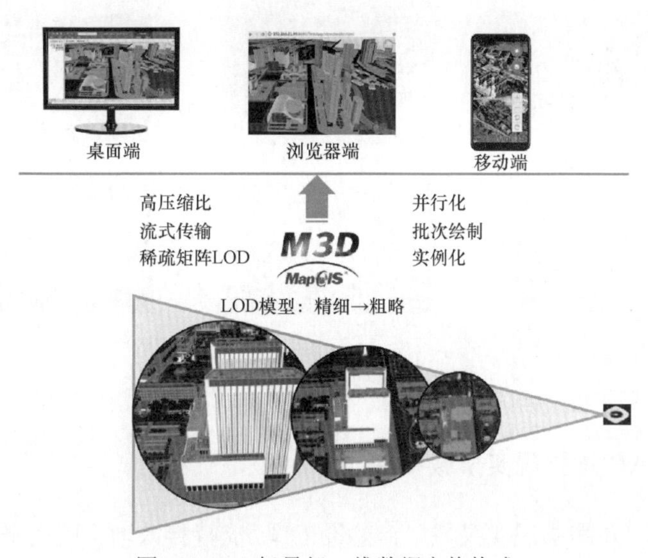

图 8　M3D 轻量级三维数据交换格式

4　创新点

4.1　创新探索了“半自动－交互－自动”建模方法

结合区域地质和轨道交通工程勘察标准，在岩性的基础上细分了密实程度、塑性状态、风化程度，可用于城市级复杂地层三维地质建模。模型在刻画出复杂地质结构的情况下吻合每一个钻孔编录，实现了交互拼接复杂地质模型的高精度自动更新功能。以三维剖面的交互拼接为基础，通过权重分级的虚拟孔离散化重构，开发布孔、强约束等工具，实现模型的自动更新，由此也实现了结构模型到属性模型的构建与耦合。绘制了大量地质剖面（64 条），380 个单元格，逐步扩建为 1600 平方公里的地质模型。可在济南城区沿任意线路范围生成二三维综合地质剖面、岩土属性剖面、地层等厚线等，在局部钻孔密集地区尝试了泛克里格插值的自动建模方法进行局部更新。此技术也应用于“透视山东”等省级三维地质建模中，是目前大规模地质建模最兼顾高效与模型精度的技术（见图 9）。

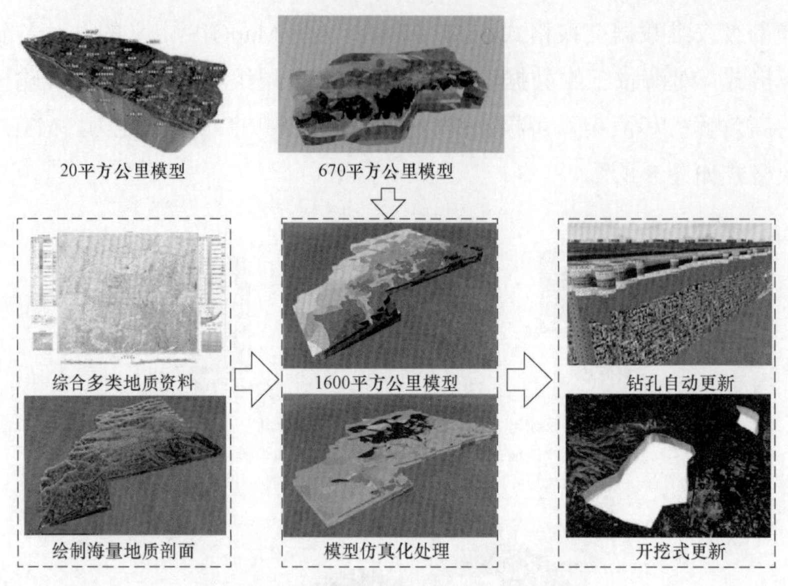

图 9　半自动–交互–自动建模

4.2　首创 GIS+AR 增强现实泉城平台

开展了 GIS+AR 增强现实泉城平台建设工作，支持接入增强现实平台中的地上建筑等模型，首次将增强现实、混合现实技术应用于城市级地质环境平台，实现了城市实景与四维模型厘米级误差的融合查看与互动。可在真实世界透视泉水成因、地层变化、管线信息、地铁模型、地下空间开发等，为济南泉水地质文化形象的提升、勘察安全、工程建设安全、智慧泉城建设等提供服务。

4.3　解决了大规模模型在同一视窗下的耦合展示难题

项目以二三维全空间一体化展示和四维动态显示相结合的方式，将地形地貌及其他轨道交通地上地下环境信息、地质构造、含水层、水文地质参数、地下水流场、水化学特征等单一的数据信息集成，并通过计算机技术还原为四维、可视化、人机互动的、动态变化的地理信息模型，融合集成地铁模型、地上模型、水流模型、管线模型等，突破了 20 余种大规模模型构建在同一视窗下的耦合展示难题（见图 10）。为泉水研究工作者提供形象化模型，可在任意位置切割模型查看地质剖面、历年水位等，提供沿地铁线路漫游，查询周边地上地下各类三维模型信息。

图 10　地上地下模型在同一视窗下融合展示效果图

5　示范效应

已将四维地质环境平台在轨道交通全生命周期进行应用示范，并根据行业需求完善了定制化的功能和服务。四维地质环境信息平台建设关键技术及其在地铁建设中的应用技术成果目前服务于城市地下空间开发利用、保泉供水、城市轨道交通规划建设运营、四维可视化地质模型建设、地下水环境保护、地下水数值模拟等方面。

项目整体技术成果已通过三年以上大规模的生产及应用，完成单位与山东、江西、湖北、四川等省市国土规划部门签订生产项目合同 15 余项，并且在中铁十八局集团有限公司、中铁上海工程局集团有限公司、中铁第四勘察设计院集团有限公司、北京城建勘测设计研究院有限责任公司等国内 7 家单位推广应用，在 13 处勘察、设计、施工等工程，特别是城市轨道交通领域取得了良好的应用效果，收到用户的一致好评。项目建立的四维地质环境信息平台及相关配套的成果，突破了传统建模技术难题，实现了海量多源异构数据的融合展示分析，定量定性评价地下空间开发利用，促进了工程规划建设、地下水保护评价的精准化、数字化。

项目技术发明及配套成果成功辅助济南轨道交通项目立项阶段的决策、指导线网规划、优化施工设计，提高了勘察效率、施工进度，保证了施工的安全，显著降低了工程造价及运维成本，定性定量分析地下水环境保护，在地上地下空间开发利用取得了良好的经济效益和社会效益，具有广阔的推广应用前景。

武汉天河机场 AGIS 平台

武汉中地数码科技有限公司

1 项目背景

根据“湖北机场集团有限公司关于解放思想深化改革加快企业做大做优做强的实施意见”，全面推行信息化管理，按照全面信息化、深彻信息化的要求，加强顶层设计，做好统筹规划，进一步完善智慧机场建设方案。围绕生产调度、旅客服务、物流服务、行政管理及大数据开发应用，加快建设“一库一系统四平台”。

“一库”：建立数据仓库，成立大数据中心，数据仓库包含民航的基础库、航班信息库、资源信息库、地理信息库、商业信息库、客户信息库。

“一系统”：综合决策管理系统是专门为机场决策管理人员、各级领导的决策提供科学依据的系统。由数据仓库（或数据集市）、查询报表、数据采集、数据建模、数据挖掘、数据分析等部分组成。

“四平台”：按照业务领域划分，机场建立生产运营信息平台、旅客服务信息平台、航空物流信息平台、行政管理信息平台四大领域的主题平台系统。每一领域信息平台都是一个逻辑的主题数据库，是这一类信息资源的集合，逐渐往大数据中心方向整合发展。

天河机场 AGIS 系统平台是对机场信息化的重要技术支撑，是从规划设计、施工到运维的重要纽带。AGIS 平台是在一期机场 GIS 系统的基础上进行扩充和完善，其数据和软件建设参考国家统一的技术标准和规范，按照统一部署的思路进行地理信息数据库建设、GIS 平台建设和运行支撑环境的建设。

2 项目内容

项目利用 3S、三维建模、物联网、CIM 等技术，聚焦机场、航空公司、空管等民航领域，基于 MapGIS CIM 基础平台打造智慧机场解决方案，将机场航站楼、机坪、管线等机场建筑物、构筑物、基础设施基于真实空间位置进行数字化呈现，并实现实时信息的监测与展示。通过二三维一体化展示方式，实现数字机场管理，提供方便快捷的机场设施运维管理，畅通旅客流和航班流，使得旅客出行体验、运营效率得到大幅度提升，高效支撑机场数字化转型建设，使机场变得“智慧”。

AGIS 项目包括基础地理信息数据采集建库和应用系统建设两部分内容，为机场综合管线管理、机场资产和设施管理、应急指挥、客户服务提供智能、高效、稳定的信息服务平台。

2.1 数据采集建库

基础地理信息数据库是 GIS 应用系统的基础，GIS 系统建设需要扩充现有的地理信息数据库，具体包括：

（1）扩充二维地理信息库

对接测绘、国土、规划等部门，在遵守相关国家保密规范前提下，获取机场核心区 $12km^2$ 的数字线划地图（DLG）数据以及 50km 半径的影像数据，并按照智慧城市相关标准规范进行数据提取，形成机场二维基础地理信息框架库。

（2）T3 航站楼三维地理信息库

鉴于本期应用系统建设，需要完善 T3 航站楼以旅客服务为主的室内三维建模（出发层除外）。

（3）新增 BIM 专题数据库

对接机场现有的 T3 航站楼 BIM 数据，按照航站楼辅助查询子系统的需要，进行 BIM 数据的清洗、提取，最终形成 BIM 专题数据库。

（4）新增三维管线专题数据库

参考国家地下管线物探标准，结合现有管线系统和文档资料，进行覆盖机场范围内的室外地下管线物探、重点建筑室内管线物探，并将管线物探成果进行标准化处理，形成三维管线专题数据库，保证管线数据成果与机场现状一致性。

（5）新增地面综合配套设施专题数据库

参考国家基础测绘规范，对覆盖机场范围内的园林、广告牌、消防应急设施、场内机坪的三维模型管理相关的地面配套设施进行野外测绘采集。

2.2 应用系统建设

建设智慧机场 GIS 应用系统结合武汉天河机场的实际需求，建设四大地理信息应用系统。

（1）航站楼辅助查询子系统

利用 BIM+GIS 技术，可以展现航站楼楼内可见商铺、消防应急等配套的分布，以及墙体内不可见管道、桥架等设备分布情况，更加直观、实时、可视化的对管理对象和结果进行展现。

（2）管线辅助查询子系统

基于三维管线专题数据库，建立三维可视化地下管线信息管理系统，为地下管线日常管理、工程管理、生命管理、隐患管理、事故管理、巡线管理和历史管理提供决策支持，完善机场地下资源管理可持续的长效运行机制。其中，管线内容含场区室外水、电、气、通信管线内容。

（3）地面配套设施辅助查询子系统

基于地面配套设施管理专题数据库，结合机场地面配套设施管理的需求，发挥 GIS 的主要作用，实现机场园林绿地、消防应急、广告牌指示牌等地面配套设施的可视化、查询、定位、统计，实现工程竣工图纸的上传、查看、下载。

（4）模拟仿真辅助决策子系统

模拟仿真辅助决策子系统提供旅客流程仿真（包含进出港流程、中转流程），楼内消防应急疏散仿真、楼外消防应急救援仿真，场区航空器、内部车辆、外部车辆交通仿真，为机场的保障管理人员提供辅助决策。

3 关键技术

项目在建设过程中突破了顾及几何、时态、语义的地下管网自动建模、融合 GIS 与 BIM 的室内外三维模型构建、多终端多协议适配的感知数据集成融合、多策略集成的全空间海量数据高效渲染、移动端/web 端协同的机场应急多情景仿真演练等关键技术。

3.1 顾及几何、时态、语义的地下管网自动建模

针对地下管网空间数据模型不统一、信息资源难以共享、语义认知冲突、业务流难以融合的问题，建立顾及几何、时态、语义的一体化的地下管网三维空间数据模型。模型以三维地下管网对象为核心，包含了语义数据模型、几何数据模型和时态数据模型三个部分，将地下管网实体的几何特征、时间特征、拓扑特征、语义特征有机地结合起来，既便于模型在计算机中得以实现，又保障了语义信息无歧义地传输和执行。天河机场管线探测成果和管线三维建模如图 1 所示。

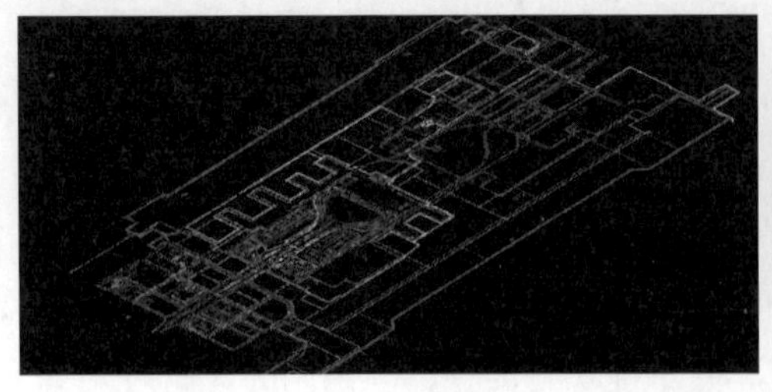

图 1　天河机场管线探测成果（左）和管线三维建模（右）

采用面向对象、本体、单纯形剖分的技术，综合分析地下管网的管理模式和业务分层，抽象出三维地下管网的语义数据模型、几何数据模型和时态数据模型，并以类进行封装和提供形式化的说明，解决地下管网三维空间数据模型的全覆盖、信息资源共享与互操作、业务流全融合的难题，有效地支撑了机场地下管网闭环管理的业务需求。天河机场地下管线一体化三维空间数据模型如图 2 所示。

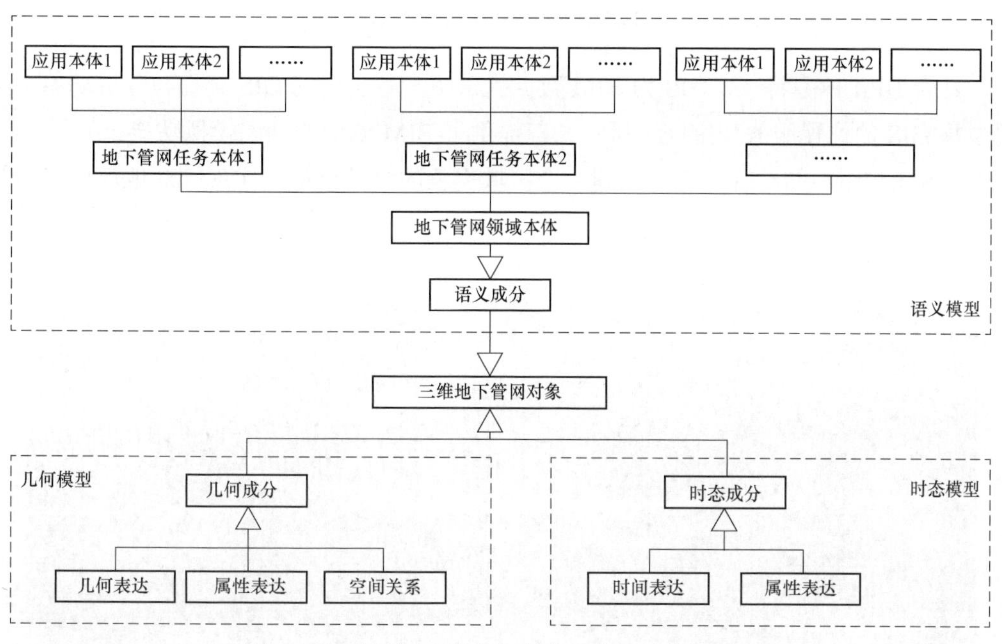

图 2　天河机场地下管网一体化三维空间数据模型

3.2　融合 GIS 与 BIM 的室内外三维模型构建

机场三维模型是地理要素和景观的三维表达，是地物几何、纹理、属性信息的集成。通过 GIS 与 BIM 的深度融合，实现全空间从室外空间到室内空间的跨越。

BIM 连接了建筑生命期不同阶段的数据、过程和资源，从设计、施工到运维都是围绕 BIM 的单体精细化模型来进行的，注重于微观领域中建筑内部的设计与实现；而 GIS 则一直致力于宏观地理环境的研究，同时具备处理和分析宏观地理环境中地理数据的能力。对于 BIM 来说，三维 GIS 可基于周边宏观的地理信息，提供各种空间查询及空间分析等三维 GIS 功能，为 BIM 提供决策支持；而对于三维 GIS 来说，BIM 模型则是一个重要的数据来源，能够让 GIS 从宏观走向微观，实现对建筑构件的精细化管理；也使得 GIS 成功从室外走向室内，实现室内外一体化的管理。天河机场室外模型和室内模型如图 3 所示。

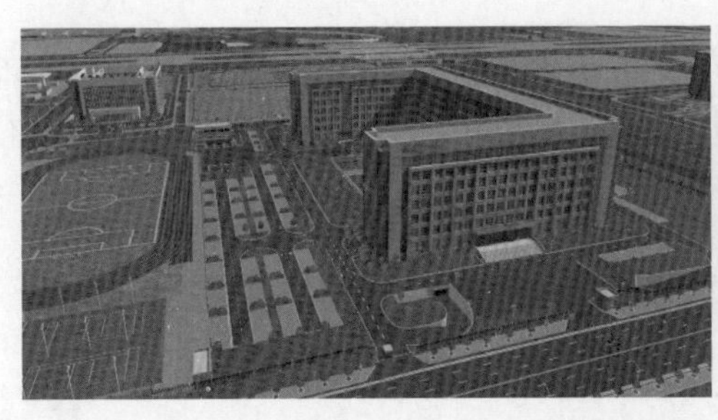

图 3　天河机场室外模型（左）和室内模型（右）

结合 BIM 模型特点，GIS 为 BIM 数据提供了多种实用的 GIS 查询与分析功能，同时发挥 GIS 的位置服务和空间分析特长，提供了 BIM 专用的动态模拟功能。

GIS 和 BIM 的结合，可以构建一个区域完整的机场模型，实现宏观地理环境与精细机场室内场景的一体化集成与综合应用。天河机场 GIS 和 BIM 模型融合如图 4 所示。

图 4　天河机场 GIS 与 BIM 模型融合

3.3　多终端多协议适配的感知数据集成融合

机场作为非常重要的交通枢纽，其安全性保障是非常重要，为了机场保持良好的运行状态，需要对机场各个部分、各个系统的动态及时掌握。大量感知数据的接入融合能够为机场管理人员提供最新的动态数据，对于实时感知数据的快速无缝集成是一切问题的关键。AGIS 平台支持动态接入实时传感器数据，接入融合多源感知数据，采集机场重点设施设备运行状态及人员集聚状态，实现机场的智能感知和机场全空间场景从静态到动态的跨越；支持多终端多协议适配的实时数据动态接入、多类型实时数据汇聚和快速处理，为智慧机场的建设提供底层平台级的支持。

针对机场多源感知设备数据进行接入融合，使数字机场模型拥有“鲜活”的数据并具备数据展示、数据分析、场景预测、决策策略等能力，提升数字机场模型的可操作性，实现物理空间现实机场向虚拟空间的复制，通过虚拟空间感知并控制物理空间实现物理机场和数字机场之间的联动。天河机场实时数据动态接入统计分析如图 5 所示。

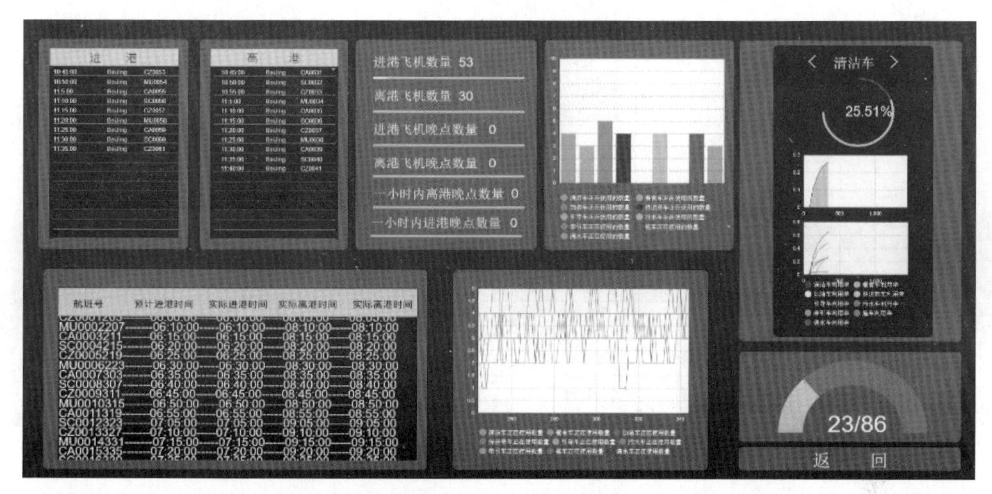

图 5 天河机场实时数据动态接入统计分析

3.4 多策略集成的全空间海量数据高效渲染

项目建设涉及多源三维模型集成与浏览，采用高效的缓存和数据组织管理策略，实现三维空间信息显示功能，提升机场海量三维场景显示性能。天河机场海量三维数据渲染技术路线如图 6 所示。实现海量三维数据高效渲染的可视化的关键技术包括：

1）LOD（层次细节模型）：在原始数据的基础上，对几何数据和纹理数据建立不同级别（精细度/分辨率）的实体。利用 LOD，可在绘制整个数据集时快速显示较低精细度的数据副本。而随着放大操作的进行，各个更精细的 LOD 等级将逐渐得到绘制，但性能将保持不变，因为在连续绘制更小的各个区域。

2）视锥体裁剪：利用相机视锥体裁剪减少当前渲染视域内的模型个数，提高渲染效率。

3）最小像素裁剪：小于某个像素值的模型会在当前渲染视域内被裁剪掉，提高渲染效率。

4）场景渲染索引：对场景中的渲染节点按照区域和层次进行划分，建立索引，提高漫游过程中的调度效率。

5）可视范围和可视距离动态调度：在多级 LOD 数据基础上，根据当前可视范围和可视距离进行动态调度，只加载可视距离对应的 LOD 级别的实体。

6）数据分页：数据在内存中按页加载和淘汰，提高数据读取的效率。

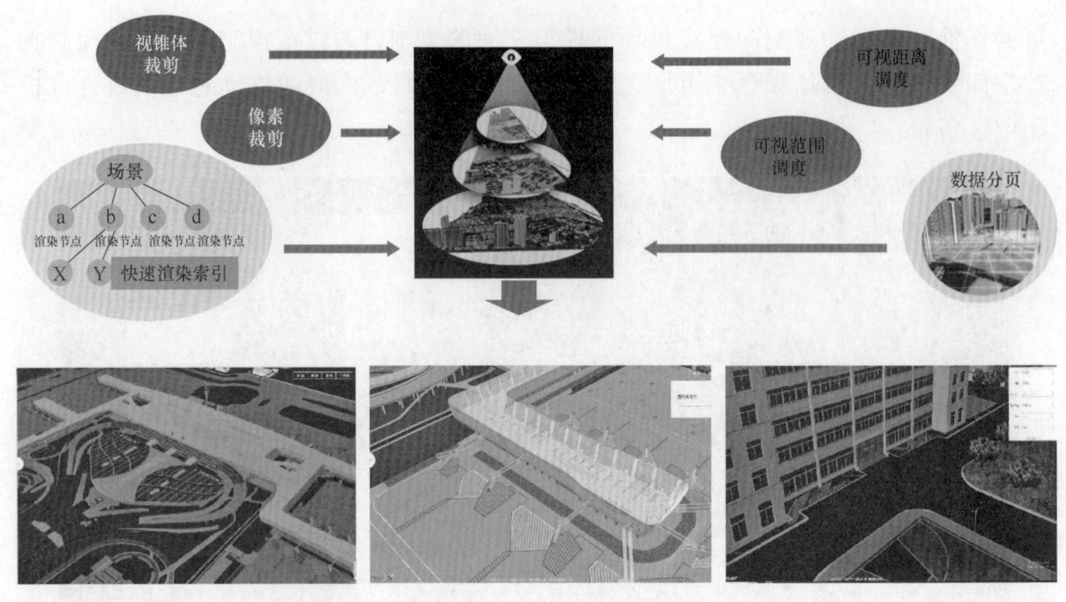

图 6　天河机场海量三维数据渲染技术路线

3.5　移动端/Web 端协同的机场应急多情景仿真演练

改变以往单独建立系统进行机场特定场景的模拟仿真，面向复杂场景仿真演练，深度利用数字孪生机场模型，在计算机环境下的场景推演，为用户提供沉浸式场景的体验，达到沉浸式仿真演练的效果。通过构建逼真场景数据模型，模型场景与现实机场场景按一定缩放比例相对应，对旅客进离港流程、场内交通模型、场外交通模型、火灾应急疏散、场外消防模型等进行模拟仿真。构建实时的、高保真的、用户高度介入的体验环境，协调机场在不同业务量水平下的内外部的资源，保证机场安全顺利运行，为特定场景下机场稳定运行、机场服务保障、应急突发、提供数字化解决方案。天河机场应急多场景仿真模型如图 7 所示。

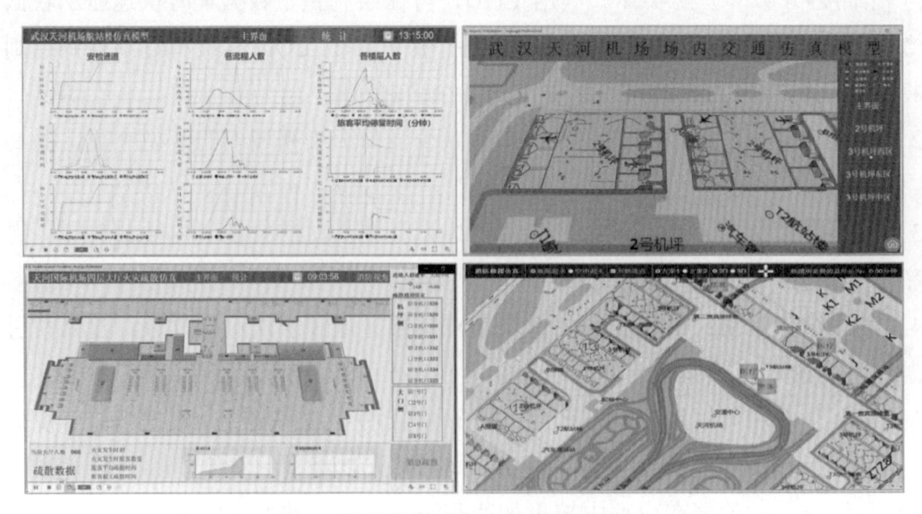

图 7　天河机场应急多情景仿真模型

仿真系统分为一个服务器端和多个移动端，每个移动端可部署一个航站楼仿真模型，移动端可同时共用服务器端的数据库。通过 AnyLogic 仿真建模工具构建客流仿真模型，将模型导出为独立应用程序，并将其部署到生产环境服务器上。仿真模型能够与数据库进行数据交互，并可在数据库中修改输入参数和查看输出数据。天河仿真模型总体应用结构图如图 8 所示。

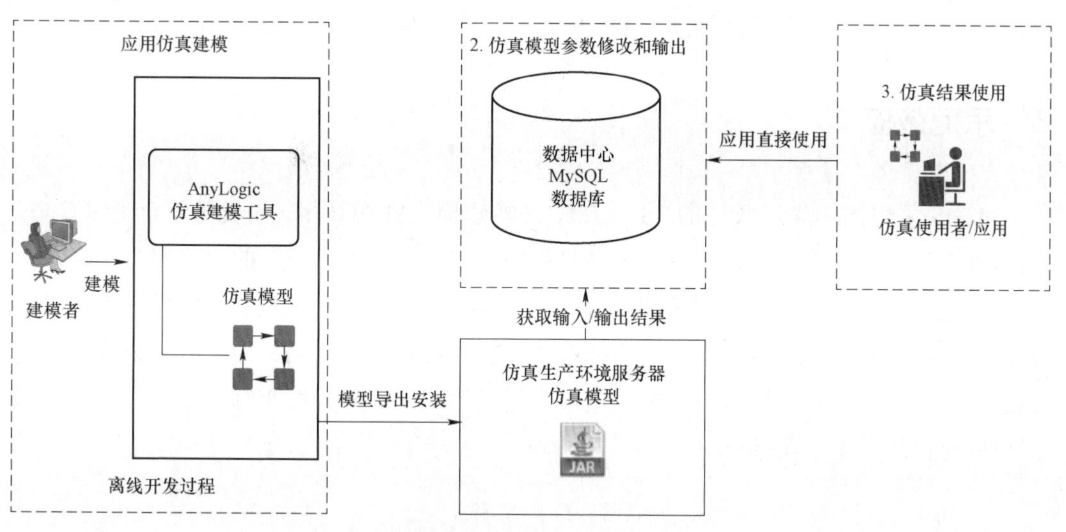

图 8　天河仿真模型总体应用结构图

4　创新点

4.1　实现了地上下空间一体化展示

传统机场环境建模技术都是单独对机场建筑、单独系统进行建模，不具备空间位置信息，且机场的地下建模（地下管线模型）应用比较少，由于地上、地下空间目标在独立建模时采用的空间数据模型不同，因而造成集成建模后模型数据的表达不统一，给后续的应用分析带来诸多不便，严重影响了模型的使用效率，因此必须对建模后的结果数据进行集成。项目创新性的采用一体化数据模型、一体化空间表达、一体化空间分析、一体化开发方式的集成设计，实现地上地下无缝漫游和深度应用。

4.2　实现了机场二三维数据快速渲染

项目采用缓存设计、异步调用两种数据调度策略，来缓解数据调度时的网络传输压力；构建高效的数据动态调度框架，实现二三维机场数据的实时调度；采用数据并行渲染方式针对实时的图像渲染过程，对图像绘制中的几何或光栅阶段进行数据并行处理，实现了二三维机场数据的快速渲染处理。

4.3 实现了机场室内外、地上下一体化仿真

项目基于 AI 算法，构建了模拟仿真的可视化系统。预先将航站楼旅客流程、场内交通流程、场外交通拥堵以及航站楼应急情况进行推演分析，为机场各方面的资源设施安排、为应急方案制定提供辅助，节省大量的人力、物力，并大大提高效率。

5 示范效应

AGIS 采用国际先进成熟的 3S、CIM、三维建模、AI 等技术，为机场综合管线管理、机场资产和设施管理、应急指挥、客户服务提供智能、高效、稳定的信息服务平台，实现了地理信息资源的纵横联通和协同服务，提供分布式和集中式的数据服务和功能服务，打造智慧机场落地的典型应用示范系统。项目的建设和使用，为天河机场跻身国内先进机场行列，为武汉打造国家中心城市、复兴大武汉、提升城市综合实力、打造国家门户枢纽机场奠定坚实基础。

中建大兴之星智慧园区建设实践

中建三局智能技术有限公司

1 项目背景

中建大兴之星是中建三局在京打造的首个高端商业综合体项目，位于北京大兴区西红门国家新媒体产业基地。项目总建筑面积约 12.08 万 m^2，包括商业、写字楼、酒店、公寓。项目依托大兴区域高速发展优势，着力构建“建筑产业共同体”。秉承中建三局高质量发展理念，科技赋能园区，将中建大兴之星打造成创新型智慧园区，为运营商、商户及用户提供全方位、多样化服务。

中建大兴之星智慧园区的建设以运营需求为导向，以 CIM+应用为支撑，从实际场景出发，通过构建智能化基础设施数字底座，融合新一代信息技术，实现运营管理体系创新，以智能驱动园区运营“四大价值”提升。中建大兴之星智慧园区价值实现如图 1 所示。

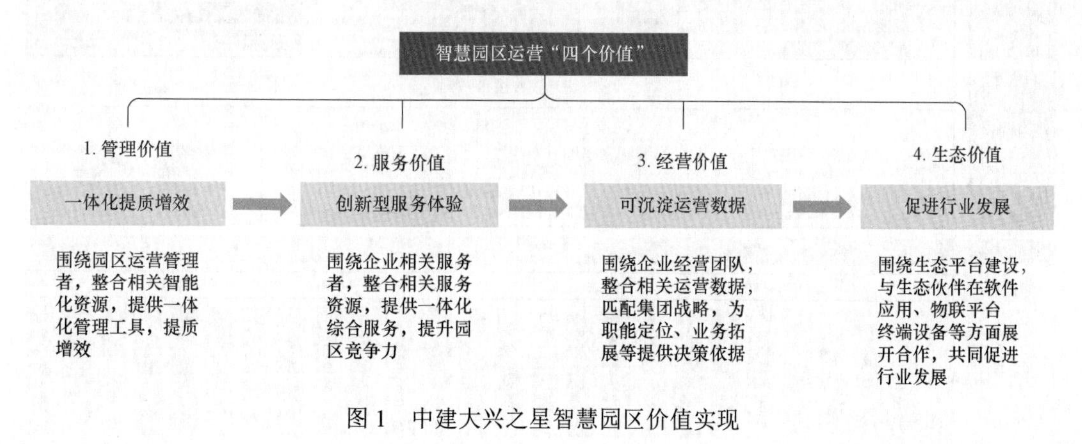

图 1 中建大兴之星智慧园区价值实现

2 建设内容

通过 CIM 平台可融合园区繁多且复杂的信息，园区包括建筑物、道路、广场、绿地、地下管线、机电设施等不同单元，借助 BIM 建立不同单元的单体信息模型，再借助 GIS 将这些单体信息模型加载到园区 GIS 底图中，最终实现以 CIM 平台串联园区规建管一体化应用、统筹园区各业务场景智慧化应用、盘活园区数字资产“一盘棋”，推动园区智慧化转型和升级。结合公司园区业态开发进展，从业务需求出发，梳理出智慧园区建设要实现的“四个目标”。

能力数字化：以智慧园区为抓手，分步骤构建跨区域数字化运营能力；

体系平台化：以 CIM 平台化为支撑，分层次构建多业务的资源整合能力；

服务多元化：以应用场景为导向，分模块构建面向多用户的多元服务能力；

组织标准化：以数字化为牵引，分业态构建运营业务标准化复制能力。

2.1 智瓴智慧园区平台建设

中建三局智慧园区示范项目——北京大兴之星，以中建三局属下智能技术有限公司自主研发的智瓴智慧园区平台为核心组件，以 IoT、数据、管理三大中台为技术底座，以 BIM、AI 为系统引擎，以绿色全光网为传输网络，打造智慧运营决策中心，构建包含 28 类 133 个智慧应用场景的安防、设备、环境、能源、服务、运营六大态势。中建大兴之星智慧园区平台架构如图 2 所示。

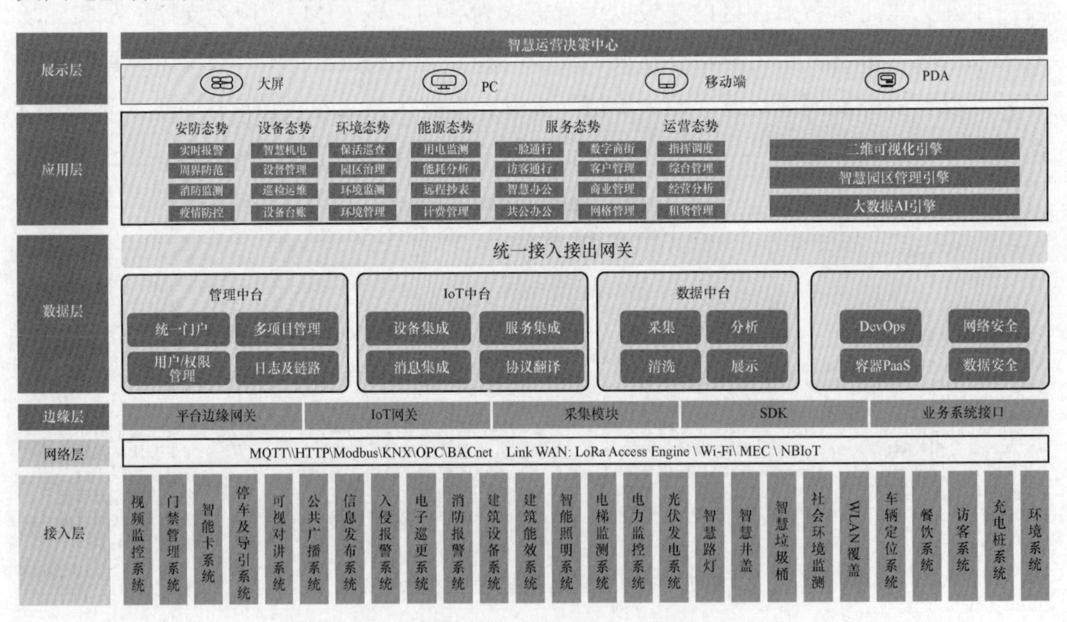

图 2 中建大兴之星智慧园区平台架构

2.2 典型智慧应用场景

1）场地活动预约：支持 App 预约会议室、沙龙活动场地、运动场地，随时随地预约缴费，让场地预约像电影订票一样便捷。

2）访客便捷通行：使用App/小程序进行访客邀请，自动授权门禁，安全便捷。

3）智慧停车：提供充电桩管理、车位引导、车辆异常通行预警、融合商户优惠停车等。

4）一站式入驻：App线上办理企业入驻/退租、装修申请、押金缴纳，线上办理审核，无需现场排队等待，简单高效。

5）费用缴纳：企业物业费、租赁费、水电费账单自动推送，在线查询、支付，便捷省心。

6）线上报事报修：在线报事报修，快速处理，便捷高效。

7）人脸识别精准布控：黑名单人员入园预警及陌生人运动轨迹监督，有效保障企业安全。用户发出紧急救助或黑名单人员入侵时，会自动向运营方发出告警，保障园区安全。

8）智能资产管控：为企业提供资产的出入库、查询、借还报废盘点、报表等在线智慧服务，并结合RFID标签实现出门报警，多系统联动助力企业资产精细化管控。

9）智慧食堂：企业员工在食堂就餐，支持企业钱包充值等多种支付方式，线上还提供查看菜谱、客流分析、明厨亮灶、线上支付等服务，智慧便捷，提高员工幸福感。

10）贴心企业管家：提供在线报事报修、查缴费用、企业账单推送等服务，园区为每家企业配置企业管家，贴心管家一对一服务，App可查看管家信息并在线评价，快速响应彰显服务品质。

11）保洁保绿：巡查通过视频分析、AI算法，快速提供绿植损坏和环境污渍治理方案决策，下发工单。

12）能耗监测：实时监测能源使用情况，生成能耗报表，营造绿色园区。

13）智慧商街：为商户提供智慧运营服务，分析商街运营状况。

14）社区活动：通过App/小程序，便捷发布/查看园区活动，一键预约参加，邂逅商务社交新际遇。依托整个智慧园区的商业资源，打造资源高效整合的商业社交平台，更能激发活力与灵感。

15）共享办公空间：以舒适空间+智慧办公应用，面向共享办公人群，提供空间、软硬件设施及社区服务的智慧共享办公空间，支持线上预约、支付，线下刷脸/扫码进入。线上便捷预定缴费时租/日租工位、独立办公室/会议室，线下拎包入驻，一码通行。租期灵活、即定即用，为不同的办公机构提供零距离交流的自由空间，让办公者共同享受“空间、服务、社交平台”的全新体验。

共享办公空间部分智慧应用场景实景效果如图3所示。

App：线上预约缴费，线下一码通行

舒适办公空间：图书角、水吧、休闲区

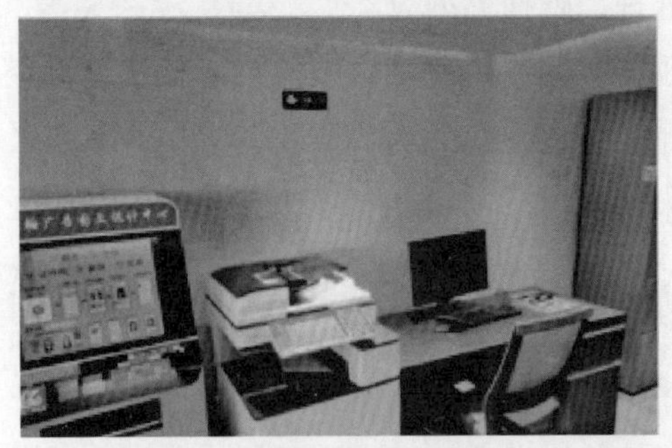

共享打印，云端传递文件，按需打印

智能密码柜：存储贵重物品，安全省心

独立办公区：线上预定，扫码启用

智能会议室：线上预定，扫码启用，
MaxHub智能屏，白板会议一体机设备

图 3　中建大兴之星共享办公智慧应用场景

2.3　园区三维实景建模

数字驾驶舱通过三维实景建模，真实还原设备和建筑场景，整合园区服务，打造园区数字孪生平台，以 3D 可视化场景映射园区使用情景，企业与人员足不出园，即可轻松便捷的获取资源与服务。

中建大兴之星智慧园区利用基于 BIM 的三维建模，创造三维漫游场景，建立室外环境和园区建筑外立面模型。对 B1、B2、B3 层主要设备机房、L1 层大堂、L3 层共享办公和指挥中心等重要场所，进行了室内精细建模，为用户提供身临其境的实景体验。

结合 AIoT 全面感知设备模型，包括人脸识别门闸、智能电梯系统、智能消防栓、环境监测、电力监控、充电桩等，实现多维数据采集、感知应用。融合共享数据，构建无处不在的连接，实现无所不及的智能。

中建大兴之星数字驾驶舱如图 4 所示。

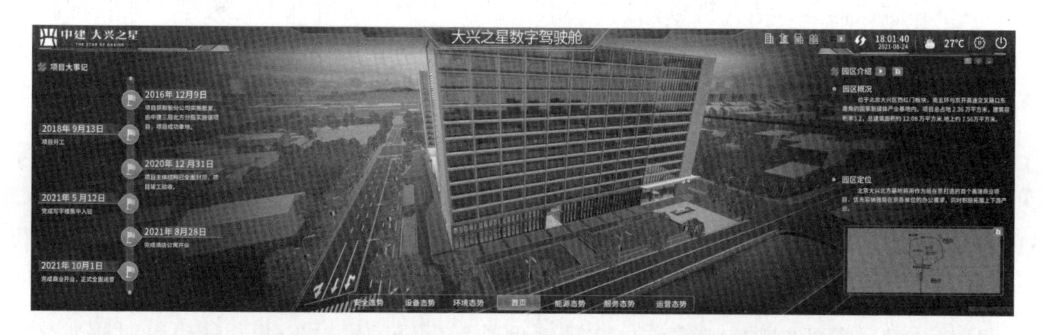

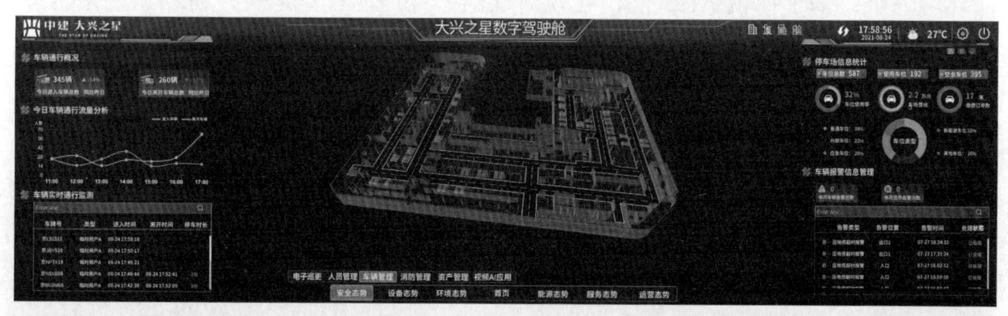

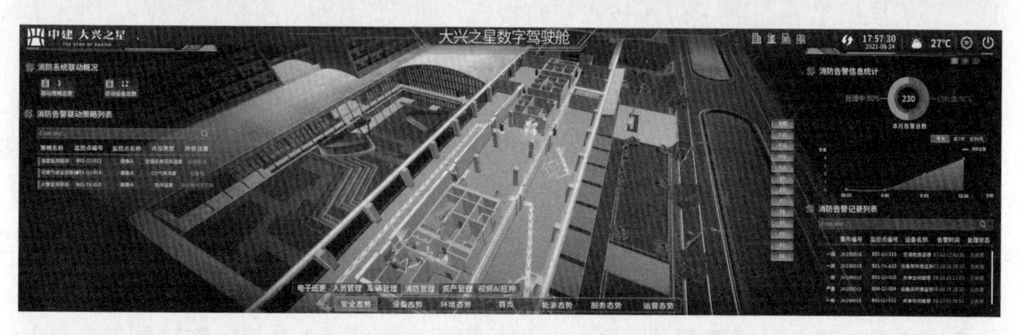

图 4　中建大兴之星数字驾驶舱

2.4 智慧运营决策中心

智慧运营决策中心，依托 Web 和 App 的人机交互设计，实现高效协作。

安防态势：通过实时视频对现场进行远程巡检，提高工作效率，帮助现场工作人员快速定位和解决问题。结合视频抓拍、人脸识别、人脸比对等技术与模型空间管理区域结合，将现场实时信息与三维模型进行融合，分析形成结构化数据，提高现场的管理效率，实时获取并分析人员的活动轨迹和动态，保障园区安全。

设备态势：实现园区各类设备的动态化监测、预警与管理。展示设备的信息和位置，对设备进行实时在线监测、预警，对重点区域进行实时监控，为设备正常运行保驾护航。三维模型中显示电梯状态，利用电梯传感器监测电梯运行状态，包括上下行状态及楼层，平层信息，故障信息，困人信息等。

环境态势：基于视频 AI 算法，实现对保洁、保绿的视频巡查，自动识别是否存在污渍、绿植破坏等情况，自动判断绿植是否需要保养以及裁剪，提高工作效率。在地图上设置巡查线路，巡查人员按照线路执行巡查任务，拍照记录巡查结果，统计分析巡查执行情况。

能源态势：实现对建筑能耗的监测、统计、分析与对比。对于异常能耗情况，平台推送相关预警、报警信息。通过对能耗的分析和策略控制，有效降低园区能耗和运营成本，提高异常状况的快速处理能力。通过可视化图表，将真实设备和空间位置关联，查看实时数据，展示园区按照建筑楼栋、层级统计水、电损耗数据，实际用电/水负荷统计。

服务态势：借助三维模型，可视化展示三维楼层引导路线图，通过可视化图表，展示智慧商街/食堂的客流统计数据。为园区企业提供“全场景、全覆盖”入驻服务，成为企业舒心的“后勤管家”。为入驻企业员工提供便捷化服务，提升员工办公幸福指数。为入驻商户提供信息发布、多渠道支付结算服务，既可方便客户与商家联系，又可积累商业业态经营数据。

运营态势：基于不同维度对园区运营相关数据进行统计、分析、趋势预测，为运营商决策提供数据支撑，实现智能数据驱动运营管理。

3 关键技术

3.1 IoT 中台

中建三局·智瓴 IoT 中台通过轻量化数据集成、设备集成、消息集成能力，提供面向应用系统边界交互场景的松耦合、可插拔式的入口服务平台，实现各类业务数据、设备数据全量汇聚，各类应用系统互联互通，助力应用创新、业务创新。同时，IoT 中台与数据中台、管理中台等基础平台打通，支撑新业务的快速开发部署，提升应用开发效率。中建三局·智瓴 IoT 中台架构如图 5 所示。

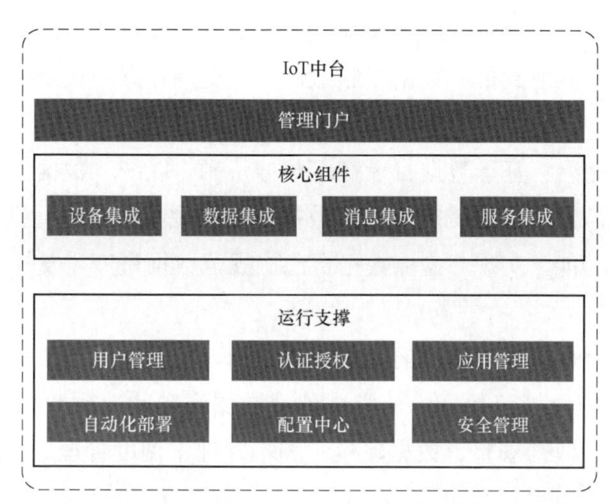

图 5　中建三局·智瓴 IoT 中台架构

数据集成：针对实际项目中复杂的、异构的数据环境，实现结构化、非结构化、接口服务等多种数据源之间无侵入式集成，同时，针对数据的预处理需求，可实现数据清洗、转换、标准化等预处理操作。

设备集成：使用 MQTT 标准协议连接设备，同时提供厂商系统对接采集、硬件对接采集、SDK 通信采集等多种采集方式，对不同厂商、不同协议类型的设备数据安全采集和远程管控。

运行支撑：负责平台运行所需的公共基础功能、与企业现有平台的服务管控、应用管理和认证等拉通。同时提供统一运维、安全审计等常用工具应用集，可视化界面展示各集成组件系统资源运行情况、告警、日志检索等，有效提升系统可维护性。

消息集成：使用统一的消息接入机制，数据提供者和消费者通过发布订阅模式实现消息互通。

服务集成：聚焦在轻量化服务集成，将支持多种协议的后端服务以 API 形式开放数据，实现从 API 开发、测试、管理到发布的生命周期管理和服务调用，简化提供服务的过程，降低企业之间对接的成本。

3.2　数据中台

中建三局·智瓴数据中台围绕数据资源“汇聚、存储、管理、治理、开发、共享、可视化”的发展主线，实现消除数据孤岛、规范数据标准、提高数据质量、推动数据流通、挖掘数据价值的目标，助力数字化创新，推动产业数字化升级。

目录管理系统：旨在为各业务方提供标准的数据梳理方案，形成有效的数据架构，分为资源类型管理、资源分类管理、目录编制、目录审核/报送及目录上/下线。

数据集成平台：是一站式解决异构数据存储互通，消除数据孤岛的同步平台，为各系统和业务方提供了数据集成的高效通道。将业务需求的结构化和非结构化的数据进行统一的汇聚集成，落地到目的数据存储组件，并支持数据的预处理、集成过程监控等功能。

数据资产管理平台：基于数据目录盘点数据资源，以统一数据标准为基础，规范元数据和主数据管理。围绕数据资产盘点、数据标准管理、元数据管理、数据资源管理、主数据管理等核心功能，实现“盘点数据资源，规范数据资产，发挥数据价值”的数据管理目标。

数据治理平台：是指规范数据的生成以及使用，发现并持续改善数据质量，从使用零散数据变为使用统一规范数据、从尝试处理数据混乱状况到数据井井有条的一个过程。包括数据质量、数据规整、数据建模、脚本管理、调度管理等方面。

3.3 管理中台

中建三局·智瓴管理中台是一套轻量级的、具有良好伸缩性的、便于多个项目在架构设计上对用户权限管理进行拓展的系统，可方便实现对业务系统的用户、权限进行管控，对访问用户的身份认证、功能调用的业务鉴权、业务角色的划分管理等。

客户端 SDK：提供用户权限、认证服务接口的统一封装，便于外部应用系统集成和接口数据调用。它包含的功能有权限过滤器、数据缓存、应用信息接口、用户信息获取接口、用户权限信息接口、资源信息接口、角色信息接口、令牌获取接口、用户登录验证接口调用等。

认证服务系统：为系统使用者提供统一的登录界面和登录认证功能，满足系统用户的登录认证和单点登录功能需要，达到不同的业务系统间一次登录、多系统间漫游的特性。

后台管理系统：统一认证平台的核心控制部分，提供可视化的操作界面，为系统管理员和用户提供维护管理功能。比如用户信息管理、角色权限信息管理、访问授权、系统属性设置等功能的操作。

3.4 GIS+BIM 中台

GIS+BIM 中台，赋能全生命周期运营。GIS 模型结合园区规划、建筑规划、智能建造、机电安装等技术及工程产业链与 BIM 模型，最大程度地模型复用，避免重复建设。

GIS 作为 CIM 平台的重要组成，包括空间大数据的存储管理、空间分析、流数据处理与可视化等，让更多用户能够轻松管理与挖掘空间大数据“金矿”；结合 BIM 数字孪生技术，建立 1:1 的可视化场景还原，实现三维可视化模型漫游。基于 GIS 地图模型，快速定位园区，依托三维模型，快速直观地查看园区各楼宇、设备机房等主要区域的空间位置和数据信息。

4 创新点

基于泛在感知设备，利用 IOT 中台，实现真正的万物互联，汇聚多源数据，实现数据的融合，数据价值的深度挖掘，消除信息孤岛和应用孤岛。

大兴之星数字驾驶舱将数字园区、数字运营、产业服务等内容全面、集中呈现，解决现有资源浪费、调度冲突、缺乏衔接、响应不及时等问题，实现优化空间布局、有效资源配置、提高空间管控和治理能力。

基础设施设备管理数字化：通过数字化的手段保障园区人员设备安全，同时降低整体能耗、优化办公环境，实现状态全可视、事件全可控、业务全可管。

企业服务数字化：通过数字化企业服务，为入园企业提供全生命周期的综合服务，日常运营数据形成算法模型，量化体现园区运营情况，促使园区不断提高管理水平、运营活力，完善服务深度。

产业资源数字化：中建大兴之星依托中建三局产业资源共享平台，通过跨区域的产业合作与招商服务体系，构建产业生态，形成招商、养商、营商良性循环，为产业升级提供强劲的动力。

5 示范效应

中建大兴之星智慧园区从建筑设备自动化到建筑智能化集成，再到智慧园区平台，利用最新的数字化技术，降低管理难度，提升管理效率，降低能源使用费用，使得建筑物生命周期内的运营费用降到最低，并在最绿色的状态下运行。

中建大兴之星智慧园区融合多种业态的建筑，如写字楼、住宅、商业街、酒店、配套建筑等，运用智慧技术创新园区现代化治理方式，打造高效运营体系标杆。

赣州市智慧社区综合治理平台

中科吉芯（秦皇岛）信息技术有限公司

1 项目背景

《城乡社区服务体系建设规划（2016—2020 年）》中，明确提出未来就是要建设设施智能、服务便捷、管理精细、生态宜居的智慧社区。而基于时空大数据、互联网、物联网、云计算、大数据、5G、人工智能、区块链等新一代信息技术完成的智慧社区综合治理平台，将智慧城市的概念引入社区，为社区建设提供了完美的解决方案。

智慧社区综合治理平台作为赣州市智慧城市建设项目的试点项目，按照项目需求，以真三维倾斜摄影模型为基础，结合 BIM 技术，通过建模等方式制作成虚拟仿真场景，与真实世界一一对应。通过万物互联的 5G 物联网，各类传感器产生的监测数据，结合卫星遥感影像和无人机的数据，构建天空地一体化遥感监测网。通过无人机机巢的搭建，做到无人机自主起飞、定期巡查，为应急管理与巡检提供便利条件。平台以真三维实景模型作为数字孪生体基座，将违建四维一体管理、危房管理、警务辅助管理、社区巡查管理、人口综合管理、居家养老管理、资产管理等功能与基座相融合，提供智能的社区管理工具，为智慧城市的建设奠定基础。

2 项目内容

（1）数据获取

1）基于卫星遥感影像的区域底图。通过 0.5m 的卫星遥感影像，作为三维可视化平台的基底数据。

2）基于无人机倾斜摄影技术建立真三维实景模型基座。无人机航飞获取高精度航拍影像数据，其主要优点在于影像数据的现势性可人工控制，且精度较高。基于倾斜摄影技术的应用，生成的实景三维立体模型能够更为全面且直观地呈现信息，提高了三维视场的可读性，丰富了地理信息，用户在此过程中也可获得更强烈的真实体验感。倾斜摄影处理流程如图 1 所示。

三维模型的平面精度优于 0.05m，三维模型的高程精度为 0.15m。

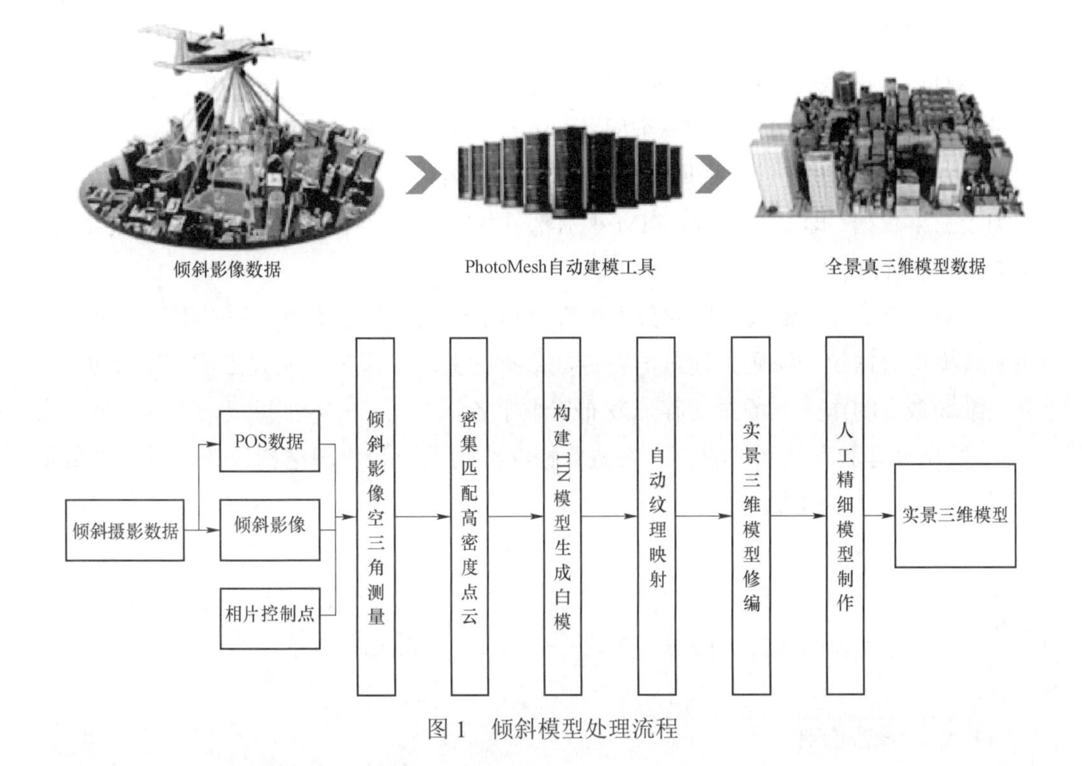

图 1　倾斜模型处理流程

3）基于 BIM 技术的地下停车场仿真建模。工作内容主要包括地下停车场的建筑、结构要素建模，材质贴图的工作内容。

BIM 模型精度要求：根据本项目的背景和实际应用情况，模型精细程度基于点云可达到厘米级，建筑、结构模型误差在 50cm 以内；不得出现废点、闪面、漏面、法线错误等情况。地下停车场 BIM 仿真示意模型如图 2 所示。

图 2　地下停车场 BIM 仿真示意模型

4）物联网传感器布设。依据方案设计，在社区内针对重点地段、路口，布设高清直通摄像头、人脸识别摄像头，对建筑内部布设烟感器、倾斜、沉降、裂缝等传感器，将即时的数据实时回传到平台中，用于记录、分析以及事件预警。

（2）数据库设计

1）数据资源规划。三维数字孪生空间数据库建设以 2000 国家大地坐标系作为空间基准，以全域真三维模型为基础三维服务，并叠加专题数据，提供专项服务。

2）数据库建设方案。数据库建设包含以下内容：

场景三维数据：即三维标签、BIM 小品部件数据、广告牌、视频融合、单体化数据、三维 BIM 模型数据等。

三维数据存储：三维数据库的数据内容包括三维精细模型数据、倾斜摄影测量数据等。所有模型数据统一编码，建立与各专题数据的关联关系表，构建三维模型数据库。建立三维场景，制作三维场景缓存，发布三维服务。

3）数据处理和存储系统设计。在进行概念结构设计和物理结构设计之后，需要完成数据库实施、运行和维护工作，为客户提供一个能够实际运行的系统，并保证该系统的稳定和高效。

具体工作包含如下：数据库的运行与维护、数据库警告日志文件监控、数据库表空间使用情况监控、控制文件的备份、检查数据库文件的状态、数据库环块的处理和数据库备份设计。

（3）公共信息基础

本着先进性、配置型、扩展性、开放性、稳定性、安全性的原则，选取平台的服务器、系统和软件，同时建立平台的安全系统、备份系统、运行维护系统以确保平台的安全运行。安全系统设计如图 3 所示。

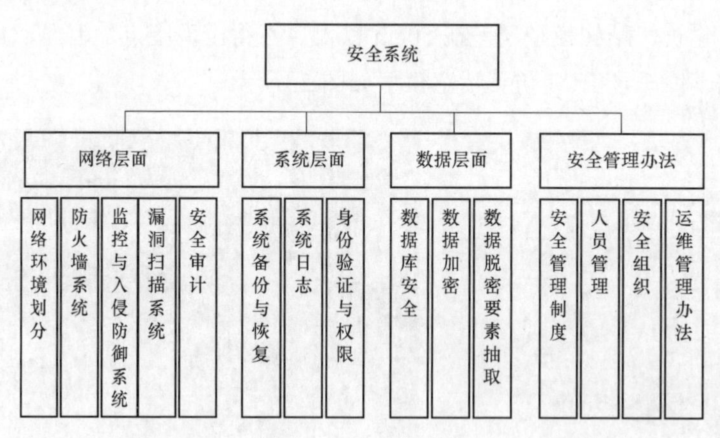

图 3　安全系统设计

（4）平台建设

1）CIM 三维引擎（DTE）。

基础浏览功能：工具栏、指北针、比例尺、坐标面板以及模型展示窗口；图层分组：按类型进行分组，如地形数据分组为基础地形组，三维模型数据分组为三维模型；

图层开关：通过开关按钮可以控制图层或组的隐藏和显示。

图形操作工具：飞行功能，标注功能，漫游，左移、右移，视角转动，上仰、下仰，数据查地图，空间位置查询，指北，设备台账管理。

测量工具：多段线测量，坐标测量，面积测量，三角测量，角度测量。

可视域分析：三维可视域分析是在场景的地形或模型数据表面，相对于某个观察点，基于一定的水平视角、垂直视角及指定范围半径，分析该区域内所有通视点的集合（见图4）。分析结果用绿色区域表示在观察点处可见，红色区域表示在观察点处不可见。

图4　可视域分析

2）　三维全景一张图。以倾斜摄影三维实景模型为基础，建立三维数字孪生基座，建立社区概况一张图、违建管理一张图、危房管理等“一张图”体系（见图5）。

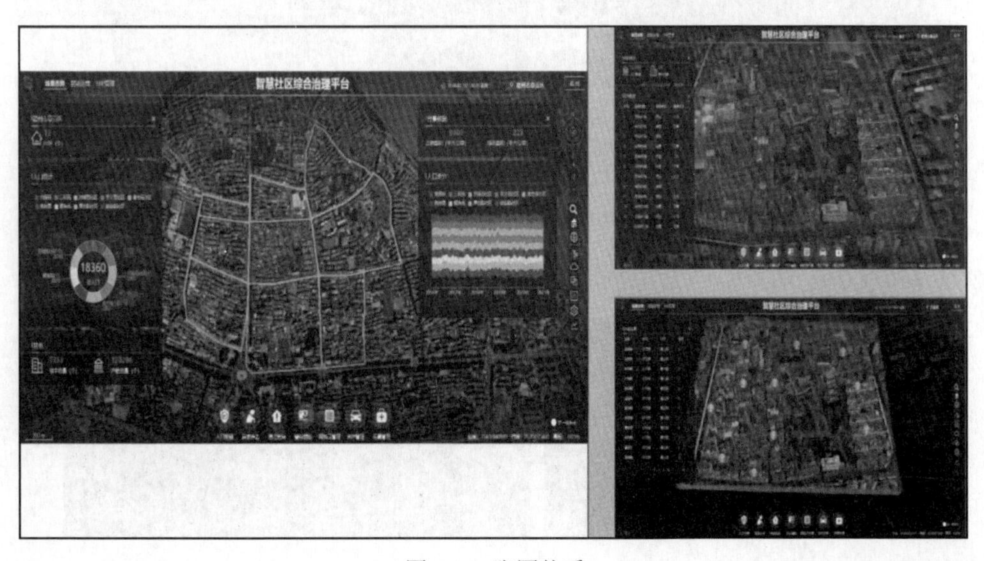

图5　一张图体系

3）无人机巡检网建设。过去，传统的安防巡检方式是单纯依靠警力巡逻来实现对社区等公共场所治安概况的监控，这样的方式虽然较为精准，但其监测范围有限，对于一些人迹罕至、人口密度较小的偏远区域未必能实现精确监控，而无人机在空中俯视位置高、视界范围广，可以快速地完成社区巡检的工作。同时搭载无人机机巢（见图6）的建设，可以实现对社区全天候、自主巡检，数据自主上传。通过图像内容的自主识别，完成如下功能的实现：垃圾乱堆乱放、违规停车、小商贩私自摆摊、人员非法聚集等。

图6　无人机机巢

无人机还可在社区大型活动时，辅助人员管理、活动期间安防监控、应急事件处理过程中辅助处理等。

4）社区概况管理（见图7）。

社区基本信息介绍：对社区的建立时间、占地面积、绿地面积、楼宇总量、户籍总量、人口数量等信息进行记录和展示。

图7　社区管理

二维地图显示：显示社区内建筑物、停车场、道路、摄像头、水域、网格等信息。

社区周边商铺显示：在三维实景模型中，显示社区周边商铺的名称、地址、联系电话等信息。

楼层单体化显示：在三维实景模型中，显示楼栋号，房屋性质、面积、户型图等。

5）警务辅助管理（见图 8）。结合社区管理工作内容，平台可辅助公安系统完成以下功能。

异常人员分析：针对昼伏夜出、夜不归宿、频繁夜归、多地频现等人员进行记录监测。

重点人员监测：辅助警务人员对于上访人员、案件嫌疑犯、取保候审等人员进行监控、轨迹追踪等。

人员聚集：平台中对人员聚集提出预警，及时通知警务人员进行干预。

可视域分析：查看每个摄像头的可视域范围，取证的时候快速查找。

动态可视域：调整摄像头安装角度，动态显示可视域，辅助摄像头安装。

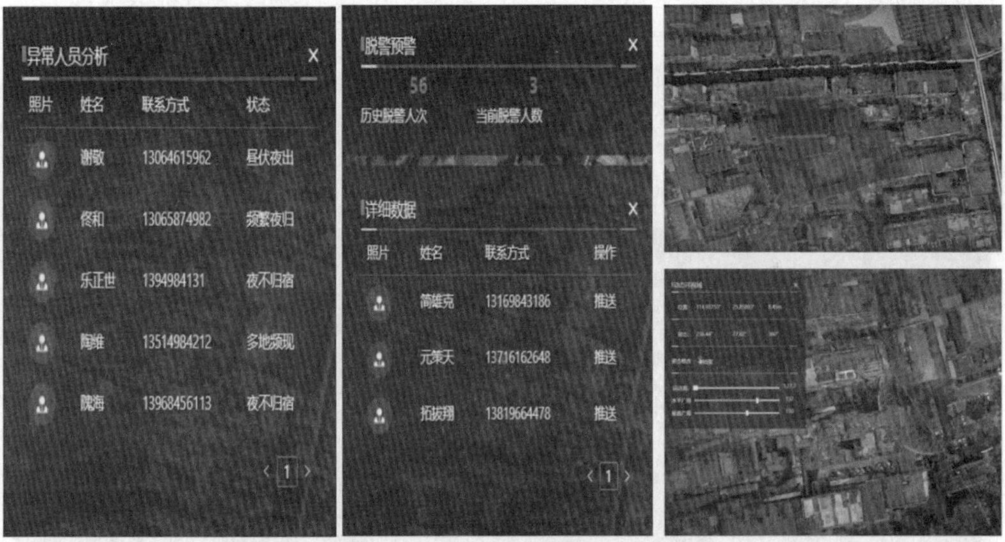

图 8　警务辅助

6）违建管理。以往城管巡查违章建筑，只能通过挨家挨户地存查，不仅费时费力，而且有时候违章建筑往往在院内，大门一关就没法进去，巡查十分困难。现在使用无人机巡查的方式，获取违建的照片，从建筑物高度超限、违规占地、立面附属设施长度超限、楼顶违建四个维度得到违建的信息，建立违建四维一体的管理方式。通过与系统中记录的土地权属信息关联，提供责任人，违建的性质、违建的面积、处置方案、处理进度等信息，见图 9。

同时使用影像建立时间轴，可以查看违建区域历史数据，进行对比，查看处理进度。

图 9　违建查看

7）危房管理。房屋因其建筑年代久远，建筑材料经过长期老化性能衰减，不合理使用及拆改承重构件等因素，导致整体性差，结构松散，一旦受外力如震动及地基沉降影响，将对安全使用造成巨大隐患。通过房屋沉降、倾斜变形、裂缝、应变、视频的传感器，对重点房屋等进行实时在线监测，当回传值超出阈值时，对建筑进行危房预警。展示效果见图 10。

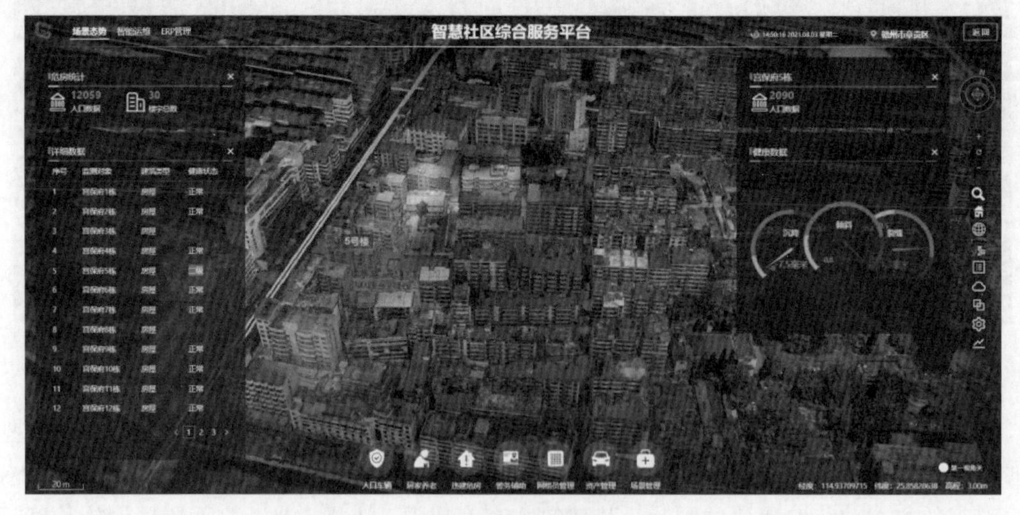

图 10　危房监控

8）安防综合。

档案建立：通过人脸识别、车牌识别、高清视频的方式建立人、车的档案体系，实现一人一档、一车一档、一事一档的标准化全面深度档案，为上层各业务系统提供档案支撑，不仅提供可视化档案管理界面，还提供按照实体 ID 进行档案数据查询的 API 接口服务。

人员档案：建立人员基础信息、涉案背景、轨迹信息、关系信息、关注度、联通信息、车辆信息、历史档案等。

车辆档案：提供车辆基础信息、背景信息、轨迹信息、关系信息、档案修改记录等，展示车辆在车管所的信息，以及车辆标签（网约车、出租车、各种货车等），过户信息优先展示。

事件档案：人员、车辆对小区拜访的次数、时间、轨迹的记录与查询。人员晚归、夜间出行的记录，最终访问位置的确定，上访人员等重点人员实时监测等。

人车流量统计、追踪及定位显示界面见图 11。

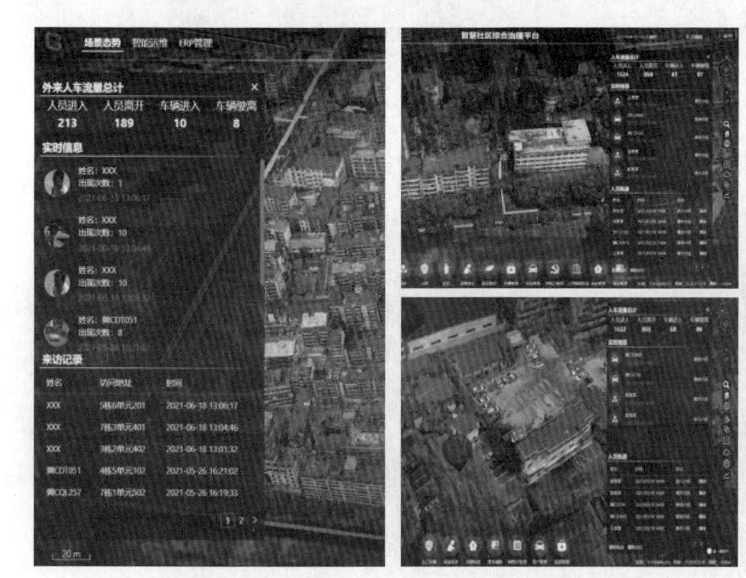

图 11　人车流量统计、追踪及定位

事件识别：对于人群聚集、高空落物、设备检修即将过期、小区内违停进行告警抓拍，重点区域视频实时监测（见图 12）。

重点区域电子围栏建设：对于社区内重点区域，例如高层建筑物周边，小区内变压器处等地，建立电子围栏区域，如果异物闯入则报警提醒，并对事件进行记录。

例如，有物品从高层建筑物抛下，则立即预警提醒；有人员闯入变压器等危险区域时，语音提醒进行驱赶并通知巡检人员；同时对于非法身份人员闯入特定区域，平台记录信息并上报应急联系人。电子围栏见图 13。

9）居家养老管理。社区居家养老作为一种社会养老模式，能充分利用和整合社区内各种资源，为有生活照料需求的老年人提供专业化的优质服务。结合手环功能，实现如下功能（见图 14）：健康体检档案、吃药提醒、久坐提醒、位置定位、摔倒报警、一键电话求助、心脏/血压/脉搏实时监测，异常情况平台报警。

图 12　实时告警、抓拍、重点区域监控

图 13　电子围栏

10）网格管理。城市网格化管理，是将城市管理辖区按照一定的标准划分成为单元网格。通过加强对单元网格的巡查，建立一种监督和处置互相分离的管理与服务模式。

平台可以显示社区内网格划分、网格内楼号，单击楼号或网格范围，显示网格负责人、联系方式、管辖面积等信息（见图 15）。

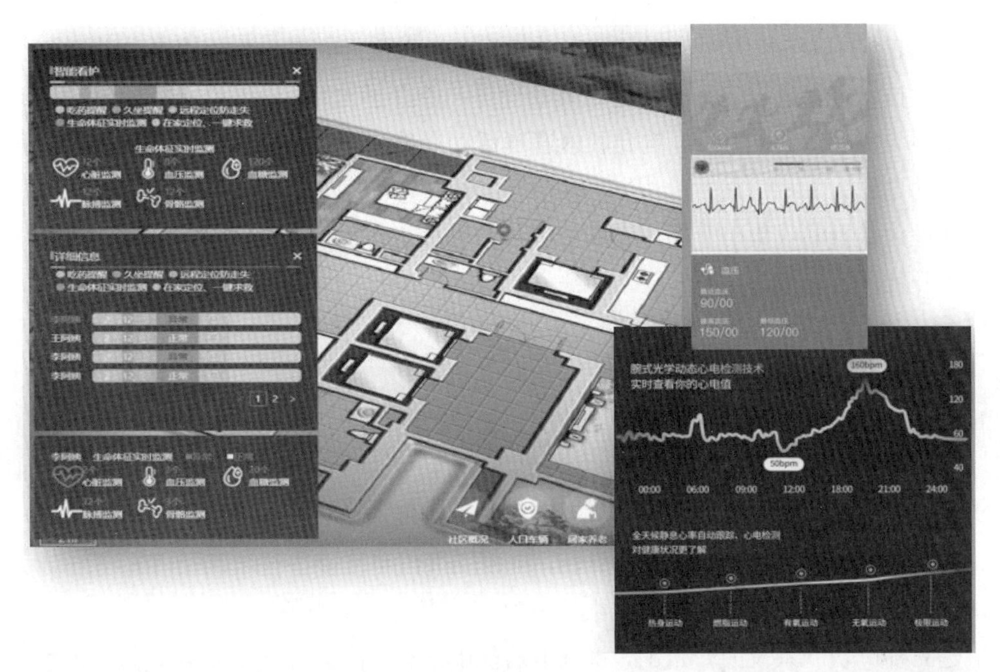

图 14　居家养老管理

图 15　社区网格显示

3　关键技术

此平台将无人机倾斜摄影、建模仿真、数字孪生、人工智能、虚拟现实、大数据收集与分析、5G 网络物联网、图像信息自动识别、大数据收集与分析等多先进项技术与数字孪生技术进行融合，结合社区管理的优势，建立了 1:1 高精度的虚拟世界，并实现虚拟世界与物理世界的融合，构建社区管理活动在数字孪生空间的虚实双向映射，信息随时联动更新。

通过大数据的收集与分析，实现社区日常管理工作的监测、记录、分析、提醒与预警，提升社区管理效率。

4 创新点

通过无人机倾斜摄影技术建立三维数字孪生基座，作为智慧社区的基础。通过对时空大数据的采集、整合及处理，完成三维数字孪生基座的统一标准、统一整合、统一管理、统一服务。通过三维数字孪生平台，完成三维数字基座在区域范围内的统一调度和管理，实现各部门、专项之间三维数字基座的共享及应用服务。

建立各个功能系统的一张图，将城市的基础信息、传感器回传值与实景三维平台相结合，直观、清晰地展示社区的管理状态。

将社区管理与 GIS 系统相结合，建立社区信息的时间轴数据；结合 5G 技术、物联网建立天空地一体化遥感监测网，做到虚拟世界与现实世界进行融合，做到社区管理在数字孪生空间的虚实双向映射，信息随时联动更新。

5 示范效应

智慧社区综合治理平台是新一代信息技术在城市的综合集成应用，是实现数字化治理和发展数字经济的重要载体。通过三维载体对各专项数据三维专题图制作，既有利于社区各类智慧应用快速实现基本应用，又可以提高管理水平，减少后期系统使用管理成本。

在三维信息模型和三维地理信息系统基础上利用物联网技术把物理城市的人、物、事件和水、电、气等要素数字化，在网络空间再造一个与之完全对应的“虚拟城市”，形成物理维度上的实体城市和信息维度上的数字城市同生共存、虚实交融的格局。通过打造数字孪生城市，推进新一代信息通信技术与城市信息化发展战略深度融合，最终提升城市综合治理能力的数字化水平，已成为当前新型智慧城市现代化全周期管理的“最后一公里”，从而提高政府管理能力及水平。

广州市 CIM 平台项目——施工质量安全管理和竣工图数字化备案

北京理正人信息技术有限公司

1 项目背景

2019 年 6 月，经住房城乡建设部研究决定，广州市和南京市作为全国首批两个试点，率先开展城市信息模型（CIM）平台建设。

施工质量安全管理和竣工图数字化备案是 CIM 平台项目建设构建两个基于审批制度改革的辅助系统之一，是基于 CIM 的局内业务在全市施工质量安全过程监管和竣工质量验收的具体应用探索。

2 项目内容

理正公司负责开发基于 CIM 平台的施工质量安全管理和竣工图数字化备案系统，初步形成了在建工程过程基于 CIM 施工质量安全智慧监管应用，竣工阶段基于 CIM 竣工图数字化备案管理。

2.1 施工质量安全管理

施工质量安全管理子系统主要实现基于 CIM 平台的智慧工地监管功能集成和 CIM 平台的辅助监管和决策功能。

结合广州全市建筑工程质量安全监管职能要求，以全市在建工程质量安全监管为切入口，对全市在建工程实行质量安全过程监管应用。包括全市在建工程的总体展示；当前在建工程信息展示、质量安全巡检、监测预警、进度模拟、巡查问题列表提示等。系统总体结构如图 1 所示。

（1）基于 CIM 平台的全市在建工程总体监管

实现全市在建工程基于 CIM 的空间分布、可视化浏览、总体信息监控，快速掌握全市工程情况。在平台 CIM 地图上标记全市在建工程，可以查看全市各区的在建工程分布情况、在建工程数量、日常监督检查情况、重大危险源、质量检测份数及在建工程视频接入数量等。基于 CIM 平台的全市在建工程总体展示如图 2 所示。

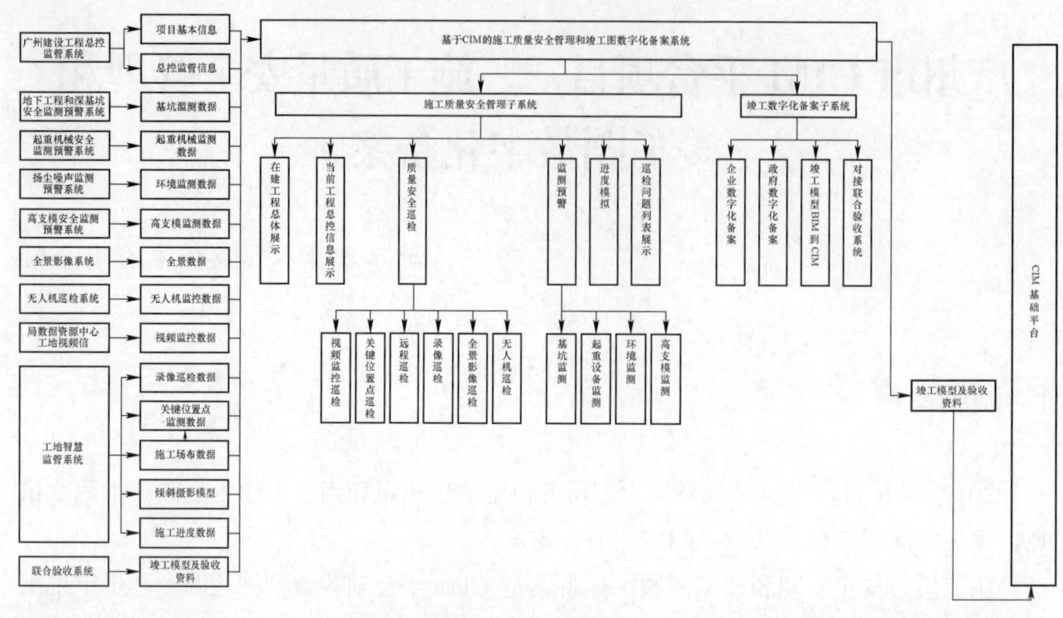

图 1　系统总体结构

图 2　基于 CIM 平台的全市在建工程总体监管

（2）单个工程总控信息展示

利用系统总控展示平台，实现工程信息、五牌一图信息、人员监控、设备监控、材料监控、日常巡检、执法信息、质量检测等信息的展示功能。

（3）基于 CIM 平台的质安巡检（见图 3）

基于 CIM 平台，为广州市住房城乡建设局提供在建工程的定点、定线、视频、远程实时连线、无人机等多手段工地巡检，并记录在监管过程中发现的问题，追踪整改过程，实现全流程的监管业务闭环管理。

图 3　基于 CIM 平台的质安巡检

（4）基于 CIM 平台的监测预警（见图 4）

基于 CIM 平台在建工程质量安全物联监测接入，通过物联网监设备，实现对在建工程起重机械、深基坑、高支模等危险性较大的分部分项工程的安全实时监测预警。对扬尘、噪声等文明施工的动态监测预警。

图 4　基于 CIM 平台的监测预警

（5）基于 CIM 的工程进度模拟（见图 5）

提供基于 CIM 的工程进度模拟展示功能，可在同一场景下同时展示工程的计划进度及实际进度。

图 5　基于 CIM 平台的工程进度模拟

（6）基于 CIM 平台的问题处理

提供基于 CIM 平台巡检过程发现问题的处理功能，可利用系统在线新增问题，对问题整改的追踪记录、展示、与业务系统对接处置等进行管理。

2.2　基于 CIM 的竣工图数字化备案

竣工图数字化备案子系统（见图 6）主要实现基于 CIM 平台的工程档案管理、竣工验收备案管理及 CIM 平台扩展应用数据支撑等功能。具体思路如下：

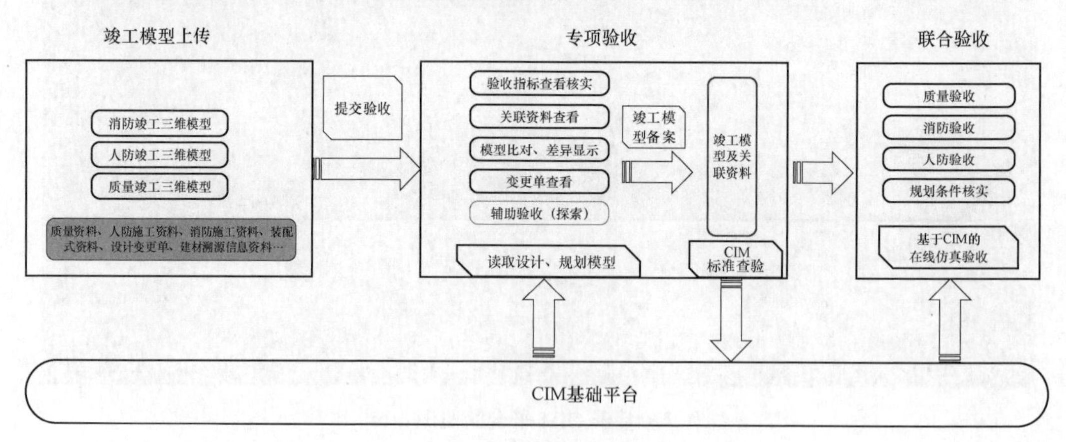

图 6　基于 CIM 平台的竣工图数字化备案

（1）企业数字化备案

实现建设单位申报联合验收前的企业数字化备案申报，涵盖质量、消防、人防三大专项、五大专业（建筑、结构、暖通、电气、给排水）的竣工 BIM 模型采集，轻量化入库、可视化模型信息查看。实现项目多专业模型（消防、人防、质量）的信息采集、展示模型及通过模型进行资料关联查看（见图 7），上传关联竣工资料应用。

（2）政府数字化备案

实现“规划核实、消防验收、人防验收、质量验收”的竣工验收备案，各部门可查看浏览相应模型及关联资料，实现模型比对（见图 8），完成验收意见留痕。实现质量、消防、人防三大专项主管部门的政府数字化备案审核，BIM 模型与资料系统关联。实现二三维联动图模对比查看，辅助验收备案审查。

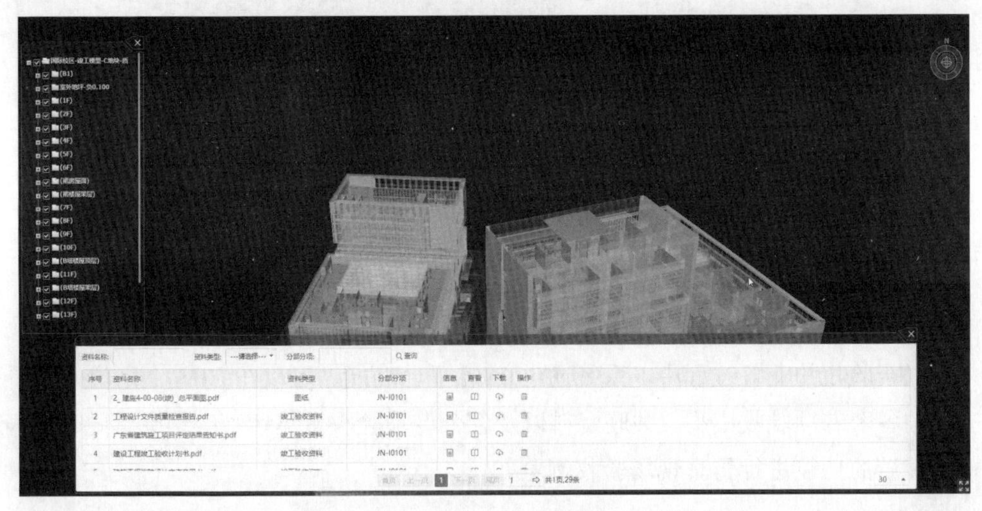

图 7　模型资料关联查看

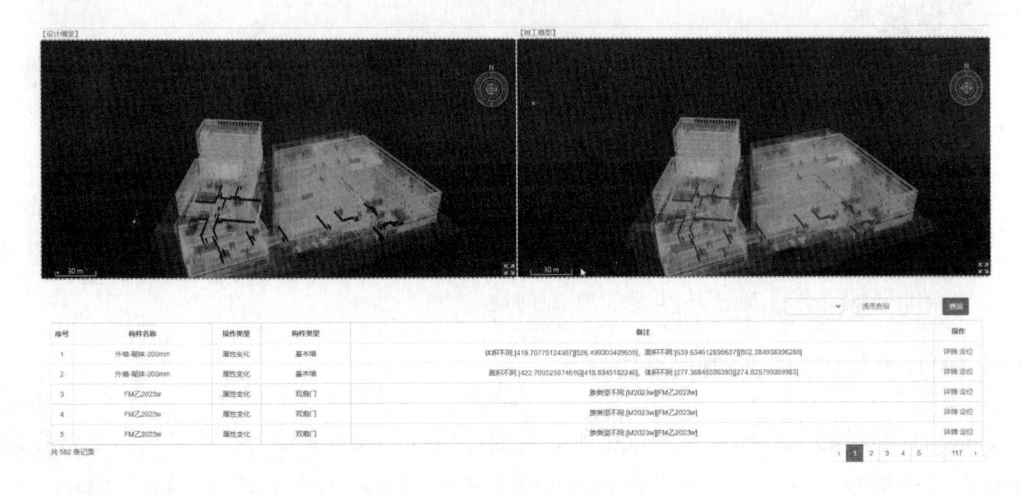

图 8　模型比对

（3）BIM 到 CIM 的竣工模型

实现规划、消防、人防、质量验收等环节的信息共享，审核通过给出验收审核意见，完成竣工验收备案。竣工 BIM 模型及关联资料落图全市 CIM 平台，实现基于 CIM 平台的模型及资料留存查看，并服务于后续城市级运营应用（见图 9）。

图 9　BIM 到 CIM 的竣工模型

（4）对接联合验收系统

在联合验收的业务过程中，系统通过 CIM 平台功能，可以在 CIM 上定位并查看验收工程的各个专项验收模型、关联资料以及各个专项验收意见留痕等信息，同时，可通过模拟漫游的功能进行仿真现场验收浏览。

3　关键技术

3.1　CIM 平台与物联网、智能感知等融合技术

通过 CIM 与遥感的结合，能够对建筑过程的前、中、后期进行工程管理，分析建筑过程的质量、周期。通过图形图像分析与 CIM 结合，进行建筑设计与施工过程的对比分析，能够快速修正施工中可能存在的问题。

3.2　LOD 高效组织与轻量化渲染技术

本项目建设的三维模型原始数据具有几何精度高、纹理精细等特点，直接对数据应用存在数据加载缓慢、内存显存资源占用高、平台渲染压力大等问题。利用 LOD（细节层次模型）技术，LOD 层级数据生产技术，基于场景图的 LOD 组织管理技术，多任务、多机器、多进程、多线程并行的数据处理技术，解决了三维模型数据资源占用不可控和调度渲染效率低的问题。

3.3 物联网信息接入技术

系统支持接入物联网信息，通过各种传感设备，实时采集监控、连接、互动的物体或过程等各种需要的信息，实现所有的物品与网络的连接，并在三维场景中直观表现出来，更加方便识别、管理和控制，还可以根据传感器信息实现及时预警，以减少损失。

3.4 移动终端技术

具有基于 Android 和 iOS 系统的移动端产品，用户可通过移动端设备读取单机离线数据，或通过网络读取互联网发布的业务场景数据，可以实现将三维空间地理信息技术的使用范围从办公室扩展到户外。

4 创新点

4.1 开创基于 CIM 的工地智慧监管应用模式

实现全市在建工程基于 CIM 的空间分布、可视化总控监管；进入单个工程，实现由全市工程的宏观总控到单个工程的微观精细化管理；工程监管信息汇聚、监管可视化，实现对工程现场、周边环境的全局三维可视化，并基于 CIM 平台实现质安远程巡检。

4.2 基于 CIM 平台在建工程监管可视化

利用无人机倾斜摄影、全息实景、视频融合等前沿技术手段，实现在建工程三维实景可视化；通过数据汇聚技术，将工程监管信息汇聚、关联、展示，实现在建工程基于 CIM 平台的监管可视化，达到工程监管“所见即所得”。

4.3 基于 CIM 的质安巡检

系统提供基于 CIM 平台的多种质安巡检方式，并对在监管过程中发现问题、记录证据、整改过程追踪全流程的监管业务闭环管理，实现了基于 CIM 平台的质量安全监管业务创新应用，丰富了业务监管方式，提升了业务监管的有效性、时效性。

4.4 基于 CIM 平台在建工程质量安全物联监测预警

通过基于 CIM 平台在建工程质量安全物联监测接入，提供视频监控、起重机械安全监测预警、地下工程和深基坑安全监测预警、高支模安全监测预警、扬尘噪声监测预警等物联网监测预警功能，实现了基于 CIM 平台在建工程质量安全物联监测预警，为智能监管提供技术支撑。

4.5 探索实现竣工图三维数字化备案应用

实现了质量验收、消防验收、人防验收三大专项的竣工图三维数字化备案，辅助竣工备案业务审查，竣工 BIM 模型落图全市 CIM 平台，支持后续城市运营应用。

5 示范效应

5.1 实现基于 CIM 的工程监管信息关联展示

实现了广州市工程基本信息、五图一牌信息、证照信息、人员信息、材料信息、设备信息等工程监管信息的采集，并实现在 CIM 平台上的汇总展示功能。

5.2 实现基于 CIM 平台的智慧工地监管功能集成

在 CIM 平台上集成智慧工地监管的 BIM 项目应用、实名制劳务管理系统、深基坑监测系统、建筑起重机械监测系统、环境监测系统、远程视频监控系统、检测监管系统、混凝土质量监管系统。在 CIM 平台上可清晰查看各项目的实时进度和详细信息，进行高效的交互，了解实时的作业情况及信息数据，辅助对工地进行精准监管。

5.3 实现基于 CIM 平台的辅助监管和决策功能

归集施工图三维模型、工程建设过程三维模型、竣工三维模型及信息，实现施工质量安全监督、消防验收、人防验收、质量竣工验收等环节的信息共享，在 CIM 平台上动态展示智慧工地专业化监管平台的关键数据。通过数据应用的强化，在 CIM 平台上为工程质量安全管理提供预警功能，为质量安全监管的决策和指挥提供大数据支撑。

5.4 实现基于 CIM 平台的竣工验收备案管理

运用 CIM 平台 BIM 模型的完整性和合规性审查工具，探索在规划、消防、人防和质量各个专项验收过程中利用 BIM 模型进行辅助性验收，创新事后监管措施，明确企业和政府数字化备案的要求，依托信息化手段提高监管措施的刚性、效率和覆盖面，提升验收备案管理的智慧化水平，在 CIM 平台上完成竣工图数字化备案工作。